Melanie Holz | Patrick Da-Cruz (Hrsg.)

Demografischer Wandel in Unternehmen

Melanie Holz | Patrick Da-Cruz (Hrsg.)

Demografischer Wandel in Unternehmen

Herausforderung für die
strategische Personalplanung

GABLER

Bibliografische Information Der Deutschen Nationalbibliothek
Die Deutsche Nationalbibliothek verzeichnet diese Publikation in der
Deutschen Nationalbibliografie; detaillierte bibliografische Daten sind im Internet über
<http://dnb.d-nb.de> abrufbar.

Dr. Melanie Holz ist wissenschaftliche Mitarbeiterin am Lehrstuhl für Arbeits- und Organisationspsychologie an der Johann-Wolfgang-Goethe-Universität Frankfurt am Main und als freie Beraterin
tätig.

Patrick Da-Cruz ist seit über 10 Jahren in der Managementberatung bzw. Pharmaindustrie tätig
und konnte in dieser Zeit umfangreiche Fach- und Führungserfahrung im In- und Ausland sammeln.

1. Auflage April 2007

Alle Rechte vorbehalten
© Betriebswirtschaftlicher Verlag Dr. Th. Gabler | GWV Fachverlage GmbH, Wiesbaden 2007

Lektorat: Maria Akhavan-Hezavei

Der Gabler Verlag ist ein Unternehmen von Springer Science+Business Media.
www.gabler.de

Umschlaggestaltung: Nina Faber de.sign, Wiesbaden
Druck und buchbinderische Verarbeitung: Wilhelm & Adam, Heusenstamm
Gedruckt auf säurefreiem und chlorfrei gebleichtem Papier
Printed in Germany

ISBN 978-3-8349-0493-5

Vorwort der Herausgeber

Auch wenn das Thema demografischer Wandel derzeit einen breiten Raum in der öffentlichen Diskussion einnimmt, so sind die daraus resultierenden Konsequenzen für die Unternehmenspraxis bislang kaum absehbar. Einzelne Initiativen und Projekte sind zwar gestartet, systematische Beurteilungen jedoch überschaubar. Darüber hinaus handelt es sich häufig um Projekte der Personalabteilung, die nur unzureichend mit der Unternehmensstrategie und sonstigen Funktionalstrategien verzahnt sind und nicht die erforderliche Aufmerksamkeit des Top-Managements genießen.

Das vorliegende Buch möchte einen praxisorientierten Beitrag zur Schließung dieser Lücke leisten. Dabei wurde bewusst ein interdisziplinärer Ansatz gewählt, da das Thema zu viele Facetten hat, als dass man es aus einer Fachdisziplin heraus angemessen bearbeiten könnte.

Das Buch richtet sich in erster Linie an Praktiker aus dem Bereich Personalmanagement. Aufgrund der strategischen Relevanz des Themas dürften die Ausführungen aber auch für das Management, Arbeitgeber- und Arbeitnehmervertreter, Verbände sowie Personal- und Unternehmensberater von Interesse sein.

Wir möchten uns an dieser Stelle ganz herzlich bei den Autoren und Co-Autoren bedanken, die trotz straffen Zeitplans die Zeit gefunden haben, mit uns in eine konstruktive Diskussion einzusteigen und ihre Beobachtungen, Thesen oder Projekte zu dokumentieren. Darüber hinaus gilt unser Dank dem Gabler-Verlag für die angenehme und professionelle Zusammenarbeit.

Gerne würden wir mit Ihnen in einen kontinuierlichen Dialog über die Thematik einsteigen. Sie können dafür das Internetforum (www.intergeneratives-personal-management.de) nutzen.

Frankfurt, März 2007

Dr. Melanie Holz   Patrick Da-Cruz

Inhaltsverzeichnis

Teil 1 Einleitung und Hintergrund

Teil 2 HRM-Instrumente

Errata-Hinweis

Autorenverzeichnis

Dr. Gunther Bös

Studium der Klassischen Philologie und Katholischen Theologie in München und Rom. Promotion in Katholischer Theologie. 1991 bis 2001 Vereinigung der Arbeitgeberverbände in Bayern und Verband der Bayerischen Metall- und Elektroindustrie. Zuletzt Geschäftsführer der Abteilung Bildungs- und Gesellschaftspolitik. 2002 Audi AG, Leiter einer Stabsabteilung im Personalwesen, seit 2007 Personalleiter Fertigung A4. Mitglied in der Tarifkommission des Verbandes der Bayerischen Metall- und Elektroindustrie. Lehrauftrag an der Universität Eichstätt.

Michael Born

Geschäftsbereichsleiter Personal und Recht sowie Leiter der Stabsstelle Personalentwicklung der Medizinischen Hochschule Hannover. Nach dem Studium der Rechtswissenschaften erste berufliche Erfahrungen als niedergelassener Rechtsanwalt und Richter am Verwaltungsgericht. Seit Mitte der Neunziger Jahre im Krankenhaussektor tätig. Zunächst im kommunalen Bereich als stellvertretender Verwaltungsdirektor des Städtischen Klinikums Braunschweig und seit 1999 im Landesdienst in Niedersachsen. Verschiedene Vorträge, Zeitschriften- und Buchbeiträge zu den Themen Strategische Neuausrichtung von Personalbereichen, Betriebliches Gesundheitsmanagement, Leitbildentwicklung, Zielvereinbarungssysteme, Balanced Scorecard, strategieförderliche Personalentwicklung, leistungsorientierte und kundenfreundliche Organisationsstrukturen.

Dr. Stephan Cappallo

Studium in Essen und Dublin. Er promovierte 2005 am Fachgebiet „Organisation & Planung" an der Universität Duisburg-Essen zu neueren Wegen der Analyse von Branchen. Seine akademischen und beruflichen Arbeitsfelder liegen im Bereich des Strategischen Managements. Insbesondere beschäftigte sich er mit Fragen des organisationalen Wandels, neuerer Organisationstheorien, dem internationalen Management, aber auch mit neueren Entwicklungen in der Computerunterstützung des Managements und im strategischen Controlling. Seit Oktober 2006 ist er im strategischen Controlling der Vattenfall Europe AG tätig.

Patrick Da-Cruz

Studium der Betriebswirtschaftslehre an der Universität Duisburg-Essen und am University College Dublin. Er verfügt über umfangreiche berufliche Erfahrungen in der Management-Beratung und im Gesundheitssektor, wo er seit 2001 in leitenden Funktionen tätig ist. Darüber hinaus ist er Mitglied verschiedener Fachgesellschaften.

Dr. Oliver Ehrentraut

Studium der Volkswirtschaftslehre an der Albert-Ludwigs-Universität Freiburg. Seit 2001 wissenschaftlicher Mitarbeiter am Forschungszentrum Generationenverträge in Freiburg. Er promovierte 2006 zum Thema „Alterung und Altersvorsorge – Das deutsche Drei-Säulen-System der Alterssicherung vor dem Hintergrund des demografischen Wandels".

Otmar Fahrion

Studium des Maschinenbaus und der Betriebswirtschaft. Seit 1975 geschäftsführender Gesellschafter der Fahrion Engineering GmbH in Kornwestheim. Das Unternehmen plant national und international Produktionseinrichtungen und Fabrikanlagen im Maschinenbau, Fahrzeugbau, Flugzeuge- und Schiffsbau. Otmar Fahrion ist als Referent auf zahlreichen Veranstaltungen bei Wirtschaftsverbänden, Firmen, Behörden, Kirchen, Hochschulen, Parteien und Gewerkschaften tätig, um die ständige Weiterbildung und Beschäftigung älterer Menschen zu unterstützen.

Dr. Stefan Fetzer

Studium der Volkswirtschaftslehre an der Albert-Ludwigs-Universität Freiburg. Von 2001 bis zum September 2006 war er als wissenschaftlicher Mitarbeiter am Forschungszentrum Generationenverträge in Freiburg tätig und promovierte in dieser Zeit zum Thema „Zur nachhaltigen Entwicklung des gesetzlichen Gesundheitssystems". Seit Oktober 2006 ist er wissenschaftlicher Mitarbeiter beim Wissenschaftlichen Beirat der Betrieblichen Krankenversicherung in Essen.

Oliver Flohrschütz

Head of Development PBC bei der Deutschen Bank AG. Themenschwerpunkte global: Personal-, Team- und Organisationsentwicklung. Nach einer Ausbildung zum Bankkaufmann Studium der Wirtschaftspädagogik und Master in Organisational Consulting an der Middlesex

University und Ashridge Business School, England. Lehrbeauftragter an der Universität Hamburg. Stellvertretender Vorsitzender des Kuratoriums der Bankakademie e.V., Deutsche Bank.

Benedikt Füssel

Arbeitet seit 1990 in der Deutschen Bank. Verschiedene Tätigkeiten im Privatkundengeschäft führten ihn 2002 in den Personalbereich. Nach einer Spezialistentätigkeit als Personalentwickler führt er seit Sommer 2006 die operative Personalentwicklung und die Berufsausbildungsteams der Deutschen Bank in Deutschland. Sein besonderes Interesse gilt – neben den Diversity-Initiativen – Kompetenzmodellen und deren praktische Anwendung als Grundlage der Personalentwicklung und als Instrument zur Übersetzung von Geschäftsstrategien in Personalstrategien.

Reinhold Gütebier

Gesamtvertriebsleiter der Firma Hans Segmüller Einrichtungshäuser/Polstermöbelfabrik. Seit 1968 in der Möbelbranche. Dozent zum Thema Demografischer Wandel/50 Plus in der Region Süddeutschland.

Dr. Melanie Holz

Seit 2001 wissenschaftliche Mitarbeiterin am Lehrstuhl für Arbeits- und Organisationspsychologie am Institut für Psychologie der Johann Wolfgang Goethe Universität Frankfurt am Main. Parallel seit mehreren Jahren als freiberufliche Beraterin und Trainerin für zahlreiche Unternehmen und Institutionen im Bereich Human Resources Management tätig. Autorin zahlreicher wissenschaftlicher und fachspezifischer Publikationen. Forschungs- und Arbeitsschwerpunkte: Stressmanagement, Emotionsarbeit, Dienstleistungsthemen, Führung, Personalauswahl und Demografischer Wandel.

Prof. Dr. Brigitte Kölzer

Professorin für Betriebswirtschaftslehre, insb. Marketing, an der Fachhochschule Rosenheim. Studium der Betriebswirtschaft mit Schwerpunkt Marketing an der Universität zu Köln. Nach Abschluss des Examens promovierte sie als Assistentin an der Universität zu Köln über Kundenorientierung im Handel, dargestellt am Beispiel Seniorenmarketing und beschäftigt sich seit dieser Zeit kontinuierlich mit diesem Thema. Die weiteren beruflichen Schritte führten sie u. a. zur Bertelsmann AG und zur Unternehmensberatung Roland Berger Strategy Consultants, wo sie fast 10 Jahre lang große und internationale Projekte in Unternehmen der Konsumgüter- und Handelsbranche leitete und für die Unternehmen Marketingstrategien entwickelte. Vor vier Jahren wechselte sie in den Hochschulbereich und unterrichtet nun Marketing mit den Schwerpunkten Brandmanagement, Kommunikation und Internationales Marketing.

Dr. Stefan Leidig

Psychotherapeut und Supervisor für Verhaltenstherapie mit Lehraufträgen an der Johann Gutenberg-Universität und der Fachhochschule Mainz; Leiter von emu-systeme, einem Beratungs-Netzwerk zur betrieblichen Gesundheitsförderung. Er war zwanzig Jahre in der Psychosomatischen und Sucht-Rehabilitation tätig, davon zehn Jahre in leitender Funktion.

Dr. Erhard Lison

Diplom-Psychologe. Gründer von dem Forum für Wirtschaftspsychologie in Neu-Anspach. Langjährige leitende Tätigkeit in der Personal- und Organisationsentwicklung bei der Allianz Versicherung Frankfurt. Dozent, Coach und Trainer mit den Schwerpunkten: Führung, Kommunikation, Selbst-Management, Persönlichkeitsentwicklung. Berater und Workshopleiter bei strategischen Veränderungsprozessen.

Dr. Natalie Lotzmann

Studium der Psychologie und Medizin. Fachärztin für Arbeitsmedizin. Leitet seit 1997 die Abteilung Gesundheitswesen der Firma SAP AG in Walldorf. Schwerpunkte der Tätigkeit: Prävention im Umgang mit Psychomentalen Belastungen, Konzepte und Programme zur Förderung und Erhalt der Life-Balance, Etablierung eines internen Employee Assistance Programs. Seit 2003 zusätzlich Leitung Diversity Management Deutschland. Schwerpunkte: Diversity Awareness, Unterstützung von Frauen im Business und Altersdiversity. Projektleitung „Active @ Work" bei SAP.

Dr. Klaus H. Nagels

Leitet als Mitglied der Fakultät seit 2005 die Life Sciences Practice der European School of Management and Technology (esmt) in Berlin. Davor war er über 7 Jahre bei den international tätigen Beratungsunternehmen Roland Berger Strategy Consultants und Capgemini zuletzt als Principal tätig. In dieser Zeit hat er weltweit, neben Europa u. a. in den USA, China, Osteuropa, Beratungsmandate für Unternehmen der pharmazeutischen Industrie und Gesundheitsdienstleister geleitet. Von 1992 bis 1997 war er in verschiedenen Managementfunktionen in einem Pharmaunternehmen tätig. Klaus Nagels hat in Bonn, Düsseldorf und Zürich Pharmazie und Medizin studiert. Seine Forschungs- und Arbeitsschwerpunkte fokussieren sich auf Transformationsprozesse in der pharmazeutischen Industrie und den internationalen Gesundheitssystemen, bei denen neben dem medizinischen und technischen Fortschritt der demografische Wandel als wesentlicher Treiber fungiert.

Dr. Toni Reifferscheid Leiter des Werksärztlichen Dienstes der Firma Henkel in Düsseldorf. Er ist Facharzt für Arbeitsmedizin und Umweltmedizin und seit mehr als 20 Jahren arbeitsmedizinisch tätig. Seine Lieblingsschwerpunkte sind betriebliche Gesundheitsförderung, Stressmanagement und interne und externe Netzwerke im Rahmen der arbeitsmedizinischen Praxis. Der Werksärztliche Dienst betreut ca. 11.000 Mitarbeiter am Standort Düsseldorf.

Dr. Annette Sättele Rechtsanwältin, Fachanwältin für Arbeitsrecht. Sie ist Partnerin im Bereich Arbeitsrecht der Sozietät Ritterhaus, Mannheim. In diesem Bereich betreut sie nahezu ausschließlich Arbeitgeber. Ein besonderer Schwerpunkt ihrer Arbeit liegt in der Beratung zu betriebverfassungs- und tarifrechtlichen Themen sowie der arbeitsrechtlichen Begleitung und Gestaltung von Umstrukturierungen, Unternehmenskäufen – auch aus der Insolvenz- und Personalabbaumaßnahmen. Bei der Mehrzahl der Mandanten handelt es sich um mittelständische Unternehmen, hier insbesondere aus dem Bereich Biotechnologie, Gesundheitswesen und dem Dienstleistungssektor.

Stefanie Wahl Wissenschaftlerin am Institut für Wirtschaft und Gesellschaft Bonn e.V. (IWG BONN), seit 2005 Geschäftsführerin. Daneben zahlreiche wissenschaftliche Beratungstätigkeiten, unter anderem 1995 bis 1997 Wissenschaftlicher Sekretär der Kommission für Zukunftsfragen der Freistaaten Bayern und Sachsen und 2006/2007 Mitglied der Grundsatzprogramm Kommission der CDU. Forschungsschwerpunkte sind Demografie, insbesondere der Alterungsprozess und seine wirtschaftlichen und gesellschaftlichen Folgen, der Arbeitsmarkt und die sozialen Sicherungssysteme.

Dr. Dr. Daniel Wichelhaus   Studium der Humanmedizin in München, Paris, Wien und Oxford. Doctor of Philosophy University of Oxford. Doktor der Medizin Ludwig-Maximilians-Universität München, Geschäftsführer der Hannover School of Health Management und Abteilungsleiter Unternehmensentwicklung an der Medizinischen Hochschule Hannover. Zuvor beratende Tätigkeiten bei Horváth & Partners sowie Roland Berger Strategy Consultants, Manager Marketing & Entwicklung bei B. Braun Melsungen AG, sowie B. Braun Medical SA, Boulogne, Frankreich. Assistenzarzt sowie Arzt im Praktikum in der Kinderheilkunde an der Heinrich-Heine-Universität Düsseldorf. Wissenschaftlicher Assistent am Institut für Physiologische Chemie der Ludwig-Maximilians-Universität München. Mitglied im Rotary Club Hannover. United Oxford and Cambridge University Club Wissenschaftlicher Beirat der Central Krankenversicherung AG.

Teil 1

Einleitung und Hintergrund

Dr. Melanie Holz und Patrick Da-Cruz

1. Neue Herausforderungen im Zusammenhang mit alternden Belegschaften

1 Einleitung

Der demografische Wandel und die sich daraus ergebenden Konsequenzen geraten zunehmend in den Blickpunkt von Wirtschaft, Politik, Gesellschaft und Wissenschaft. Kaum ein Tag vergeht, ohne dass in den Medien Themen wie Rentenversicherung, Gesundheitsversorgung oder Überalterung der Gesellschaft aufgegriffen werden. Bereits jetzt zu beobachtende Knappheiten bei jüngeren Fachkräften, ein höheres Renteneintrittsalter und die mangelnde Attraktivität Deutschlands für hochqualifizierte Einwanderer lassen die Potenziale älterer Mitarbeiter zwangsläufig in einem neuen Licht erscheinen. Im Zuge der demografischen Entwicklungen werden viele Unternehmen zunehmend darauf angewiesen sein, die Potenziale älterer Mitarbeiter zu erschließen. Die Art und Weise, wie es Unternehmen zukünftig gelingt, die tiefgreifenden demografischen Veränderungen am Arbeitsmarkt erfolgreich zu bewerkstelligen, kann mittel- und langfristig einen nachhaltigen Effekt auf den Unternehmenserfolg haben. Unternehmen und dabei insbesondere das strategische Personalmanagement werden vor neue Herausforderungen gestellt, die in diesem Buch von verschiedenen Perspektiven beleuchtet werden.

2 Herausforderungen als Chance

Nur wenige Unternehmen sehen derzeit akuten Handlungsbedarf aufgrund der demografischen Veränderungen. Lediglich ein geringer Anteil der deutschen Arbeitgeber (die Zahlen schwanken je nach Studie zwischen ca. 4% und 15%, siehe auch Hübner & Wahse, 2003) halten die Altersentwicklung ihrer Belegschaft für ein bedeutendes personalwirtschaftliches Themenfeld. Statistiken zur Altersstruktur in den Unternehmen und deren Entwicklung in der Zukunft liegen häufig nicht oder in unzureichender Detaillierung vor. Damit droht sich eine Entwicklung zu wiederholen, die aus dem Rentenversicherungssystem bestens bekannt ist. Die meisten Unternehmen sind weit entfernt von innovativen und längerfristig orientierten Konzepten zum Umgang mit den anstehenden Veränderungen in den Altersstrukturen ihrer Belegschaft. Die Notwendigkeit wird, im Gegensatz zu einigen europäischen Nachbarn, z. B. Schweden, nicht erkannt, obgleich die Faktenlage nur allzu offensichtlich ist (siehe Kapitel 2). Nach wie vor beschäftigen deutsche Unternehmen verhältnismäßig wenige ältere Mitarbeiter. So haben fast 60% der deutschen Unternehmen keinen Angestellten über 50 Jahre (Schemme, 2002). Eine zukunftsorientierte Personalpolitik besteht für Unternehmen deshalb darin, eine ausgewogene Altersstruktur zu gestalten, die gewährleistet, dass keine „Alterslücken" oder personellen Engpässe entstehen.

Unternehmen stehen heute vor einer Fülle von Fragen, die im Zusammenhang mit den demografischen Veränderungen gestellt werden sollten. Einige Beispiele sind nachfolgend aufgeführt:

■ Wie sieht die Altersstruktur im eigenen Unternehmen heute und in fünf bis zehn Jahren aus?

■ Welches sind die zukünftigen Arbeitsanforderungen (Schlüsselkompetenzen)?

■ Welche Konsequenzen ergeben sich aus den Entwicklungen für die Unternehmenspraxis?

■ Wie wird gewährleistet, dass ältere Mitarbeiter auch in der Zukunft noch leistungsfähig sind?

■ Findet eine kontinuierliche Anpassung und Erneuerung des Wissens statt?

■ Existiert eine altersgerechte Arbeitsgestaltung?

■ Wie können ältere Beschäftigte ggf. aktiv genutzt werden, um Wettbewerbsvorteile zu erlangen, indem z. B. ältere Kundensegmente erschlossen werden?

Welches sind die bedeutsamen Herausforderungen für Unternehmen im Zusammenhang mit veränderten Altersstrukturen? Diether Döring von der Akademie der Arbeit an der Universität Frankfurt weist in seinen Arbeiten auf verschiedene Punkte hin, die erklären, warum ältere Mitarbeiter in Deutschland nach wie vor in geringerem Ausmaß als jüngere Mitarbeiter beschäftigt werden. Nach Döring erhalten im europäischen Vergleich in Deutschland ältere Mitarbeiter durchschnittlich weniger Weiterbildungen. Nur jeder 20. ältere Mitarbeiter nimmt an Schulungen teil. Ein zweites Problem liegt im Senioritätsprinzip, nachdem ältere Mitarbeiter in Deutschland häufig doppelt so teuer wie jüngere Mitarbeiter sind. Ein Tatbestand, der dringend im Zusammenhang mit Tarifverträgen diskutiert und geändert werden sollte. In anderen europäischen Ländern, wie der Schweiz oder Schweden, ist dieser Schritt bereits erfolgt. Daran schließen sich auch verschiedene Themen an, wie beispielsweise dass deutsche Tarife beinhalten, dass reduzierte Arbeitszeiten einen Abschlag vom Rentenanspruch zur Folge haben. Ein letzter wichtiger Faktor wird in der Mentalität, dem Problembewusstsein und der Einstellung zu diesem Thema gesehen. Aus diesen grundsätzlichen Überlegungen ergeben sich drei zentrale Handlungsfelder für Unternehmen.

2.1 Nachwuchskräftemangel und „war for senior talent"

Dieser Punkt betrifft vor allem die Personalauswahl und Organisationsentwicklung. Im Zuge des bereits beschriebenen zukünftigen Mangels an jüngeren qualifizierten Fachkräften werden Unternehmen zwangsläufig auf ältere Mitarbeiter zurückgreifen und angepasste Rekrutierungsstrategien entwickeln müssen. Auch werden in den nächsten Jahren zahlreiche „senior manager" in den Ruhestand gehen und der nächste Level an potenziellen Führungskräften wurde durch Restrukturierungen und Verschlankung in der Vergangenheit dezimiert. Ein neuer „war for senior talent" wird daher die Folge sein. Gleichzeitig nimmt die Loyalität von Arbeitnehmern gegenüber Organisationen zunehmend ab, da aufgrund zahlreicher Entlassungswellen und Einschnitte der alte soziale Vertrag „Sicherheit für Commitment und Leistung" ausgehebelt wurde. Eine Studie der Society for Human Resources Managment von 2003 in den Vereinigten Staaten kam zu dem Schluss, dass ca. 83% der Arbeitnehmer sich einen neuen Arbeitsplatz suchen würden, wenn sich die Wirtschaftslage verbessert. Aus den genannten Gründen werden die Unternehmen im Vorteil sein, die sich entsprechend als attraktiver Arbeitgeber positionieren („employer branding"). Es wird daher notwendig sein, Strategien und Konzepte zu entwickeln, die eine bestehende Belegschaft an das Unternehmen binden und auch für potenzielle qualifizierte Bewerber jeglichen Alters interessant sind. Eine altersgerechte Arbeitsgestaltung sowie verschiedene Instrumente beispielsweise zu Themen wie Work-Life-Balance, Arbeitszeitmodelle, Kompetenzentwicklung oder Laufbahngestaltung sollten daher zukünftig zum Standard jedes Unternehmens gehören.

2.2 Stetig steigende Anforderungen an Qualifikation und Flexibilität

Die Wissens- und Informationsgesellschaft stellt höhere Anforderungen an die Qualifikation der Mitarbeiter. Bereits heutzutage und zukünftig noch in deutlich höherem Ausmaß müssen Mitarbeiter multiple Aufgaben bewältigen, was wiederum eine Vielzahl verschiedener Qualifikationen erfordert. Aufgrund des Arbeitskräftemangels an hoch qualifizierten Mitarbeitern bedeutet dies für Unternehmen, dass diese Lücke zukünftig stärker durch ältere Beschäftigte abgedeckt werden muss. Lebenslanges Lernen wird daher für alle Altersgruppen ein Thema sein, wobei hier die Herausforderungen insbesondere im zielgruppenorientierten Lernen und Vermitteln von Wissen liegen. Lernmöglichkeiten und eine kontinuierliche Aktualisierung des Wissens sind dabei unumgänglich. Gerade ältere Mitarbeiter haben in der Vergangenheit zu wenige Fortbildungen erhalten. Innovations- und Veränderungsbereitschaft sind weitere wichtige Schlüsselqualifikationen. Strukturen müssen daher zukünftig in der Form ausgerichtet werden, dass die Steuerung der Arbeitsprozesse zunehmend dem Arbeitenden zugewiesen werden kann. Selbstorganisation, Selbstkontrolle, Eigenständigkeit und Selbstmanagement sind die zentralen Merkmale.

Alter wird nur dann zum Risikofaktor, wenn es mit geringer, veralteter oder einseitiger Qualifikation einhergeht. Ältere Leistungsträger, gerade im Top-Management, oder spezialisierte Fachkräfte haben schon seit jeher gezeigt, dass bis ins hohe Alter sehr gute Leistungen möglich sind. Die Herausforderungen liegen daher stärker in den unteren Hierarchieebenen. Eine langfristig angelegte Personaleinsatzplanung, die Anforderungen, Qualifikationen und Weiterbildung stärker verzahnt, ist daher im besonderen Maße zu empfehlen. In diesen Kontext gehören auch die Themen Gesundheitsmanagement und altersgerechte Arbeitsplatzgestaltung, die diese Lernprozesse und -möglichkeiten entsprechend unterstützen.

2.3 Kosten und Kultur

Dem altersstrukturellen Wandel und den sich daraus ergebenden Konsequenzen kann nur adäquat begegnet werden, wenn traditionelle Lohn- und Leistungssysteme an diese neue Rahmenbedingungen angepasst werden. Das Einfrieren oder Reduzieren von Gehältern ist nach wie vor ein Tabu-Thema. Die Notwendigkeit zur Neuausrichtung besteht deshalb vor allem in der Gestaltung von neuen Karrieremodellen. Horizontale Karrieremodelle werden zunehmend von so genannten Bogenkarrieren abgelöst werden müssen. Das Prinzip der Bogenkarrriere beinhaltet, dass Gehälter und Position nicht stetig bis zum Ende der Erwerbstätigkeit ansteigen oder gleich bleiben, sondern dass ab einem gewissen Alterszeitpunkt auch rückläufige Vergütungen und damit einhergehend geringere Verantwortunsbereiche möglich sind. Die Vergütung wird sich zukünftig nicht mehr ausschließlich am Senioritätsprinzip orientieren können. Was bei Kleinbetrieben und im Niedriglohnsektor längst gängige Praxis ist, wird auch in größeren Unternehmen und bei Arbeitsplätzen, die ein überdurchschnittliches Qualifikationsprofil erfordern, zu beobachten sein — die Vergütung orientiert sich stärker an der individuellen Leistung und dem jeweiligen Beitrag zum Unternehmenserfolg, unabhängig vom individuellen Alter.

Eine weitere wichtige Aufgabe liegt in den kulturellen Veränderungen innerhalb von Organisationen und Gesellschaft. Management und Führungskräfte stehen vor der zentralen Herausforderung, alte Systeme und Vorurteile aufzubrechen und neu zu gestalten. Dabei wird man nicht umhinkommen, auch manche unangenehmen Sachverhalte, wie das bereits angesprochene Vergütungsthema, anzusprechen und neue Lösungen umzusetzen. Traditionelle Methoden sollten neu überdacht werden. In der Regel wird nach wie vor ein Modell praktiziert, in dem ein Mitarbeiter zwischen dem 25. und 30. Lebensjahr in den Beruf einsteigt, bis etwa 45 Jahre Karriere macht und auf diesem Niveau in die Rente eintritt. Diese Modelle werden aufgrund des demografischen Wandels schwer aufrechtzuerhalten sein. Warum sollte nicht jemand mit 40 Jahren neu in ein Berufsfeld einsteigen und sich weiterentwickeln oder sogar an einem Trainee-Programm teilnehmen? Voraussichtlich hat dieser Mitarbeiter schließlich noch 27 Jahre Erwerbstätigkeit vor sich liegen. Eine Bewusstseinsänderung muss aber von beiden Seiten erfolgen. Unternehmen sollten positive Zeichen setzen und für eine entsprechend angepasste Personal- und Unternehmenskultur sensibilisieren. Dabei sind insbesondere das Mangagement, Personalverantwortliche und Führungskräfte gefordert. Gleichermaßen sollten aber auch Arbeitnehmer realisieren, dass man mit Mitte 40 bzw. Anfang 50 noch nicht mit einem „Fuß in der Rente steht" und die restlichen Jahre nur noch „absitzt", sondern dass Leistung und lebenslanges Lernen auch in diesem Alter noch zu den Anforderungen eines „normalen" Arbeitslebens gehören.

3 Hintergründe und Handlungsmöglichkeiten

Um den dargestellten Herausforderungen angemessen begegnen zu können, sind mehrere Punkte zu beachten, die nachfolgend ausführlich dargestellt werden. Im ersten Teil dieses Buches erfolgt zunächst eine Analyse der Problematik aus volkswirtschaftlicher Perspektive, bei der insbesondere das Thema der zukünftigen Erwerbsquote im Mittelpunkt steht. Im nachfolgenden Beitrag wird das Thema der allgemeinen Leistungsfähigkeit in Bezug auf Alterungsprozesse aufgegriffen. Wenn es um das Thema ältere Mitarbeiter in Unternehmen geht, stellt sich zwangsläufig die Frage nach den Kosten. In Kapitel 4 wird exemplarisch dargelegt, welche finanzwirtschaftlichen Konsequenzen mit alternden Belegschaften verbunden sein können.

Im Anschluss werden verschiedene Instrumente dargestellt, die im Zusammenhang mit älteren Erwerbstätigen sinnvoll eingesetzt werden können. Der Diversity-Ansatz in Kapitel 5 wird am Beispiel der SAP AG erläutert. Eine zentrale Aufgabe sollte darin bestehen, die Personalpolitik so zu gestalten, dass ein ausgewogenes Verhältnis zwischen jungen und älteren Mitarbeitern besteht. Ein intergeneratives Personalmanagement muss im Zusammenhang mit dem Demografiewandel und Arbeitsprozessen auch eine juristische Perspektive berücksichtigen. In Kapitel 6 geht es im Kern um juristische Aspekte bei der Auswahlentscheidung im Bewerbungsverfahren, Gestaltungsmöglichkeiten bei der Begründung von Arbeitsverhältnissen und den Übergang vom aktiven Beschäftigungsleben zur Rente. Hinsichtlich des Faktors Alter bestehen nach wie vor zahlreiche Vorurteile. Inwieweit diese selbsterfüllenden Prophezeiungen einen Einfluss auf die Leistungsfähigkeit und das Verhalten älterer Mitarbeiter haben, ist Inhalt von Kapitel 7.

Die Personalpolitik zahlreicher Unternehmen ist bisher dadurch gekennzeichnet, dass jüngere Führungskräfte in den Genuss von Aus- und Fortbildungen kommen, um sie möglichst rasch auf zukünftige Aufgaben vorzubereiten, während Mitarbeiter und Führungskräfte über 50 Jahre vielfach aktiv oder passiv aus dem Unternehmen gedrängt werden. Diese Praxis wird nicht nur Konsequenzen in kapazitiver Hinsicht haben – Wissen, Erfahrung und Beziehungen gehen mit dem Austritt eines älteren Mitarbeiters im besonderen Maß verloren. Da der Erwerb dieser Fähigkeiten Zeit erfordert, ist insbesondere in technischen Branchen mit Personalengpässen zu rechnen. Kapitel 8 greift diese Problematik auf und behandelt das Thema Personalentwicklung älterer Mitarbeiter.

Mitarbeiter sind aufgrund der veränderten wirtschaftlichen Rahmenbedingungen vermehrt mit Themen wie lebenslanges Lernen und Innovation konfrontiert. Ein Risiko besteht darin, dass mit einem vermehrten Ausscheiden von älteren Mitarbeitern auch ein Verlust an Erfahrungswissen einhergeht, der kaum kompensierbar ist. Kapitel 9 beschäftigt sich ausführlich mit dem Thema Innovation und geht der Frage nach, wie man Innovation mit einer alternden Belegschaft effektiv realisieren kann.

Kapitel 10 greift eine arbeitsmedizinische Perspektive auf und erläutert am Beispiel des Arbeitsbewältigungsindex bei dem Unternehmen Henkel AG einen Ansatz zur betrieblichen Gesundheitsprävention, der die Voraussetzung dafür bietet, dass die Leistungsfähigkeit und die Gesundheit der Mitarbeiter auch bis ins höhere Alter erhalten bleiben kann.

Motivation spielt für alle Altersgruppen eine bedeutsame Rolle. Da ältere Mitarbeiter nur allzu häufig beobachten können, wie sie auf das „Abstellgleis" gestellt werden und jüngere Mitarbeiter in den Genuss einer systematischen Personalentwicklung kommen, verwundert es nicht, dass ihre Loyalität gegenüber dem Unternehmen häufig genug leidet. Das Thema Motivation wird daher ausführlich in Kapitel 11 behandelt.

Verschiedene Unternehmen beschäftigen sich schon länger mit dem Thema Demografiewandel und Konsequenzen für die Betriebspraxis. Die Kapitel 12 bis 16 stellen sehr praxisorientiert mögliche Konzepte und Maßnahmen vor, die sich in verschiedenen Unternehmen bewährt haben. Dabei werden sowohl verschiedene Großunternehmen aus den Branchen Finanzdienstleistung, Gesundheitswesen und Automobilbranche als auch Unternehmen des Mittelstandes betrachtet. In Kapitel 12 werden am Beispiel des Privat Bankings der Deutschen Bank AG sinnvolle Ansätze vorgestellt. Kapitel 13 beleuchtet das Gesundheitswesen am Beispiel der medizinischen Hochschule Hannover. Die Audi AG als Verteter eines typischen Produktionsunternehmens wird in Kapitel 14 dargestellt. Die Fahrion Engineering GmbH vertritt in Kapitel 15 den Mittelstand und berichtet über die erfolgreiche Anstellung von älteren Ingenieuren. In Kapitel 16 wird ein Einstellungsprozess von älteren Mitarbeitern bei dem Möbelhaus Segmüller in Zusammenarbeit mit der Bundesagentur der Arbeit beschrieben.

Da die demografischen Veränderungen der Erwerbsbevölkerung nicht nur auf Deutschland beschränkt sind, sondern bereits kurz- wie mittelfristig auch andere Industrienationen wie Indien oder China treffen, wird es zukünftig zu einem verstärkten Wettbewerb um ausländische Arbeitnehmer kommen. Auch klein- und mittelständische Unternehmen werden ihre Rekrutierungsbemühungen daher deutlich internationalisieren müssen. Darüber hinaus existiert mit Japan eine Industriegesellschaft, deren demografische Entwicklung bereits heute weiter fortgeschritten ist als in allen anderen Industrienationen. In Kapitel 17 wird daher eine asiatische Perspektive eingenommen. Ob sich alternde Belegschaften zu einer Kernkompetenz ausbauen lassen, auf deren Basis nachhaltige Wettbewerbsvorteile begründet werden können, wird in Kapitel 18 untersucht. Darüber hinaus spielen ältere Mitarbeiter für zahlreiche Unternehmen eine wichtige Rolle bei der Erschließung des neuen Megamarktes „Senioren". Die Implikationen der zunehmend älter werdenen Gesellschaft stellen neben den personalwirtschaftlichen Herausforderungen auch eine Chance für die Produktgestaltung und das Marketing dar. Dieses Thema wird im letzten Kapitel 19 aufgegriffen.

4 Ausblick

Die demografischen Veränderungen und die daraus resultierenden Herausforderungen werden langfristig für viele Unternehmen unterschiedlichster Branchen nachhaltige Konsequenzen haben, sei es in Form von Kapazitäts- und Qualifikationsproblemen, Kostensteigerungen, die nicht über Produktivitätszuwächse gedeckt sind oder Rekrutierungsproblemen. Es besteht aktueller Handlungsbedarf, wobei dabei die strategische und zukunftsorientierte Ausrichtung im Mittelpunkt stehen sollte. Unternehmensführung, Arbeitnehmervertreter und Personal-management müssen bereits heute die Voraussetzungen und Rahmenbedingungen schaffen, damit den beschriebenen neuen Herausforderungen angemessen und zeitnah begegnet werden kann. Unternehmen, die sich den Herausforderungen zum jetzigen Zeitpunkt nicht stellen, werden in der Zukunft Schwierigkeiten haben, entsprechende Versäumnisse aufzuholen. Die bisherige Vorgehensweise, die insbesondere durch eine Frühverrentung älterer Mitarbeiter sowie eine stark jugendzentrierte Personalpolitik gekennzeichnet war, geht zwangsläufig mit einer Verschwendung des Humankapitals älterer Mitarbeiter einher, die schon bald der Vergangenheit angehören dürfte.

In einem sich verändernden Arbeitsmarkt sollte die Integration älterer Mitarbeiter daher stärker als Chance denn als Risiko begriffen werden. Der Trend zur Frühverrentung wird sich schon allein aufgrund von Maßnahmen des Gesetzgebers verringern. Aussagen darüber, wie ein Unternehmen auf die demografische Entwicklung reagiert, werden zukünftig integraler Bestandteil von Unternehmensstrategien sein. Dabei geht es natürlich um marktgerichtete Fragestellungen, z. B. veränderte

Kundenstrukturen, aber insbesondere auch um das Thema, welche Konsequenzen sich für die Belegschaft ergeben. Ältere, gut ausgebildete Wissensarbeiter bilden eine wesentliche Voraussetzung dafür, dass Deutschland seine Position in der Weltwirtschaft auch zukünftig aufrechterhalten kann.

5 Literaturhinweise

Allmendinger, J. & Ebner, C. (2006): Arbeitsmarkt und demografischer Wandel. Die Zukunft der Beschäftigung in Deutschland. Zeitschrift für Arbeits- und Organisationspsychologie.

Behrend, C. (2002): Demographischer Wandel – eine Chance für ältere Arbeitnehmer? Personalführung, 6, 34-39.

Döring, D. (2002): Die Zukunft der Alterssicherung. Europäische Strategien und der deutsche Weg. Frankfurt.

Hübner, W. & Wahse, J. (2003): Ältere Arbeitnehmer – ein personalpolitisches Problem?, In: Kistler, E. & Mendius, H. G. (Hrsg.). Demographischer Strukturbruch und Arbeitsmarktentwicklung (S. 68-86), Stuttgart.

Schemme, D. (2002): Strategien zur Bewältigung des demografischen Wandels. Personalführung, 6, 52-57.

Dr. Oliver Ehrentraut und Dr. Stefan Fetzer

2. Die Bedeutung älterer Arbeitnehmer im Zuge der demografischen Entwicklung

1   Einleitung

Binnen der nächsten 40 Jahre wird die deutsche Bevölkerung einen deutlichen Wandel vollziehen, der sich durch den Begriff „doppelter Alterungsprozess" trefflich formulieren lässt. „Doppelt" ist dieser Alterungsprozess deswegen, weil künftig das Durchschnittsalter der deutschen Bevölkerung durch zwei Faktoren massiv ansteigen wird. Beim ersten Faktor handelt es sich um die seit dem so genannten „Pillenknick" Anfang der 70er Jahre geringen Geburtenraten von etwa 1,4 Geburten pro Frau im gebärfähigen Alter. Zur Aufrechterhaltung des Bevölkerungsbestandes wäre jedoch eine Geburtenrate von 2,1 notwendig. Somit werden seit über 30 Jahren in Deutschland zu wenige Kinder geboren.[1] Der zweite Faktor ist der stetige Anstieg der Lebenserwartung, welcher hauptsächlich auf den medizinisch-technischen Fortschritt, aber auch auf eine gesündere Ernährung, verbesserte Umwelteinflüsse o. Ä. zurückzuführen ist. So soll laut den Berechnungen des Statistischen Bundesamtes die Lebenserwartung eines neugeborenen Kindes binnen der nächsten fünf Dekaden um etwa fünf Lebensjahre ansteigen.

Ein ganz zentrales Thema in der öffentlichen Diskussion ist die massive Gefährdung der künftigen Finanzierung der gesetzlichen Sozialversicherungssysteme durch den doppelten Alterungsprozess, der hier dazu führt, dass immer weniger Junge immer mehr Alte, die zugleich immer älter werden, finanzieren müssen. Die gesellschaftlichen Konsequenzen dieses doppelten Alterungsprozesses sind aber deutlich weitreichender. So wird beispielsweise dessen Einfluss auf das künftige durchschnittliche Konsumverhalten ebenso diskutiert, wie häufig behauptet wird, dass sich in einer alternden Gesellschaft der Wert von Vermögensbeständen (zum Negativen hin) verändert. Des Weiteren ist davon auszugehen, dass sich das Angebot staatlicher Infrastruktur- und Kulturleistungen bei einer alternden Gesellschaft zumindest mittelfristig auch deren Bedürfnissen anpasst. In diesem Zusammenhang darf erwartet werden, dass die öffentliche Bereitstellung von Kindergärten, Schulen und Universitäten zurückgeht und dafür in zunehmendem Maße Alten- und Pflegeheime durch öffentliche Gelder gefördert werden müssen.

---

[1] Da in Deutschland durchschnittlich etwa fünf Prozent mehr Jungen als Mädchen geboren werden und nicht alle Mädchen ihr gesamtes gebärfähiges Alter erleben, liegt der Wert über zwei Kindern.

2 Alter und Erwerbsquote

Neben diesen Themen ist aber der Einfluss, den der demografische Wandel auf die Leistungsfähigkeit der deutschen Wirtschaft und den Arbeitsmarkt ausübt, von immenser Bedeutung: So wird einerseits oftmals behauptet, dass eine Erhöhung des Anteils der älteren, potenziell dem Arbeitsmarkt zur Verfügung stehenden Personen eine weitere Zunahme der Nichterwerbstätigkeit befürchten lässt, da dieser Personenkreis momentan schon unterdurchschnittlich beschäftigt ist. Andererseits wird die Meinung vertreten, dass bei einer Abnahme des Potenzials junger Erwerbstätiger alte Erwerbstätige umso mehr gebraucht werden und damit quasi automatisch ein Abbau der Arbeitslosigkeit vorprogrammiert ist.

Welche der beiden Ansichten richtig ist, wird sicherlich niemand exakt beantworten können, da hier zu viele Faktoren eine wesentliche Rolle spielen. Fakt ist allerdings, dass im Zuge des demografischen Wandels auch ein soziokultureller Wandel auf uns zukommt. Mit diesem wird vermutlich auch ein Wandel hinsichtlich der Bedeutung älterer Arbeitnehmer einhergehen. Während diese momentan geradezu gebrandmarkt sind von Vorurteilen wie etwa „nicht produktiv genug", „zu teuer", „wenig lernwillig" oder „kaum belastbar" und deswegen bei Personaleinsparungen via Altersteilzeit, Vorruhestand etc. (mit staatlicher Förderung) ausmanövriert werden, sollte sich die Wertschätzung dieser Gruppe in Zukunft doch deutlich zum Positiven hin verändern.[2] Denn wie nachfolgend gezeigt werden wird, ist es gerade diese Altersgruppe, die mehr und mehr gebraucht wird. In diesem Kontext stellt sich hinsichtlich der Auswirkungen des doppelten Alterungsprozesses auf den Arbeitsmarkt dann aber die folgende Frage:

Welche Zunahme an älteren Arbeitnehmern brauchen wir, damit Deutschland auch in Zukunft ein ausreichendes Wirtschaftswachstum generieren kann, das den nachhaltigen Wohlstand dieser Gesellschaft garantiert?

Zur Beantwortung dieser Frage ist zunächst ein Blick auf die derzeitige Beschäftigungssituation nützlich. Abbildung 2-1 zeigt hierzu die nach Altersgruppen unterteilten Erwerbsquoten für Männer und Frauen, d. h. den Anteil der Erwerbspersonen (Erwerbstätigen und Erwerbslosen) an der jeweiligen Altersgruppe, wie sie sich nach Berechnungen des IFO-Instituts für das Jahr 2005 ergeben.[3]

---

[2] In der politischen Diskussion zeigen sich beispielsweise durch die von Arbeitsminister Müntefering angestoßene „Initiative 50plus" aktuelle Bemühungen in diese Richtung.

[3] Die verwendeten Daten stammen aus einer Studie des IFO-Instituts von Werding und Kaltschütz (2005).

Abbildung 2-1:   *Alters- und geschlechtsspezifische Erwerbsquoten im Jahr 2005*

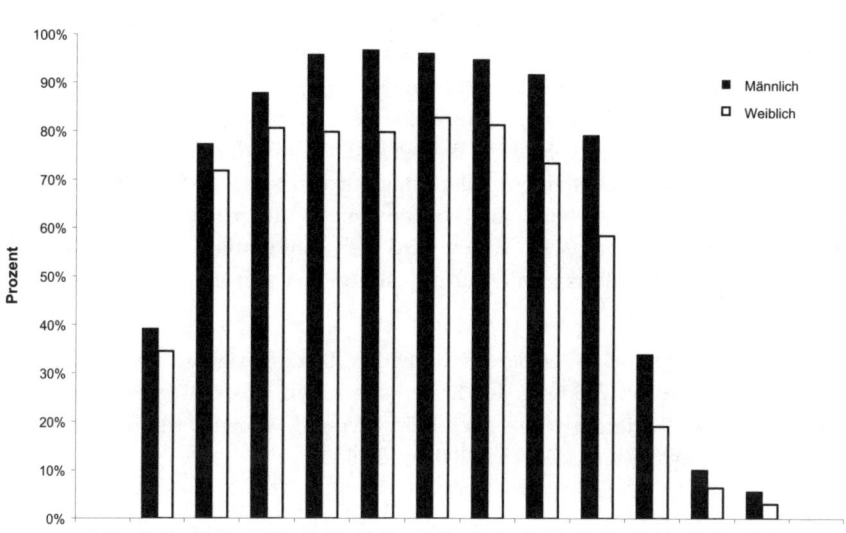

Ein erster Blick lässt schon erkennen, dass die Quoten der 30- bis 54-Jährigen Männer bei über 90% liegen. Während sich die deutlich niedrigen Erwerbsquoten der jüngeren Kohorten dadurch erklären, dass diese sich größtenteils noch in schulischer bzw. universitärer Ausbildung befinden, gibt es für die sehr niedrigen Erwerbsquoten der über 55-Jährigen Männer mehrere Ursachen, wie z. B. Vorruhestandsregelungen und eben auch die bereits angesprochene Tatsache, dass die momentane Situation am Arbeitsmarkt diesen Generationen zu wenig Chancen einräumt. Betrachtet man die Quoten der Frauen, so sind diese im Durchschnitt rund 15 Prozentpunkte geringer als die ihrer entsprechenden männlichen Altersgenossen – ein Faktum, das sicherlich auch auf die in Deutschland immer noch sehr traditionelle Rolle der Frau zurückzuführen ist.

3 Demografische Entwicklung

Soll die Erwerbstätigkeit insgesamt zunehmen, so betrifft dies hauptsächlich die ältere Gruppe der Arbeitnehmer, deren Quoten noch sehr ausbaufähig sind.[4] Die Quoten der Altersgruppe zwischen 30 und 55 Jahre sind hingegen schon heute auf einem sehr hohen Niveau, so dass hier wenig „Luft nach oben" besteht. Bei den jüngeren Generationen kann zwar versucht werden z. B. über kürzere (akademische) Ausbildungszeiten die Erwerbsquoten zu steigern, allerdings wird dieser Effekt durch die – wie im Folgenden gezeigt werden wird – starke Abnahme in dieser Bevölkerungsgruppe auf mittlere Sicht relativ gering sein. Mithin wird hier also deutlich, dass der Gruppe der über 55-Jährigen eine Schlüsselrolle für die langfristige wirtschaftliche Lage Deutschlands zukommt.

Um diese Schlüsselrolle weiter herauszuarbeiten, bedarf es einer umfassenden Prognose der künftigen Entwicklung der Erwerbspersonen. Als Grundlage hierfür dient der in Abbildung 3-1 dargestellte – nach Männern und Frauen getrennte – altersspezifische Bevölkerungsbestand der Jahre 2005 und 2050.[5]

---

[4] Von der gruppenspezifischen Arbeitslosigkeit wird in diesem Beitrag bewusst abstrahiert. Zwar könnte man den im Folgenden behandelten künftig absehbaren Arbeitskräftemangel teilweise beheben, indem man Arbeitslose wieder in „Lohn und Brot" bringt. Allerdings dürfte dieses Unterfangen sehr schwierig zu gestalten sein. Die momentan Arbeitslosen sind nämlich mehrheitlich gering qualifiziert, während das Anforderungsprofil an die zukünftig zu besetzenden Arbeitsplätze aber sicherlich auch höher qualifizierte Arbeitskräfte erfordern wird. Ebenso wird von einer möglichen relativen Erhöhung der Frauenerwerbsquoten (z. B. auf das Niveau der Männer) abgesehen, da in diesem Beitrag mögliche gesellschafts- und familienpolitische Veränderungen nicht im Vordergrund stehen. Somit bleibt der geschlechtsspezifische Abstand innerhalb der Altersgruppen auch in Zukunft erhalten.

[5] Die im Folgenden prognostizierten Zahlen entstammen ausschließlich eigenen Berechnungen, die auf Daten des Statistischen Bundesamts basieren.

Abbildung 3-1:   Die deutsche Bevölkerung im Jahr 2005 und 2050

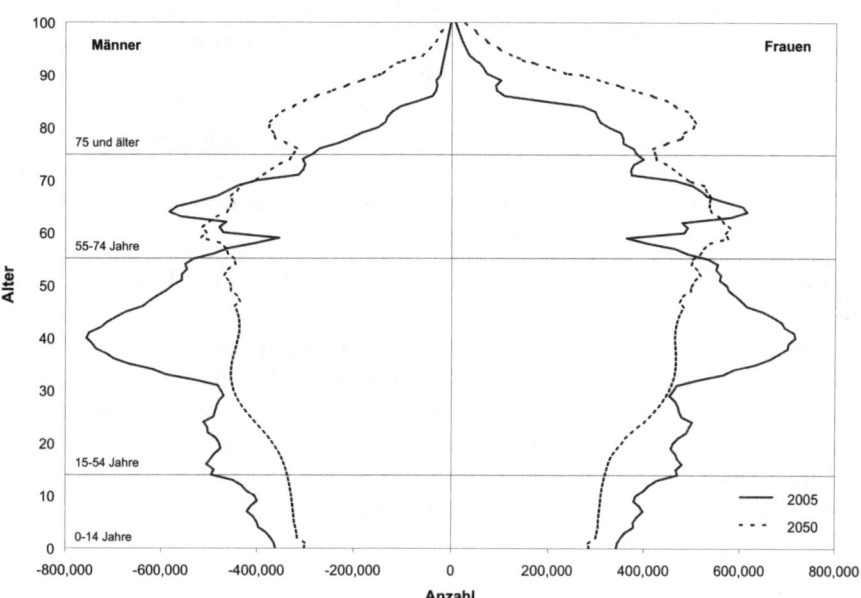

Bei Betrachtung der Basisjahrbevölkerung im Jahr 2005 fallen zunächst zwei Einschnitte in der Bevölkerungsentwicklung auf. Der erste ist bei den 55- bis 65-Jährigen im Jahr 2005 zu verzeichnen und ist die heutige Konsequenz der niedrigen Geburtenrate während des Zweiten Weltkriegs. Der zweite Einschnitt ist bei den unter 30-Jährigen festzustellen und ist Ausdruck der seit den 70er Jahren stark zurückgegangenen Geburtenrate. Zwischen beiden Einschnitten besteht ein Bauch, der aus den so genannten „Baby-Boomern" besteht. Im Gegensatz zur Zeit nach etwa 1970 lag die Geburtenrate in den 50er und 60er Jahren nämlich noch durchgehend über dem Ersatzniveau in Höhe von 2,1 Geburten pro Frau.

Wird – wie in der mittleren Variante der 10. koordinierten Bevölkerungsprojektion des Statistischen Bundesamts – unterstellt, dass in der Zukunft die niedrige Geburtenrate von 1,4 Geburten je Frau bestehen bleibt und zudem von einer Verlängerung der Lebenserwartung bei Geburt von 75,9 (81,6) auf 81,1 (86,6) bei Männern (Frauen) ausgegangen, so ergibt sich 2050 die ebenfalls in Abbildung 3-1 dargestellte altersspezifische

Bevölkerungsverteilung.[6] Hier wird deutlich, dass aufgrund der fortschreitenden Alterung der „Baby-Boomer" die absolute Anzahl der über 74-Jährigen sehr stark ansteigt. Die 55- bis 74-Jährigen bleiben in ihrer absoluten Anzahl in etwa konstant, während bei allen jüngeren Kohorten ein Rückgang zu verzeichnen ist. Am ausgeprägtesten ist dieser bei den 30- bis 54-Jährigen, was wiederum durch die fortschreitende Alterung der „Baby-Boomer" erklärt werden kann. Über alle Kohorten hinweg nimmt die deutsche Bevölkerung zwischen 2005 und 2050 von 82,5 auf 77,0 Millionen um 5,5 Millionen ab. Offensichtlich sind es also vor allem die jungen Kohorten und damit auch die jungen Arbeitnehmer, die für diesen Rückgang verantwortlich sind. Die Jahrgänge der älteren Beschäftigten nehmen leicht zu, während die Rentnergenerationen sogar einen deutlichen Anstieg verzeichnen.

Um eine genauere Aussage über die künftige Entwicklung des Erwerbspersonenpotenzials zu erhalten, ist in Abbildung 3-2 die Entwicklung der relativen Stärke der bereits in Abbildung 3-1 charakterisierten vier Altersgruppen im Zeitablauf zwischen 2005 und 2050 abgetragen. Die erste Gruppe sind Kinder, die zwischen Null und 14 Jahre alt sind und dem Arbeitsmarkt nicht zur Verfügung stehen. Die zweite Gruppe bilden die jüngeren potenziell Erwerbstätigen zwischen 15 und 54 Jahren. Zur dritten Gruppe gehören die älteren potenziell Erwerbstätigen zwischen 55 und 74 Jahren, und der vierten Gruppe sind Kohorten zugeordnet, die 75 und älter sind.[7]

---

[6]   Daneben sind eine konstante ausländische Nettozuwanderung von 200.000 Menschen pro Jahr und ein sukzessiver Abbau des deutschen Rückkehrerstroms bis 2040 unterstellt. Für genauere Informationen siehe Statistisches Bundesamt (2003).

[7]   Es sei an dieser Stelle darauf hingewiesen, dass die gewählte Gruppenaufteilung nicht impliziert, dass alle Mitglieder einer Kohorte auch tatsächlich erwerbstätig sind. Dies gilt beispielsweise für die Jahrgänge der 15- bis 20-Jährigen, die sich teilweise noch in der schulischen Ausbildung befinden, oder auch für die über 60-Jährigen, die teilweise bereits im Ruhestand sind.

Abbildung 3-2:   *Entwicklung des Bevölkerungsanteils verschiedener Altersgruppen*

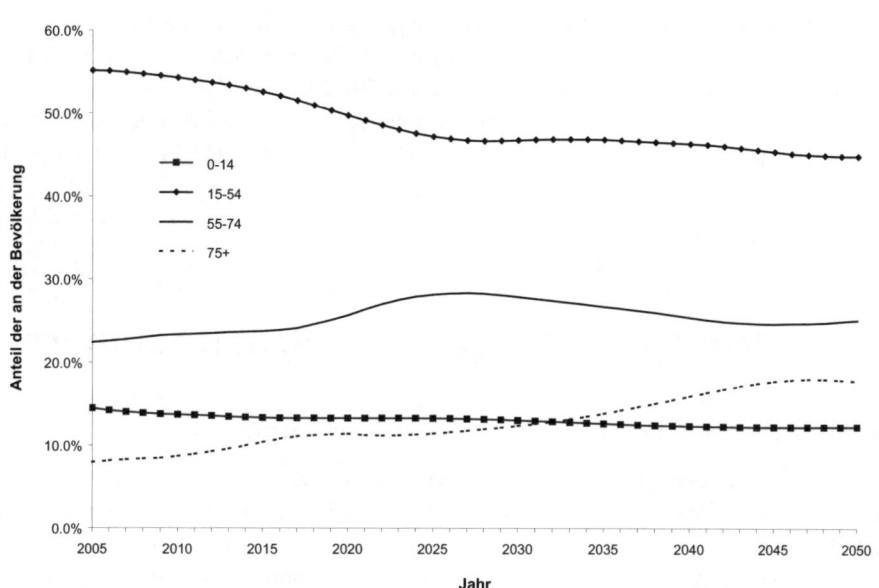

Wie deutlich aus der Abbildung 3-2 zu erkennen, ist die Gruppe der 15- bis 54-Jährigen – aufgrund der gewählten Gruppenaufteilung – mit einem Anteil von 55,2% der Gesamtbevölkerung die mit Abstand größte unter den Vieren im Jahr 2005. Es folgen die Gruppe der 55- bis 74-Jährigen und die Gruppe der Null- bis 14-Jährigen mit Anteilen von 22,4% und 14,5%. Die kleinste Gruppe, mit einem Bevölkerungsanteil von 8,0% im Jahr 2005 sind die Rentnergenerationen, die 75 Jahre und älter sind. Im Zeitablauf nimmt der Anteil dieser Gruppe kontinuierlich zu und beläuft sich 2050 auf etwa 18% der Bevölkerung. Der Anteil der jüngsten Gruppe der unter 15-Jährigen nimmt hingegen im betrachteten Zeitraum fast linear von 14,5% auf 12,3% ab.

Die hier im Vordergrund stehenden Generationen der potenziell Erwerbstätigen entwickeln sich über den Zeitablauf wie folgt: Der Anteil der Gruppe der 15- bis 54-Jährigen nimmt ausgehend von 55,2% im Jahr 2005 bis 2025 sehr stark ab und beträgt dann nur noch etwa 47%. Annähernd spiegelbildlich entwickelt sich der Anteil der Gruppe der 55- bis 74-Jährigen, welcher bis 2025 von 22,4% auf 28,3% ansteigt. Verantwortlich für diesen Verlauf zeichnen die oben schon angesprochenen „Baby-

Boomer", die zwischen 2010 und 2030 sukzessive einen Gruppenwechsel vollziehen.[8] Nach 2030 entwickeln sich die beiden Gruppen der Erwerbstätigengenerationen hingegen ähnlich: Der Rückgang des Anteils der jungen Erwerbstätigengenerationen verläuft hier sehr kontinuierlich und fällt ausgehend von 47% im Jahr 2025 mit 44,2% zum Ende des Betrachtungszeitraums im Jahr 2050 sehr moderat aus. Bei den älteren Erwerbstätigengenerationen folgt dem Anstieg bis 2025 ein Rückgang, der 2050 zu einem Anteil dieser Gruppe an der Bevölkerung von 25,1% führt. Insgesamt nimmt diese Gruppe aber über den gesamten betrachteten Zeitraum 2005 bis 2050 von 22,4% auf 25,1% zu.

4 Mehrbedarf an älteren Arbeitnehmern

Was bedeuten diese Zahlen aber nun für die Lage am Arbeitsmarkt?

Ausgangspunkt der folgenden Überlegungen soll die Annahme sein, dass der Anteil der Erwerbspersonen an der Bevölkerung konstant bleiben muss, um ein ausreichendes Maß an Wirtschaftswachstum zu erreichen, damit die Aufrechterhaltung des heutigen Wohlstandes auch zukünftig garantiert werden kann. Nun mag diese Annahme durchaus diskussionswürdig sein, denn geht man davon aus, dass in Zukunft ein technischer Fortschritt vorherrscht, bei dem die Arbeitsproduktivität gesteigert wird, so könnte der Anteil an Erwerbstätigen sogar zurückgehen, um dennoch das Wohlstandsniveau aufrechtzuerhalten. Andererseits gewinnen personalintensive Wirtschaftsbereiche wie Gesundheit oder Dienstleistungen mehr und mehr an Bedeutung, was entsprechend einen steigenden Anteil der Erwerbstätigen an der Bevölkerung erfordert. Welcher Effekt den anderen dominieren wird, ist derzeit kaum vorhersehbar, weshalb die im Folgenden verwendete Annahme eines konstanten Anteils der Erwerbspersonen an der Bevölkerung auch als Mittelweg interpretiert oder zumindest als nützliches Gedankenexperiment angesehen werden kann.[9]

Unter dieser Annahme ergeben sich aus dem geschilderten Verlauf des Bevölkerungsanteils der jungen und älteren Generationen der Erwerbstätigen nun (mindestens) zwei arbeitsmarktpolitische Implikationen: Da bis 2025 ein massiver Gruppenwechsel von den jungen zu den alten Erwerbstätigengenerationen stattfindet, gilt es erstens,

---

[8] Allerdings entsprechen sich Zu- und Abnahme nicht exakt, weil erstens beim Gruppenübertritt einige Kohortenmitglieder sterben und zweitens der Gruppeneintritt in die Gruppe der 15- bis 54-Jährigen über die Zeit ebenso wenig konstant ist wie der Gruppenaustritt aus der Gruppe der 55- bis 74-Jährigen.

[9] Die Annahme eines konstanten Anteils der Erwerbspersonen an der Bevölkerung impliziert unter den getroffenen Annahmen wie bereits erläutert, dass auch die gruppenspezifischen Anteile an Erwerbstätigen und Erwerbslosen über die Zeit hinweg konstant bleiben.

Voraussetzungen zu schaffen, die eine Beschäftigung dieser älteren Gruppe auch garantieren. Dies umfasst neben deren Arbeitsbereitschaft auch die Schaffung und Bereitstellung entsprechender Arbeitsplätze.

Da im betrachteten Zeitraum zwischen 2005 und 2050 der Bevölkerungsanteil beider Gruppen von Erwerbstätigen insgesamt von 77,6% auf 70,0% sinkt, muss zweitens – um den Anteil der Erwerbstätigen an der Bevölkerung konstant zu halten – die Erwerbstätigkeit innerhalb dieser Gruppen zunehmen. Wie zu Beginn in Abbildung 2-1 schon gezeigt, betrifft dies wiederum hauptsächlich die Gruppe der älteren potenziell Erwerbstätigen.

Wie hoch ist nun aber das quantitative Ausmaß des zusätzlichen gesamtwirtschaftlichen Bedarfs an älteren Arbeitnehmern?

Zur Beantwortung dieser Frage kann man die Erwerbsquoten aus Abbildung 2-1 mit der Bevölkerungsentwicklung kombinieren und bekommt dann die in Abbildung 4-1 dargestellte Entwicklung des Anteils der Erwerbspersonen an der Bevölkerung, sowohl getrennt nach Erwerbspersonen über und unter 55 Jahren als auch insgesamt, was der gesamtwirtschaftlichen Erwerbsquote entspricht.

Abbildung 4-1: *Entwicklung des Bevölkerungsanteils der Erwerbspersonen*

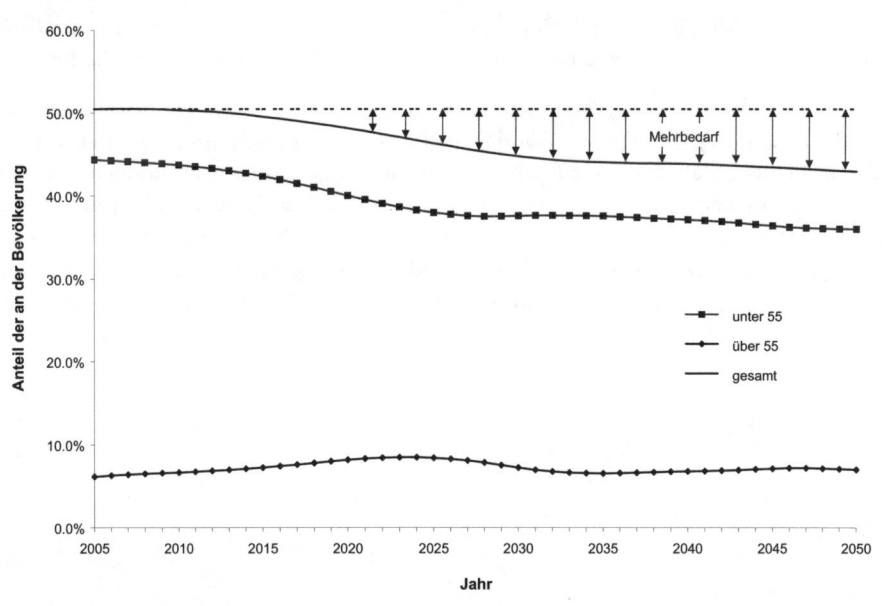

Unter der Annahme im Zeitablauf konstanter alters- und geschlechtsspezifischer Erwerbsquoten sinkt der Anteil der Erwerbspersonen an der Bevölkerung von 50,5% im
Jahr 2005 auf 43,0% im Jahr 2050. Wie bereits besprochen, ist dieser Rückgang zur
Gänze auf die Abnahme der jüngeren Erwerbspersonen zurückzuführen. Der Bevölkerungsanteil der älteren Erwerbspersonen nimmt über den betrachteten Zeitraum 2005
bis 2050 von 6,1% auf 7,0% sogar zu. Der Anstieg des Anteils der 55- bis 74-Jährigen
Erwerbspersonen zwischen 2010 und 2030 ist hier aber weniger stark ausgeprägt als
derjenige der gesamten Gruppe aus Erwerbs- und Nichterwerbspersonen in Abbildung 3-2. Ursächlich hierfür sind die sehr geringen Erwerbsquoten in diesen Gruppen.

Auch hinsichtlich des quantitativen Ausmaßes des gesellschaftlichen Mehrbedarfs an
älteren Arbeitnehmern liefert Abbildung 4-1 eine Antwort: Unter der bereits diskutier-
ten Annahme einer über die Zeit hinweg konstanten gesamtwirtschaftlichen Erwerbsquote (von 50,5%), steigt – wie in Abbildung 4-1 verdeutlicht – der Mehrbedarf an
Erwerbpersonen sukzessive an und beträgt im Jahr 2050 7,5% (50,5% – 43,0%). Da wie
in den Ausführungen zu Abbildung 3-2 schon erwähnt, die Erwerbsquoten der jungen
Erwerbstätigenkohorten ein sehr geringes Anpassungspotenzial nach oben hin haben,
muss dieser Mehrbedarf zwangsläufig durch die älteren Arbeitnehmer erfolgen. Damit
wird nun auch die zuvor betonte Schlüsselrolle der über 55-Jährigen auf dem künftigen Arbeitsmarkt deutlich. Nimmt man an, dass der Mehrbedarf in Höhe von 7,5%
allein durch Mehrbeschäftigung dieser Gruppe erfolgt, so impliziert dies mehr als eine
Verdoppelung des Anteils der älteren Erwerbpersonen binnen der nächsten 50 Jahre.
In absoluten Werten bedeutet dies – trotz des leichten Bevölkerungsrückgangs von
82,5 auf 76,9 Millionen – eine Zunahme der älteren Erwerbspersonen von rund fünf
auf elf Millionen. Als Kernaussage der Ausführungen bleibt deshalb festzuhalten:

Die Anzahl der beschäftigten Arbeitnehmer über 55 Jahre muss sich im Zuge des bevorstehenden demografischen Wandels mehr als verdoppeln, um auch zukünftig ein
ausreichendes Maß gesellschaftlichen Wohlstandes garantieren zu können. Die Entwicklung im Zeitablauf zeigt, dass ohne ein entsprechendes Umdenken hinsichtlich
der Wertschätzung älterer Arbeitnehmer binnen der nächsten zehn Jahre die gesamt-
wirtschaftliche Entwicklung in Deutschland nachhaltig gefährdet wird. Angesichts
dieses Sachverhalts erscheint der aktuelle Umgang mit dieser Gruppe äußerst fahrläs-
sig.

5 Literaturhinweise

Statistisches Bundesamt (2003): Bevölkerung Deutschlands bis 2050 — 10. koordinierte Bevölkerungsvorausberechnung, Wiesbaden.

Werding, M. und Kaltschütz, A. (2005): Modellrechnungen zur langfristigen Tragfähigkeit der öffentlichen Finanzen — ifo Beiträge zur Wirtschaftsforschung. Band 17, München.

Dr. Melanie Holz

3. Leistungs- und Erwerbsfähigkeit älterer Mitarbeiter

Allgemeine Veränderungen im Alterungsprozess

1   Einleitung

Eine Volksweisheit sagt: „Man ist so alt wie man sich fühlt". Leistungsfähigkeit bezeichnet allgemein die Möglichkeit bzw. den Umfang, Leistungen zu erbringen. Die OECD[10] versteht unter dem Begriff „ältere Arbeitnehmer" Mitarbeiter, die in der zweiten Hälfte ihres Berufslebens stehen und das Rentenalter noch nicht erreicht haben, aber gesund und arbeitsfähig sind.

Was bedeutet nun aber arbeits- oder leistungsfähig? Grundsätzlich ist die weitläufige Meinung, dass ältere Menschen zwar so etwas wie Expertenwissen, Arbeitstugenden oder Führungskompetenz haben können. Älteren Mitarbeitern werden aber dagegen kaum Fähigkeiten, bei denen Schnelligkeit, Innovation oder Konzentration eine Rolle spielen, zugesprochen. Eine wichtige Diskussion im Zusammenhang mit alternden Belegschaften findet über das so genannte Defizit-Modell statt, welches allgemein davon ausgeht, dass ältere Mitarbeiter weniger leistungsfähig sind. Ältere sind krankheitsanfälliger, unproduktiver, verschlossener gegenüber Veränderungen oder weniger motiviert. Eine solch pauschale Aussage lässt sich jedoch nicht halten. Zahlreiche Studien konnten ein allgemeines Defizit-Modell widerlegen.

Der folgende Beitrag stellt differenziert verschiedene Leistungsparameter im Zusammenhang mit Alterungsprozessen dar und geht der Frage nach, welche Leistungseinbußen im Alter tatsächlich belegbar sind, wie diese vermeidbar wären und was möglicherweise auf Vorurteilen beruht. Einige Leistungsindikatoren oder Eigenschaften, wie z. B. Kreativität, sind relativ altersunabhängig, andere, wie Erfahrungswissen, nehmen sogar zu, wiederum andere, wie z. B. Reaktionsgeschwindigkeit, verringern sich mit zunehmendem Alter. Selbst bei den rückläufigen Merkmalen können durch entsprechende Maßnahmen Defizite teilweise kompensiert oder eingeschränkt werden, so dass allgemein immer wieder festgestellt wird, dass nur ca. 10% der individuellen Unterschiede bei Arbeitsleistungen auf den Faktor Alter zurückzuführen sind.

Berufliche Erfolge haben mehr mit der Arbeitstätigkeit und individuellen Erfahrungen als mit dem chronologischen Alter zu tun. Ansätze zur Prävention und Förderung der Leistungsfähigkeit bis ins hohe Alter werden daher im Folgenden vorgestellt. Darüber hinaus werden bei den dargestellten Leistungsindikatoren Überlegungen angeführt, welche Konsequenzen dies für die Arbeitsplatzgestaltung und den Einsatz von älteren Mitarbeitern hinsichtlich bestimmter Positionen und Zuteilung von Arbeitsaufgaben hat.

---

[10]   Organization for Economic Cooperation and Development.

2   Unterschiede in der Leistungsfähigkeit

Studien, die den Berufserfolg anhand von Produktivitätskennziffern erfassen, zeigen, dass Ältere mit anspruchsvollen Aufgaben Jüngeren häufig überlegen sind und dass bei der Altersgruppe der über 45-Jährigen eine steigende Streuung, aber kein genereller Rückgang in der Leistungsfähigkeit festzustellen ist.

In der Forschung besteht mittlerweile große Einigkeit darüber, dass zumindest bis zum gesetzlichen Rentenalter in der Regel nicht das chronologische Alter ausschlaggebend für Differenzen in der Leistungsfähigkeit ist, sondern vielmehr individuelle Erfahrungen, persönliche Fitness, Arbeitsplatzbedingungen, Lernerfahrungen oder Kompensationsstrategien und -möglichkeiten verantwortlich für Unterschiede in den Kompetenzen und Leistungen sind. Die individuelle Berufs- und Lebensbiografie bestimmt daher maßgeblich die Leistungsfähigkeit und man spricht daher von dem so genannten „arbeitsinduzierten Altern". Dies erklärt auch die hohe Heterogenität in der Gruppe der älteren Arbeitnehmer. Im Verlauf einer durchschnittlichen Erwerbsbiografie ändern sich zwar das Qualifikationsprofil und die Einsatzfähigkeit, nicht aber die Arbeits- und Leistungsfähigkeit. Dies bedeutet, dass Unterschiede zwischen älteren und jüngeren Mitarbeitern andere Ursachen als das biologische Alter haben. Diese werden im Folgenden aufgegriffen und sollen gleichzeitig auch als Ansatzpunkt dienen, um Verbesserungen und Maßnahmen abzuleiten.

Es lassen sich verschiedene Leistungsparameter unterscheiden, bei denen jüngere Menschen Älteren überlegen sind; genauso werden aber Älteren bestimmte Merkmale zugeschrieben, bei denen sie im Vorteil sind (siehe Abbildung 2-1). Diese grundsätzlichen Unterschiede stehen sich oft auch kompensatorisch gegenüber. In der Regel sind bestimmte Arbeitsanforderungen eine Kombination aus verschiedenen Fähig- und Fertigkeiten. Beispielsweise spielen bei der Schreibtätigkeit einer Sekretärin sowohl Schnelligkeit als auch Erfahrung eine Rolle. Aus diesem Grund findet man auch zwischen jungen und älteren Sekretärinnen keinen großen Unterschied in den jeweils erbrachten Leistungen. So sind zwar Jüngere schneller in der Informationsverarbeitung, dennoch können ältere Sekretärinnen durch spezielle Strategien und Wissen dies weitestgehend ausgleichen. Erfahrene Sekretärinnen können beispielsweise Wörter antizipieren und somit durch vorausschauendes Denken Zeitdefizite wieder gutmachen. In der Arbeitswelt finden sich für diesen Sachverhalt zahlreiche Beispiele. Verschlechterungen im berufsfähigen Alter sind daher in der Regel ein Mangel an Erfahrung, Training oder Kompensationsmöglichkeiten. Intelligenzforscher fanden heraus, dass selbst bei jüngeren Menschen nach längeren Phasen der Passivität (z. B. im Urlaub) mit einem deutlichen Absinken des Intelligenzquotienten zu rechnen ist.

Abbildung 2-1:   Allgemeine Unterschiede bei verschiedenen Leistungsparametern

Stärken bei jüngeren Arbeitnehmern	Stärken bei älteren Arbeitnehmern
– Spontaneität/Aktivität	– Gelassenheit und Übersicht
– Kraft	– Verantwortungsbewusstsein
– Schnelligkeit (z. B. bei der Reaktion)	– Qualitätsbewusstsein (Genauigkeit)
– Flexibilität	– Urteilsvermögen
– Risikobereitschaft	– Konflikt- und Kooperationsfähigkeit
– Offenheit (z. B. gegenüber Technik oder grundlegenden Veränderungen)	– Erfahrungswissen/Expertise/ Betriebsspezifisches Wissen
– Aktuellere Ausbildung	– Kommunikationsfähigkeit
– Karriereorientierung und Weiterbildungsbereitschaft	– Zuverlässigkeit

Sowohl Körper als auch Geist brauchen regelmäßiges Training, um volle Leistung erbringen zu können. Die Forschungsergebnisse weisen daher darauf hin, dass es wichtig ist, zwischen biologischem, kalendarischem und sozialem Alter zu unterscheiden. Heutzutage sind 70-Jährige im Durchschnitt biologisch so alt, wie es 1970 60-Jährige waren. Es gibt daher keinen Beleg für die Annahme, dass ältere Mitarbeiter per se weniger leistungsfähig als jüngere sind.

Im Zusammenhang mit Leistungsfähigkeit und Alter werden grob drei Bereiche unterschieden, die in den nachfolgenden Abschnitten näher beschrieben werden:

▪ **Die geistige (kognitive) Leistungsfähigkeit**

Darunter fallen alle Kompetenzen, die Wissen, Einsicht und Denken erfordern, um verschiedene Aufgaben zu lösen und Situationen zu bewältigen.

▪ **Die psychische Leistungsfähigkeit**

Darunter fallen emotionale und soziale Kompetenzen, aber auch Persönlichkeitsmerkmale.

■ **Die physische (körperliche) Leistungsfähigkeit**

Darunter fallen alle körperlichen Merkmale, wie Motorik (Muskelkraft) oder sensorische Parameter (Wahrnehmung).

3 Die geistige (kognitive) Leistungsfähigkeit und Alter

Dieser Aspekt gewinnt in der heutigen Wissensgesellschaft immer mehr an Bedeutung. Bei den meisten Arbeitsplätzen sind geistige Kompetenzen von enormer Wichtigkeit. Diese Fähigkeiten werden in vielen Organisationen und in den gängigen Kompetenzmodellen häufig unter den Überbegriffen der Methoden- oder Fachkompetenzen zusammengefasst. Unter Methodenkompetenz versteht man die Fähigkeit, relativ unabhängig von Fachwissen, sich Wissen anzueignen, zu beschaffen, zu verwerten und allgemein mit Problemen umzugehen bzw. Tätigkeiten und Aufgaben angemessen zu gestalten und zu lösen. Die Fachkompetenz dagegen bezieht sich auf fachbezogenes und fachübergreifendes Wissen sowie die Fähigkeit, erworbenes Wissen zu verknüpfen, zu vertiefen, kritisch zu prüfen sowie in Handlungszusammenhängen anzuwenden. Wo liegen nun hinsichtlich des Alters Unterschiede? Betrachtet man die Intelligenz, müssen zunächst zwei Arten unterschieden werden:

1. Die *wissensunabhängige Intelligenz*, die so genannte fluide oder flüssige Intelligenz, die sich durch tempogebundene Leistungen wie Verarbeitungs- und Reaktionsgeschwindigkeit sowie Konzentrations- und Aufmerksamkeitsfähigkeit auszeichnet.

2. Die *wissensbasierte Intelligenz*, die so genannte kristallisierte Intelligenz, die das Wissen einer Person und die Fähigkeit, dieses Wissen anzuwenden, beinhaltet.

Es besteht in der Forschung ein Konsens darüber, dass die wissensbasierte Intelligenz im Alter nicht abnimmt, sondern sehr stabil ist und sogar zunehmen kann (siehe Warr, 2001). Gewonnene Expertise und Erfahrung führen dazu, dass man strategischer und vorausschauender arbeitet. Spitzenkräfte erkennen frühzeitiger Anzeichen möglicher Probleme und reagieren darauf mit präventiven Handlungen. Sie haben allgemein ein besseres Verständnis für Arbeitsvorgänge („Working smarter, not harder"). Dagegen ist bei der wissensunabhängigen Intelligenz ein negativer Trend zu beobachten, wobei einschränkend feststeht, dass sehr hohe interindividuelle Unterschiede vorliegen. Einige Forscher gehen davon aus, dass Verschlechterungen in diesem Bereich auf Veränderungen in den sensorischen Apparaten (z. B. Sehen oder Hören) zurückgeführt werden können. Im Altersvergleich stellt man immer wieder fest, dass die reduzierte Verarbeitungsgeschwindigkeit mit zunehmendem Alter vor allem dann deutlich wird, wenn die Aufgaben sehr komplex sind und maximale Leistung gefordert ist.

Dies ist damit zu erklären, dass gerade bei extremen Belastungen mögliche Kompensationsstrategien, wie z. B. Erfahrungswissen, versagen bzw. nicht ausreichen.

Die fluide Intelligenz kann durch entsprechendes Training verbessert werden. Grundsätzlich ist bekannt, dass unser Gehirn und der damit verbundene geistige Apparat über eine hohe Plastizität verfügt. Dies bedeutet, dass durch entsprechend anregende Lernerfahrungen und Umgebungsbedingungen Menschen auch in höherem Alter kontinuierlich dazulernen können. Einige Studien zeigen aber, dass Trainingsgewinne bei Jüngeren häufig größer als bei Älteren sind und man beim Lernen beachten sollte, dass die Verarbeitungsgeschwindigkeit von Informationen zwischen jüngeren und älteren Personen unterschiedlich ist und daher Lernmaterial und Lerneinheiten entsprechend angepasst werden sollten. Lerneffekte sind dann besonders positiv und Fehlerquoten eher gering, wenn die Geschwindigkeit selbst bestimmt werden kann. Dies deutet auch darauf hin, dass extremer Zeitdruck im höheren Alter stärker ein Problem darstellt. Es gibt keinen wirklichen Alterszeitpunkt, ab dem Lernen quasi nicht mehr möglich ist. Erst im Altersbereich ab Mitte 70 bis Anfang 80 setzen allgemein negative Veränderungen ein. Dies ist jedoch ein Altersbereich, der nicht die Erwerbsbevölkerung betrifft. Vorgefundene Unterschiede sind deshalb stark darauf zurückzuführen, dass verschiedene Generationen unterschiedliche Erfahrungen und Lernmöglichkeiten erfahren haben. Die geistige Leistungsfähigkeit nimmt beispielsweise bei Personen mit geringer Bildung stärker ab, als dies bei Personen mit hoher Bildung der Fall ist. Studien (Flynn-Effekt) zeigen eine Erhöhung der Intelligenz bei jüngeren Generationen durch verbesserte Entwicklungsbedingungen in jüngeren Lebensjahren. Die individuelle Bildung, Weiterbildung und Aktivität im intellektuellen Bereich sind daher entscheidend für die Erhaltung der geistigen Leistungsfähigkeit bis ins hohe Alter.

Neben der Intelligenz ist ein gutes Gedächtnis eine weitere wichtige Voraussetzung im Arbeitsleben. In der Gedächtnisforschung werden verschiedene Arten unterschieden. Zunächst wird zwischen dem Kurzzeit- bzw. Arbeitsgedächtnis und dem Langzeitgedächtnis differenziert. Das Arbeitsgedächtnis ist für die bewusste Informationsverarbeitung zuständig und hat eine begrenzte Kapazität. Das Langzeitgedächtnis ist sozusagen der dauerhafte Speicherplatz. Wie bereits bei der Intelligenz beschrieben, ist im Bereich der Informationsverarbeitung mit zunehmendem Alter häufig eine negative Entwicklung zu beobachten und insofern wird dem Arbeitsgedächtnis allgemein ein verringertes Leistungspotenzial mit zunehmendem Alter bescheinigt. Das Langzeitgedächtnis erweist sich dagegen als relativ stabil. Eine weitere Differenzierung betrifft Unterschiede in den Gedächtnisinhalten. Hier existiert ebenfalls eine recht hohe Stabilität bis ins höhere Alter.

Eine dritte wichtige geistige Komponente ist die Handlungssteuerung, die beinhaltet, Ziele zu entwickeln, zu planen, zu koordinieren und diese auch entsprechend umzusetzen. Gerade in sehr komplexen Umwelten, wie Arbeitsorganisationen, ist diese Fähigkeit von enormer Wichtigkeit. Studien zeigen, dass bei komplexen Planungsaufgaben Ältere genauso gute Erfolge wie Jüngere erzielen, da sie besser Informationen selektieren und flexibler damit umgehen und dadurch Defizite in der Schnelligkeit und Informationsverarbeitung wieder ausgleichen können. Somit ist auch kreatives Verhalten als relativ altersstabil einzustufen. Die Fähigkeit zur Hierarchisierung von Zielen, der Anpassung innerer Maßstäbe und der Veränderung von Zielen wird von älteren Menschen teilweise sogar stärker genutzt als von jüngeren.

Welche Konsequenzen haben die referierten Ergebnisse für die Arbeitswelt? Man kann zusammenfassend festhalten, dass es keinen klassischen Verlauf bei geistigen Kompetenzen gibt, sondern dieser stark davon abhängig ist, welche Erfahrungen jemand gemacht und welche Fähigkeiten angewandt wurden. Ableitend bedeutet dies für Unternehmen, dass zunächst definiert werden sollte, welche geistigen Fähigkeiten in dem jeweiligen Berufsfeld von Bedeutung sind. Entsprechend dieser Anforderungen sollten Mitarbeiter kontinuierlich gefördert und trainiert werden. Da große Unterschiede bestehen, empfiehlt es sich, hier individuell vorzugehen. Mitarbeiter einer Entwicklungsabteilung haben stets Neues dazugelernt und ihre kognitiven Fähigkeiten geschult. Mancher Sachbearbeiter arbeitet aber seit mehreren Jahren in einem sehr eintönigen Arbeitsfeld und musste kaum Neuerungen und geistige Herausforderungen bewältigen.

Aus diesem Grund empfiehlt es sich, im Kontext der hier behandelten Thematik, stets dafür zu sorgen, dass Mitarbeiter fortdauernd lernen und ihren geistigen Apparat trainieren. Dies kann durch klassische Lernmodule, aber auch in Form von Arbeitsplatzwechsel (Job-Rotation) oder einer Erweitung der Arbeitsaufgaben (Job-Enlargement) erfolgen. Lern- und Gedächtnisleistungen sind aber von der Motivation und Lernbereitschaft des Einzelnen abhängig. Lernen muss gewollt sein und darf nicht als erzwungen erlebt werden. Motivation spielt daher im Zusammenhang mit der Leistungsfähigkeit eine zentrale Rolle. Vertiefend sei hier auf die Kapitel 8 und 11 in diesem Buch verwiesen. Eine weitere Erkenntnis aus diesem Abschnitt ist, dass es in der Tat Berufsfelder gibt, in denen Ältere bzw. Jüngere gezielt eingesetzt werden können. Die Ergebnisse zur fluiden Intelligenz weisen darauf hin, dass ältere Mitarbeiter nicht unbedingt in Arbeitsbereichen arbeiten sollten, in denen Schnelligkeit und Konzentration den zentralen Bestandteil der Aufgabe ausmachen und auch Kompensationsmöglichkeiten wie Erfahrung eine untergeordnete Rolle spielen. Dagegen sind Arbeitsplätze, bei denen Erfahrungswissen von großer Wichtigkeit ist, besonders geeignet für ältere Mitarbeiter.

Abschließend bleibt festzuhalten, dass in den meisten Organisationen und Arbeitsfeldern Aufgaben sehr komplex sind und in der Regel verschiedene Kompetenzen benötigt werden, so dass einzelne Defizite für die meisten Arbeitsplätze kaum ins Gewicht fallen. Viele Aufgaben erfordern heute soziale und emotionale Kompetenzen, die im nachfolgenden Kapitel in Bezug auf Altersunterschiede näher beschrieben werden.

4 Die psychische Leistungsfähigkeit und Alter

In der alltäglichen Arbeit sind emotionale und soziale Fähigkeiten von großer Wichtigkeit. Team-, Projektarbeit und verstärkte Kommunikations- und Dienstleistungsanforderungen benötigen Mitarbeiter, die hohe soziale und emotionale Kompetenzen mitbringen.

Die gängige Forschung zeigt hinsichtlich dieser Fähigkeiten eine positive Bilanz bei älteren Mitarbeitern. Studien (z. B. Charles, Mather & Carstensen, 2003) zeigen, dass mit zunehmendem Alter der Ausdruck von negativen Emotionen abnimmt und sich die Emotionsregulation verbessert. Ältere erfahren und zeigen genauso wie Jüngere positive Emotionen, sie erleben und drücken aber weit weniger häufig negative Emotionen aus. Jüngere Menschen richten ihre Aufmerksamkeit stärker auf den sachlichen Inhalt und Ältere nehmen stärker die emotionalen Inhalte einer Situation wahr. Ältere wenden im Vergleich zu Jüngeren auch verstärkt intrapsychische Bewältigungsstrategien an (die Dinge mit Humor nehmen oder von einer anderen Seite sehen, sich innerlich distanzieren oder das Positive an einer Sache erkennen) und vermeiden stärker offene, konfrontative und aggressive Strategien, wobei diese Bewältigungsstrategien eine gewisse intellektuelle Kompetenz voraussetzen.

Zur emotionalen Intelligenz in Verbindung mit dem Alter gibt es noch relativ wenige Untersuchungen. Die bisherigen Studien (z. B. Kafetsios, 2004) lassen aber einen positiven Zusammenhang zwischen emotionaler Intelligenz bzw. sozialer Kompetenz und Alter erkennen. Ableitend ist an dieser Stelle festzuhalten, dass Ältere potenziell besser in der Lage sind, kritische soziale Interaktionen zu managen. Eigene Studien zeigen, dass ältere Mitarbeiter weniger Stress mit Kunden erleben und besser mit schwierigen Kundensituationen umgehen können und somit weniger stark an z. B. Burn-out-Syndromen leiden.

Bei jüngeren Menschen findet man verstärkt ein Streben nach Identität. Das eigene Selbstbild formt sich und Erfahrungen müssen erst in das eigene Selbstkonzept integriert werden. Aus diesem Grund sind ältere Mitarbeiter auch häufig loyaler und identifizieren sich stärker mit dem Unternehmen. Es lässt sich nicht selten ein höheres Maß an Arbeitszufriedenheit konstatieren, da Karriere und Selbstfindung nicht mehr einen so zentralen Bestandteil im Leben ausmachen und man sich mit zunehmendem Alter auch eher mit den jeweiligen Gegebenheiten, auch im beruflichen Umfeld, arrangiert. Älteren Menschen wird darüber hinaus mehr Gelassenheit und Ruhe zugeschrieben. Die Lebenserfahrung lehrt, dass sich manche Dinge im Leben nur schwer ändern lassen und dass man mit seinen Ressourcen haushalten muss. Einschränkend muss aber festgehalten werden, dass Lebens- oder Berufserfahrung nicht automatisch positive Effekte haben. Ähnlich wie die Expertiseforschung kommt auch die Weisheitsforschung zu dem Ergebnis, dass Lebenserfahrung nur bei den Personen zur Weisheit führen kann, die bereit sind, sich selbst zu hinterfragen und ständig neues Wissen aktiv zu integrieren.

Die Persönlichkeit eines Menschen kann grob in fünf zentrale Merkmale unterteilt werden (siehe Big-Five-Modell nach Costa & McCrae). In Bezug auf Alter zeigt die Forschung, dass hinsichtlich dieser Persönlichkeitsmerkmale folgende *Tendenzen* bestehen:

1. Emotionale Stabilität nimmt mit dem Alter zu

2. Gewissenhaftigkeit nimmt mit dem Alter zu

3. Verträglichkeit nimmt mit dem Alter zu

4. Offenheit für Erfahrungen nimmt mit dem Alter ab

5. Extraversion nimmt mit dem Alter ab

Gerade eine hohe emotionale Stabilität und eine hohe Verträglichkeit sind in sozialen Interaktionen wichtige Voraussetzungen. Allgemein werden weniger Arbeitsunfälle bei älteren Arbeitnehmern gemeldet, was noch einmal die Besonnenheit bei Älteren zum Ausdruck bringt. Die nachlassende Offenheit für Erfahrungen ist aber häufig ein Problem, insbesondere wenn es um das Thema radikale Veränderungen oder Weiterbildungsbereitschaft bei älteren Arbeitnehmern geht. Lösungsansätze zu diesem Aspekt werden in Kapitel 8 in diesem Buch aufgegriffen.

Abschließend kann für diesen Leistungsbereich ein positives Fazit gezogen werden. Da die psychischen Kompetenzen dem technischen Wandel praktisch kaum unterliegen, kann hier ein Potenzial bei älteren Arbeitnehmern festgestellt werden. Daher bieten sich insbesondere Tätigkeiten für ältere Mitarbeiter an, bei denen diese emotionalen und sozialen Fähigkeiten bzw. Persönlichkeitsmerkmale zentral sind. In Kapitel 16 wird ein Dienstleistungsunternehmen vorgestellt, das dieses Potenzial erkannt hat und über seine Erfahrungen berichtet.

5 Die physische (körperliche) Leistungsfähigkeit und Alter

Im Laufe des Lebens treten natürliche Alterungsprozesse am menschlichen Körper auf. So verlieren die Haare an Farbe oder man neigt zur Glatzenbildung, die Sinnesleistungen (z. B. Sehen und Hören) nehmen ab, das Bindegewebe verändert sich, die Muskel- und Knochenmasse verringern sich, die Kraftfähigkeit einschließlich des Stütz- und Bewegungsapartes wird kleiner, was beispielsweise das Heben schwerer Lasten erschwert, und das Herz-Kreislaufsystem verändert sich. Diese körperlichen

Veränderungen lassen sich neurobiologisch nachweisen und erklären, warum beispielsweise Aufmerksamkeits- oder Merkfähigkeitskompetenzen abnehmen und sich Kraft, Ausdauer und Reaktion- bzw. Bewegungsschnelligkeit bei älteren Menschen verringern. Diese Defizite gegenüber Jüngeren lassen sich aber durch gezielte Übungen und Maßnahmen reduzieren. Darüber hinaus sind, genauso wie bei den geistigen Kompetenzen, sehr große interindividuelle Unterschiede vorzufinden. So kann beispielsweise die Ausdauerleistungsfähigkeit bei einem älteren Menschen, der gesund lebt und etwas für seine Fitness tut, relativ lange auf einem stabilen Niveau gehalten werden und durchaus mit einem jüngeren Menschen konkurrieren. Gerade bei der heutigen noch sehr jungen Generation verweisen viele Mediziner auf bereits jetzt erkennbare negative Entwicklungen. Übergewicht, Bewegungsmangel und andere Defizite werden zunehmend festgestellt, was fatale Folgen für die zukünftige körperliche Leistungsfähigkeit dieser Generation haben kann. Es ist daher oft nur eine Frage des Trainings und der allgemeinen Lebensweise oder im Bereich der Sinnesorgane der Kompensierbarkeit — beispielsweise kann die bessere Ausleuchtung von Arbeitsplätzen mögliche Defizite älterer Mitarbeiter weitestgehend kompensieren.

Eine weitere Erkenntnis in diesem Kontext ist, dass Ältere zwar nicht häufiger krank sind, aber wenn sie krank sind, mehr Krankheitstage und schwerwiegendere Diagnosen haben. Auch regenerieren jüngere schneller als ältere Mitarbeiter. Die betriebliche Gesundheitsförderung gewinnt daher im Zusammenhang mit alternden Belegschaften eine noch größere Bedeutung. An dieser Stelle setzt auch die Verantwortung des Arbeitgebers an. Um eine leistungsfähige Belegschaft bis ins hohe Alter zu haben, sollte der Arbeitgeber langfristig und kontinuierlich seine Mitarbeiter medizinisch begleiten, beraten und fördern bzw. verschiedene gesundheitsförderliche Maßnahmen anbieten. In Kapitel 10 wird solch ein Instrument näher vorgestellt. Aber auch der Mitarbeiter muss lernen, Eigenverantwortung zu übernehmen. An dieser Stelle haben Führungskräfte eine Schlüsselfunktion, indem sie ihre Mitarbeiter zu dieser Eigenverantwortlichkeit anleiten und unterstützen.

Gesundheitsvorsorge und Fitness sollten sich zu einem integralen Bestandteil im Arbeitsleben entwickeln. Die Überprüfung der Seh- und Hörfunktionen, Beratungen zu Themen wie Ergonomie oder Ernährung, Fitnessangebote und dergleichen sollten ein ganz alltägliches, selbstverständliches und verbindliches Angebot in Unternehmen bilden. Im Zusammenhang mit ständig steigenden Gesundheitskosten und hohen Selbstbeteiligungen können Arbeitgeber an dieser Stelle auch Motivationsinstrumente schaffen, indem sie Sportmöglichkeiten, Rückenschule, Ernährungsberatung oder Gesundheitsschecks für den Mitarbeiter organisieren und finanziell unterstützen. Von Maßnahmen dieser Art können somit beide Parteien profitieren. Die Kooperation mit Krankenkassen kann hier ebenfalls angedacht werden und wird mittlerweile immer häufiger praktiziert.

Grundsätzlich werden ältere Mitarbeiter dort mehr Mühe haben, wo die körperliche Beanspruchung sehr groß, eine hohe Geschwindigkeit erforderlich und eine vollständige Kompensation nur bedingt möglich ist. Entsprechend sollte eine Stellenbesetzung diese Aspekte berücksichtigen. Eine langfristige Personalpolitik und -planung ist notwendig, insbesondere im Produktionssektor. Man wird sich mit der Frage beschäftigen müssen, welche Tätigkeiten ältere Mitarbeiter übernehmen werden können (siehe dazu auch Kapitel 14).

Angesichts der immer höheren Anzahl an Dienstleistungsarbeitsplätzen und der Abnahme an Produktionsarbeitsplätzen mit schwerer körperlicher Arbeit stehen körperliche und motorische Kompetenzen in vielen Organisationen nicht mehr an erster Stelle. Dennoch gibt es weiterhin zahlreiche Arbeitsplätze, bei denen leichte und mittelschwere körperliche Arbeiten erledigt werden müssen. Selbst im Dienstleistungssektor, beispielsweise im Gesundheitswesen, fallen Tätigkeiten wie langes Stehen oder Heben an.

Zusammenfassend kann man festhalten, dass es in der Tat hinsichtlich der körperlichen Leistungsfähigkeit einen Höhepunkt im jungen Erwachsenenalter gibt. Durch gezielte Maßnahmen lässt sich dieses Niveau aber recht stabil halten, so dass auch, ausgenommen für sehr schwere und rein körperliche Arbeitsaufgaben, ältere Arbeitnehmer ohne größere Bedenken eingesetzt werden können.

6 Einsatzmöglichkeiten von älteren Mitarbeitern

Der Beitrag konnte zeigen, dass sich Fähigkeiten im Alter verändern, die Gesamtleistungsfähigkeit aber mit Jüngeren vergleichbar ist und je nach Einsatzgebiet sogar ein Vorteil bei Älteren besteht. Hinzu kommt, dass zwischen Personen gleichen Alters große Unterschiede bestehen und diese Unterschiede mit dem Alter größer werden. Erkenntnisse beziehen sich auf Durchschnittswerte und sagen somit überhaupt nichts über den Einzelnen aus. Auch unterscheiden sich Unternehmen hinsichtlich ihrer Anforderungen und somit kann keine pauschale Empfehlung gegeben werden. Man sollte sich daher immer fragen: Was kann die betreffende Person gut, was kann sie weniger, was sind die Anforderungen und die zu erbringenden Leistungen bei einer bestimmten Tätigkeit, welche Kompensations- oder Unterstützungsmöglichkeiten liegen vor?

In der Literatur werden allgemein folgende zentrale Kernkompetenzen beschrieben, die in vielen heutigen Unternehmen als zentral und bedeutsam eingestuft werden: Lernfähigkeit, geistige Flexibilität, Innovations- und Kreativitätsfähigkeit, soziale und kommunikative Fertigkeiten, unternehmens- und branchenspezifisches Wissen, Fähigkeiten zum Problemlösen und Belastbarkeit. Der Beitrag konnte zeigen, dass soziale und kommunikative Fertigkeiten bzw. unternehmens- und branchenspezifisches Wissen sogar zunehmen, Fähigkeiten zum Problemlösen sowie Flexibilität, Innovations- und Kreativitätsfähigkeit bzw. die Lern- und Merkfähigkeit relativ stabil bis ins höhere Alter auf einem hohen Niveau gehalten werden können. Voraussetzung dafür ist aber, dass entsprechende Rahmenbedingungen vorliegen. Mitarbeiter, die vorwiegend anforderungsarme, monotone und hocharbeitsteilige Aufgaben erledigen mussten, lassen verstärkt einen körperlichen Verschleiß, Motivationsverlust, eine Verringerung der Lernfähigkeit und sinkende geistige Flexibilität erkennen. Dies gilt auch für Menschen, die beispielsweise ständig Schadstoffen ausgesetzt oder mit stressauslösenden Situationen konfrontiert waren und wenig Lernerfahrungen machen konnten. Das Verlassen von eingefahrenen Strukturen ist daher ein zentrales Merkmal zukünftiger Personalpolitik. Alternde Belegschaften leistungsfähig zu halten bedeutet, kontinuierlich an diesem Thema zu arbeiten und die Arbeitsumwelt entsprechend auszurichten. Insgesamt bieten sich zur Erhaltung der Leistungsfähigkeit bis ins hohe Alter zahlreiche Instrumente an (siehe Abbildung 6-1), die in diesem Buch in verschiedenen Kapiteln ausführlich behandelt werden:

Abbildung 6-1: *Instrumente zur Erhaltung der Leistungsfähigkeit*

Mögliche Maßnahmen im Zusammenhang mit alternden Belegschaften

---

- Betriebliche Gesundheitsförderung

- Ergonomie (technische Arbeitsplatzgestaltung)

- Förderung der Selbstverantwortung (auch in der Freizeit)

- Altersdurchmischte Teams (Diversity-Ansatz)

- Flexible Arbeitszeitmodelle (siehe auch Work-Life-Balance)

- Führungsmodelle

- Bedürfnisorientierte Weiterbildung

- Lernförderliche Umgebungen und Anreize zum selbstgesteuerten Lernen

- Mentoring-Projekte

- Persönlicher Karriereplan (horizontale und vertikale Ansätze)

- Motivationale Mechanismen (Vertrauen in eigene Kompetenz, soziale Anerkennung)

Eine Ausnahme im Zusammenhang mit dieser Thematik bilden, wie bereits angesprochen, Tätigkeiten mit extremen Beanspruchungen. Es gibt einen kritischen Punkt, an dem ein „Altersvorsprung", z. B. bei der Emotionsregulation, nicht mehr ausreicht, Defizite z. B. in der Verarbeitungsgeschwindigkeit auszugleichen, was allgemein auch unter der besseren Belastbarkeit von jüngeren Menschen verstanden wird. Mit schwierigen Kunden umzugehen, fällt älteren Mitarbeitern oft leichter als jüngeren Kollegen. Häufen sich diese Anforderungen und steigt zusätzlich noch der Zeitdruck, werden Ressourcen zu stark beansprucht und es sinkt die Leistungsfähigkeit. Die Konsequenz wäre somit für ältere Mitarbeiter ein mögliches Vermeiden einer ständigen Überforderung, wobei eine ständige Extrembelastung auch nicht für jüngere Mitarbeiter angestrebt werden sollte.

Abschließend soll noch eine Studie von Warr (1996) vorgestellt werden, in der die Arbeitsprozesse in vier Klassen von Arbeitsaufgaben zerlegt wurden, um altersbezogene Aufgabentypen zu unterscheiden. Diese Klassifizierung fasst noch einmal die hier dargestellten Ergebnisse zusammen und bietet einen guten Überblick, für welche Aufgaben ältere Menschen gut einsetzbar sind und bei welchen Aufgaben Schulungs- und Handlungsbedarf für ältere Mitarbeiter besteht.

1. Arbeitsaufgaben, die wissensbasierte Urteile ohne extremen Zeitdruck erfordern. Diese Aufgaben profitieren vom Alter (z. B. Professor oder Spezialist), setzen aber ein permanentes Lernen voraus. Allgemein eignen sich Aufgaben des Unterweisens, Anlernens und Unterrichtens sowie planende, kontrollierende, registrierende und beratende Tätigkeiten.

2. Arbeitsaufgaben mit hohen Anforderungen an kontinuierliche und schnelle Informationsverarbeitung, für die Wissen und Erfahrung keine oder nur eine geringe Rolle spielen. Diese verschlechtern die Leistungen im Alter (z. B. Fließbandarbeiter). Solche Arbeitsplätze sind aber allgemein ein Produkt ungenügender Arbeits- und Organisationsgestaltung. Daher sollten hier entsprechende Maßnahmen ergriffen werden.

3. Arbeitsaufgaben mit steigenden Schwierigkeiten in der Informationsverarbeitung oder physischer Fähigkeiten. Es besteht aber gleichzeitig die Möglichkeit, diese durch verbesserte Strategien oder Erfahrung zu kompensieren, so dass hier kein Abfall im Alter zu erwarten ist (z. B. Sekretär, Simultanübersetzer oder Krankenpfleger).

4. Altersneutrale Aufgaben, in denen Arbeitsroutinen vorherrschen und die körperlichen und geistigen Anforderungen nicht sehr hoch sind (z. B. Verkäufer, einfacher Sachbearbeiter).

Nach diesen Überlegungen gibt es eigentlich nur eine Kategorie von Arbeitstätigkeiten, die mit zunehmendem Alter als kritisch einzustufen sind (siehe Punkt 2) und nicht unbedingt mit älteren Mitarbeitern besetzt werden sollten (z. B. Operateure von hoch automatisierten Anlagen und Überwachungssystemen, insbesondere im Schichtdienst). Darüber hinaus sind Aufgaben, die starke körperliche Belastungen aufweisen und anspruchsvolle und schwierige Sinnesleistungen erfordern, kritisch für ältere Mitarbeiter. Berufe dieser Art, die ausschließlich bzw. kaum andere Fähigkeiten als eine schnelle und permanente Reaktions- und Verarbeitungsgeschwindigkeit oder Kraft- und Sinnesleistungen erfordern, bilden in der Vielfalt der heutigen Arbeitsanforderungen eine Minderheit. Es bleiben daher zahlreiche Aufgabenfelder und Positionen übrig, die man zumindest aufgrund der Leistungsfähigkeit ohne Probleme mit älteren Mitarbeitern besetzen kann.

7   Literaturhinweise

Baltes P. B. & Lindenberger U. (1997): Emergence of a powerful connection between sensory and cognitive functions across the adult life span: A new window at the study of cognitive aging? Psychology and Aging 12, 12-21.

Charles, S. T., Mather, M. & Carstensen, L. L. (2003): Aging and emotional memory: The forgettable nature of negative images for older adults. *Journal of Experimental Psychology: General, 132*, 310–324.

Diehl, M., Coyle, N. & Labouvie-Vief, G. (1996): Age and sex differences in strategies of coping and defense across the life span. Psychology and Aging, 1, 127-139.

Kafetsios, K. (2004): Attachment and emotional intelligence abilities across the life course. Personality and Individual Differences, 37, 129-145.

Lehr, U. (1996): Psychologie des Alterns. Wiesbaden.

McCrae, R. R., Costa P. T., Hřebíčková, M., Urbánek, T., Martin, T.A., Oryol, V. E., Rukavishnikov, A. A., & Senin, I.G. (2004): Age differences in personality traits across cultures: self-report and observer perspectives. European Journal of Personality, 18 (2), 143-157.

Warr, P. B. (1996): Younger and Older Workers. In: P. B. Warr (Eds.), Psychology at work (4th ed.) S. 308-332. Harmondsworth, Middlesex: Penguin Books.

Warr, P. B. (2001): Age and work behavior: Physical attributes, cognitive abilities, knowledge, personality traits, and motives. International Review of Industrial and Organizational Psychology, 16, 1-36.

Dr. Klaus Nagels und Patrick Da-Cruz

4. Alternde Belegschaften auch aus finanzwirtschaftlicher Perspektive optimal steuern

1   Einleitung

Die Altersstruktur der Belegschaften von Unternehmen muss sich im Zuge der demografischen Veränderung wandeln. Eine Kompensation der Alterungseffekte durch Einwanderung ist dabei unwahrscheinlich. Die Einwanderung von Menschen aus verwandten Kulturkreisen ist seit Jahren rückläufig und eine Trendwende ist nicht mehr zu erwarten. Dazu trägt insbesondere bei, dass eine Standortdifferenzierung über die volkswirtschaftliche Leistungsfähigkeit in der EU de facto nicht mehr möglich ist, da die wirtschaftliche Prosperität traditioneller Auswanderungsländer enorm gestiegen ist. Wanderungsbewegungen sind vielmehr aus anderen Gründen denkbar, wie z. B. den Folgen von klimabedingten Umweltveränderungen. Der Aufwand und die Anforderungen an die Integration von Menschen aus fernen Kulturkreisen sind über die letzten Jahre in ganz Europa deutlich zu Tage getreten und bedürfen hier keiner weiteren Vertiefung.

Obgleich mittlerweile immer mehr HR-Managern bewusst wird, dass sich aus alternden Belegschaften nachhaltige Konsequenzen für die Unternehmenssteuerung ergeben können, fehlt es in den unternehmensinternen Planungen und Diskussionen häufig an direkt verwendbarem Zahlenmaterial zu den möglichen finanzwirtschaftlichen Auswirkungen. Diese müssen bekannt sein, um daraus, vor dem Hintergrund betriebswirtschaftlicher Notwendigkeiten, tragfähige Modelle, Szenarien und letztlich HR-Strategien zu entwickeln. Dadurch gelingt es leichter, im Spannungsfeld von strategischer Unternehmensausrichtung und finanzwirtschaftlichen Erfordernissen, eine Belegschaft mit veränderter Altersstruktur zu planen und optimal an die betrieblichen Anforderungen anzupassen.

Im nachfolgenden Beitrag wird — stark abstrahierend von sonstigen Veränderungen — beschrieben, welche finanzwirtschaftlichen Auswirkungen mit einer Veränderung der Altersstruktur verbunden sein können, welche Kenngrößen darüber hinaus davon beeinflusst werden und wie man mit dem Instrument der leistungsorientierten Vergütung gegensteuern kann.

2   Hintergrund und strategische Zielsetzungen

Die gesamte entwickelte Welt und so auch Deutschland werden, trotz bekannter Prognosen zur Altersstrukturentwicklung von der *demografischen Revolution* überrollt. Diese demografische Revolution ist insbesondere die Folge rückläufiger Fertilität und steigender Lebenserwartung, die zu einem großen Teil auf den medizinischen Fortschritt zurückzuführen ist.

Die damit notwendige Transformation der Gesellschaftsstrukturen wird vor allem auch von den finanziellen Auswirkungen der demografischen Revolution getrieben. Es müssen mehr Ressourcen für die Alters- und Gesundheitsversorgung zur Verfügung gestellt werden und das bei rückläufiger volkswirtschaftlicher Leistungsfähigkeit. Damit ist insgesamt ein Rückgang des Lebensstandards zu erwarten, was nicht notwendigerweise rückläufige Lebensqualität bedeutet. Die demografische Revolution trifft die entwickelten Länder früher als Indien und die ostasiatischen Volkswirtschaften (siehe Kapitel 17). Meinhard Miegel sieht darin die Chance, dass Europa auch in dieser Situation eine Führungsrolle einnehmen kann, indem es den Weg vorgibt, wie diese Situation zu meistern ist. Für die drittgrößte Volkswirtschaft der Welt ist die optimale Gestaltung dieses Transformationsprozesses nicht nur die vielfach empfundene, unausweichliche Bewältigung eines sozialen Übels, sie wird vielmehr ein wesentlicher Schlüssel für die zukünftige wirtschaftliche Prosperität Deutschland sein.

Ein Aspekt kommt bei all diesen Aktivitäten jedoch häufig zu kurz: die Frage, wie sich die demografischen Veränderungen auf das einzelne Unternehmen auswirken und welche Strategien hier ergriffen werden können, um die damit möglicherweise verbundenen Herausforderungen zu bewältigen. Dabei ist bereits in vielen Branchen erkennbar, dass es in der nicht allzu fernen Zukunft zu einer deutlichen Verschiebung der Altersstruktur kommen wird, die das HR-Management, Arbeitnehmervertreter und Geschäftsführung vor zahlreiche Herausforderungen stellen dürfte (siehe Kapitel 2).

Die Thematik ist damit ein Top-Management-Thema, das sich auch in der Aufstellung des HR-Managements und seiner Prioritäten widerspiegeln sollte. Durch die fortlaufende Optimierung, Auslagerung und Automatisierung von Personalprozessen „from hire to retire" sollten ausreichend Ressourcen freigesetzt worden sein, die es erlauben, in die strategische Planung der zukünftigen Belegschaften und deren Zusammenspiel im Sinne eines optimalen Altersstrukturportfolios zu investieren.

Durch die sich abzeichnende Verknappung von qualifiziertem Personal kommt diesen Maßnahmen nicht zuletzt eine große Bedeutung in der Außenwirkung eines Unternehmens zu. Denn es geht auch um die Attraktivität des Unternehmens für Mitarbeiter und damit um strategisches Personalmarketing. In den USA, wo aufgrund fehlender politischer Anreize zur Eliminierung älterer Arbeitnehmer aus dem Erwerbsleben eine andere Altersstruktur der Belegschaften zu konstatieren ist, spielen derartige Überlegungen in Unternehmen mit hoher und mittlerer Wertschöpfung bereits eine große Rolle.

So wird sich die ehemals vorzufindende Normalverteilung der Altersstruktur bei zahlreichen Unternehmen in eine rechtsschiefe Verteilung verändern, bei gleichzeitigem Anstieg des Durchschnittsalters der Belegschaft — selbst wenn ein Teil durch die Rekrutierung von jüngerem Personal aus dem Ausland abgedeckt werden würde.

Abbildung 2-1:   *Von der Normalverteilung zur rechtsschiefen Verteilung*

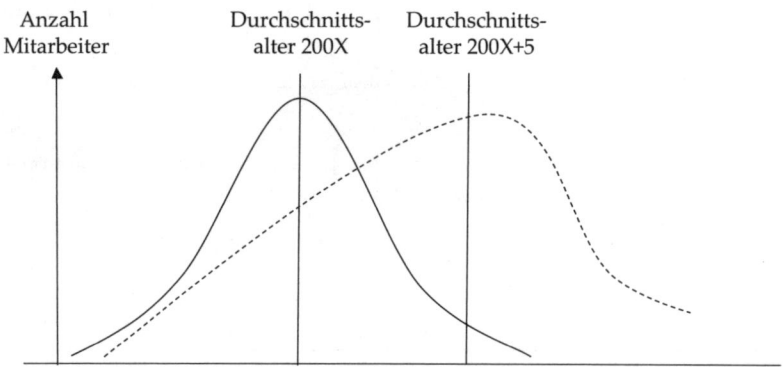

Damit sind unterschiedlichste Konsequenzen verbunden, wobei in diesem Beitrag, wie bereits angedeutet, versucht wird, eine rein finanzwirtschaftliche Perspektive einzunehmen. Dies stellt naturgemäß eine enorme Vereinfachung eines in der Realität sehr komplexen Phänomens dar.

Die strategische Zielsetzung besteht in der Optimierung der Unternehmensproduktivität bei gleichzeitigem Anstieg des Anteils älterer Mitarbeiter. Um zu zeigen, welche Hebel zur Produktivitätssteigerung aktiviert werden können, wird im Folgenden der Portfolioansatz als Strukturierungshilfe genutzt.

Abbildung 2-2: *Alterstrukturportfolio*

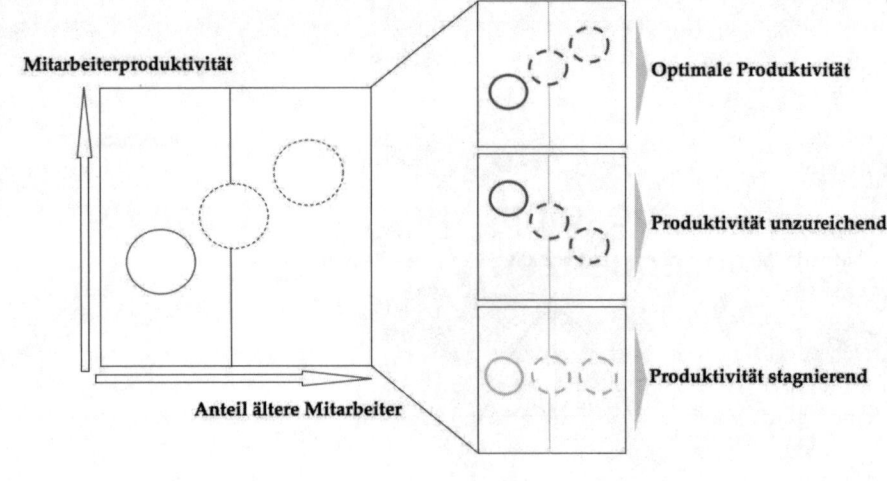

Grundsätzlich ergeben sich im Kontext alternder Belegschaften sowohl Top-line- als auch Bottom-line-Effekte:

Positive Top-line-Effekte: höhere Kundenzufriedenheit durch kompetente Beratung und dadurch höhere Kundenbindung, Kenntnisse über Entscheidungsprozesse älterer Kunden, Marktkenntnisse und deren Umsetzung in Umsatzsteigerungen.

Positive Bottom-line-Effekte: tendenziell höhere Effizienz durch gezielten Einsatz eigener Leistungsschwerpunkte, beispielsweise auch durch soziale Fähigkeiten, Coaching von Mitarbeitern, zum Teil auch geringere Arbeitskosten, beispielsweise durch geringere Zahl von Arbeitsunfällen.

Anzumerken ist, dass die Realisierung dieser Effekte ein entsprechend ausgerichtetes Führungsverhalten voraussetzt, das die vorhandenen Möglichkeiten auch in meßbare Ergebnisse umsetzt.

Negativ wirken sich kostenseitig sicherlich die mit zunehmendem Alter einhergehende Häufung von schwerwiegenden Erkrankungen aus. Rekonvaleszenzzeiten nehmen zu und gegebenenfalls sind bleibende Einschränkungen der Leistungsfähigkeit zu erwarten. Obgleich diese altersbedingten Gesundheitseffekte sich durch medizinische

Interventionen nicht vollständig kompensieren lassen, so bleibt festzustellen, dass die alternde Bevölkerung heute einen vergleichsweise besseren Gesundheitsstatus hat als alle Generationen davor. Die Menschen leben tendenziell gesünder. Präventive Maßnahmen, wie Rauchverbote aber auch Gesundheitsvorsorge zeigen ihre Wirkung und es ist zu erwarten, das dadurch nicht nur die Lebenserwartung steigt, sondern auch die Leistungsfähigkeit länger erhalten bleibt. Die in den 70er und 80er Jahren häufigen Verrentungen aufgrund von Herz-Kreislauferkrankungen sind dramatisch zurückgegangen, da Wirksamkeit und Breite von Behandlungen enorm zugenommen haben.

3   Rechenexempel und resultierende Konsequenzen

Welchen Einfluss das Alter der Belegschaft auf die Profitabilität und damit letztlich auch auf den Wert eines Unternehmens im bestehenden System haben kann, soll ein kleines, stark vereinfachtes Rechenbeispiel für ein Dienstleistungsunternehmen verdeutlichen.

Abbildung 3-1: *Exemplarische Kostenstrukturen eines Dienstleistungsunternehmens mit 100 Mio Euro Umsatz*

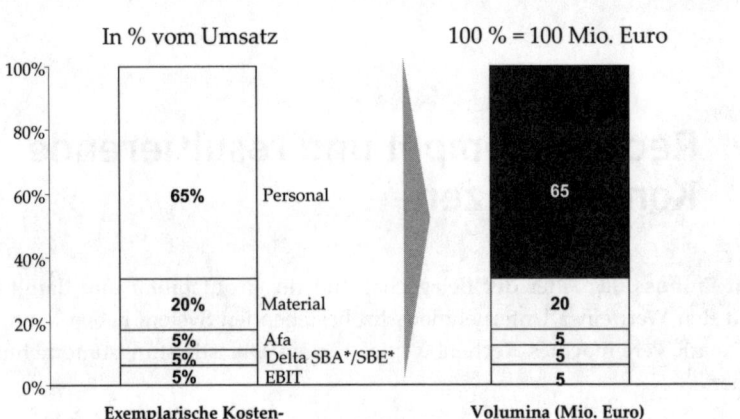

schematisch

In % vom Umsatz   100 % = 100 Mio. Euro

Exemplarische Kosten-   Volumina (Mio. Euro)
struktur Dienstleistungsunternehmen

*SBA (sonstiger betriebl. Aufwand)/ SBE (sonstiger betrieblicher Aufwand)

In dem Rechenbeispiel soll von folgenden, stark vereinfachenden Annahmen ausgegangen werden:

■ Kostenstruktur (diese Struktur dürfte für personalintensive Dienstleister durchaus nicht untypisch sein):

    o   65% Personalkosten

    o   25% Materialkosten

    o   5% Sonstiger Betrieblichen Aufwand (SBA), bzw. Delta aus SBA und SBE

    o   5% EBIT-Marge

■ Umsatz von 100Mio Euro (zur besseren Nachvollziehbarkeit des Rechenbeispiels)

■ Veränderung der Peronalkosten um 0,8% bei einer Veränderung des Durchschnittsalters der Belegschaft um 1 Jahr[11]

■ Keine Berücksichtigung von eventuell existierenden altersbedingten Produktivitätsunterschieden

■ Alle sonstige Einflussgrößen konstant (ceteris paribus Annahme)

Geht man nun gemäß den gewählten Annahmen von einer Erhöhung des Durchschnittsalters der Belegschaft von fünf Jahren aus, dann ergäbe sich eine Erhöhung der Personalkosten um 4%.

Abbildung 3-2: *Mögliche Auswirkungen einer Veränderung des Durchschnittsalters der Belegschaft*

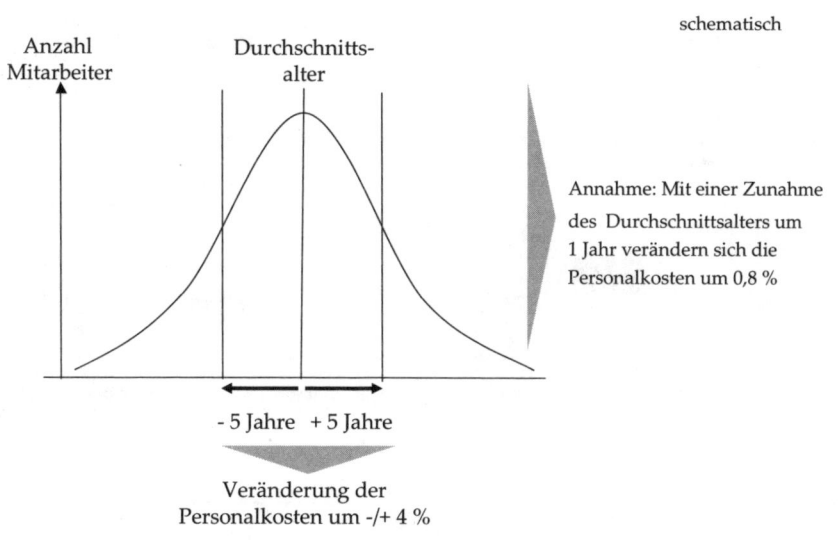

schematisch

Anzahl Mitarbeiter

Durchschnittsalter

Annahme: Mit einer Zunahme des Durchschnittsalters um 1 Jahr verändern sich die Personalkosten um 0,8 %

- 5 Jahre + 5 Jahre

Veränderung der Personalkosten um -/+ 4 %

Diese Erhöhung der Personalkosten führt ceteris paribus zu einer Erhöhung der Personalkosten um 2,6 Mio. Euro und damit zu einer Halbierung (!) des Gewinns. Der

---

11 Diese Annahme ist kritisch zu sehen — sie basiert insbesondere auf Beobachtungen zur Entwicklung von Tariflöhnen für tarifgebundene Mitarbeiter, eine Differenzierung nach unterschiedlichen Altersgruppen erfolgt hier nicht.

entgegengesetzte Effekt mit einer entsprechenden Gewinnsteigerung würde sich bei einer Verringerung des Durchschnittsalters ergeben.

Fazit: In den bestehenden Systemen werden die betriebswirtschaftlichen Ziele des Unternehmens nicht erreicht werden können.

Abbildung 3-3:   *Veränderung EBIT (Earnings before Interest and Taxes) bei einer Veränderung des Durchschnittsalters um 5 Jahre*

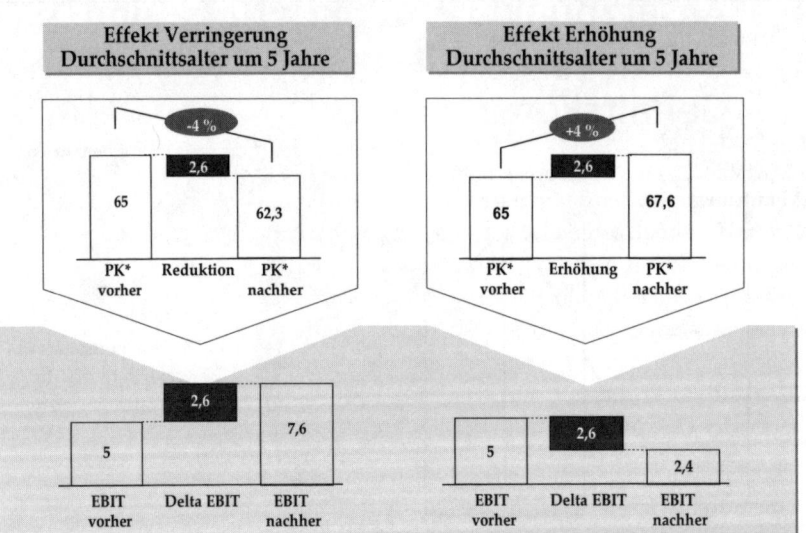

Inwieweit die oben aufgeführten Annahmen realistisch sind, muss vor dem Hintergrund der individuellen Rahmenbedingungen geprüft werden. So arbeiten produzierende Unternehmen i. d. R. mit einem geringen Anteil an Personalkosten oder der Anstieg des durchschnittlichen Alters der Belegschaft mag sich im Betrachtungszeitraum um einen geringeren Prozentsatz verändern. Die grundsätzliche Aussage über mögliche finanzwirtschaftliche Konsequenzen wird dadurch jedoch nicht verändert.

Neben dem Einfluss auf die laufenden Personalkosten kann die demografische Struktur der Belegschaft auch einen Einfluss auf weitere Kenngrößen innerhalb des Unternehmens haben. Es handelt sich hier sowohl um Kennzahlen, die üblicherweise für die Steuerung von Unternehmen verwendet werden, als auch um abgeleitete Kenngrößen:

- Abwesenheitsquoten

- Betriebszugehörigkeiten

- Produktivitätskenngrößen

- Rückstellungen (gerade bei Pensionsverpflichtungen)

4 Ansatzpunkt: Produktivitäts- und leistungsorientierte Gehaltskomponenten

Die Veränderungen der demografischen Strukturen mit ihren möglichen Veränderungen auf die Personalkosten und sonstige abgeleitete Parameter können über die Rekrutierungspolitik allein nicht abgefangen werden. Obgleich damit zu rechnen ist, dass die europäischen und globalen Arbeitsmärkte deutlich flexibler werden und damit auch verstärkt jüngere Arbeitskräfte, z. B. aus Ländern wie Irland, dessen demografische Struktur sich deutlich von der deutschen Struktur unterscheidet, in den deutschen Arbeitsmarkt drängen werden, wird es in zahlreichen Unternehmen zu einem Ansteigen des Durchschnittsalters der Belegschaften kommen.

Um den oben beschriebenen Auswirkungen entsprechend zu begegnen, müssen daher Instrumente entwickelt werden, die eine engere Beziehung zwischen dem Beitrag eines einzelnen Mitarbeiters zum Unternehmensergebnis und dessen Entlohnung abbilden. Hierfür haben sich in zahlreichen Fällen Formen produktivitäts- und leistungsorientierter Vergütungssysteme bewährt.

Diese werden bislang vor allem bei Führungskräften und hier insbesondere vor dem Hintergrund einer stärkeren Ausrichtung individueller Ziele an Unternehmenszielen eingesetzt. Sie eignen sich prinzipiell aber auch im Kontext alternder Belegschaften. Durch sie kann der Automatismus, der bei steigendem Lebensalter zu steigendem Lohn (und damit höheren Personalkosten) führt, zumindest in Teilen gestoppt werden bzw. die Kostensteigerungen lassen sich über Kennzahlen wie verbesserte Produktivität oder erhöhte Umsätze pro Mitarbeiter rechtfertigen.

Denkbar wäre ebenfalls, dass Erhöhungen der Tariflöhne, die bislang altersunabhängig erfolgen, eine Differenzierung nach Altersgruppen innerhalb bestimmter Bandbreiten erfahren. Für einen älteren Mitarbeiter, der über die Jahre ein Grundgehalt mit einer gewissen Höhe erlangt hat, hat die Frage weiterer Lohnerhöhungen vielfach eine andere Bedeutung als beispielsweise bei einem jüngeren Familienvater.

Auch könnte z. B. darüber nachgedacht werden, bei älteren Mitarbeitern klassische Lohnerhöhungsrunden zumindest teilweise durch Leistungen zu kompensieren, die einen weniger starken Effekt auf die Personalkosten haben, z. B. Extra-Urlaubszeit für zweckgebundene Fortbildungen.

5 Ausblick

Über die Auswirkungen sich verändernder demografischer Strukturen wird z. Z. intensiv diskutiert; es existieren mittlerweile zahlreiche Studien und Fachbeiträge. Darin wird z. B. diskutiert, welche Auswirkungen sich auf Produktivität, Gesundheitsmanagement oder Innovationsfähigkeit von Unternehmen ergeben.

Auf die finanzwirtschaftlichen Auswirkungen dieses Phänomens wird jedoch nur selten eingegangen. Der vorliegende Beitrag hat versucht, hier exemplarisch zu erläutern, welche finanzwirtschaftlichen Auswirkungen sich auf Dienstleistungsunternehmen ergeben können. Die gewählte Logik lässt sich mit entsprechender Modifikation der Annahmen auf beliebige Konstellationen übertragen.

Mit der zwangsläufig zunehmenden Anzahl an Projekten und Initiativen, die sich in den Unternehmen dem Thema widmen werden, wird auch der Bedarf an fundierter, zahlenbasierter Argumentation steigen. Schließlich muss es möglichst greifbare Argumente geben, warum bestimmte Veränderungen erfolgen sollen und welche Effekte mit diesen Veränderungen verbunden sind.

Analysen der o.g. dargestellten Natur können die Bedeutung einer Unternehmens- bzw. Personalpolitik, die die demografischen Veränderungen berücksichtigt gegenüber der (kaufmännischen) Geschäftsführung, Aufsichtsgremien oder Gesellschafter verdeutlichen und als Argumentation genutzt werden, z. B. wenn es um Mitarbeiterkapazitäten oder Projektbudgets für die Bearbeitung der entsprechenden Themen geht.

Tarifpartner, HR-Manager, Geschäftsführung und Betriebsräte sind hier aufgefordert, neue Ansätze zu entwickeln, die es den Unternehmen erlauben, die eben aufgezeigten möglichen finanzwirtschaftlichen Auswirkungen optimal zu steuern. Diese Steuerung kann nicht nur darin bestehen, Mitarbeiter ab einem gewissen Alter durch jüngere Mitarbeiter zu substituieren.

6   Literaturhinweise

Fritsch, S. (1996): Aktivierung des Potentials älterer Mitarbeiter. In: Personal-Zeitschrift für Human Resource Management, Heft 3, S. 130-132.

Geissler, C. et. al. (2005): The Cane Mutiny: Managing a Graying Workforce (HBR Case Study and Commentary), Harvard Business Review, October 2005.

Miegel, M. (2005): Epochenwende. Gewinnt der Westen die Zukunft? Berlin.

Rosenow, J. (1996): Der Abbau von Altersbarrieren in der Erwerbsarbeit: Die Notwendigkeit einer kooperativ-integrierten Strategie von Unternehmen, Staat und Verbänden. In: Frerich Frerichs (Hg.), Ältere Arbeitnehmer im Demographischen Wandel — Qualifizierungsmodelle und Eingliederungsstrategien, Münster, S. 33-40.

Rosenow, J., Naschold, F. (1993): Ältere Arbeitnehmer — Produktivitätspotential oder personalwirtschaftliche Dispositionsmasse? Bundesdeutsche Unternehmen im Vergleich zu Schweden und Japan. In: Sozialer Fortschritt, Heft 6-7, S. 146-152.

Tikart, J. (1994): Wohin steuert die Unternehmenspolitik? Innovative Unternehmensstrukturen der Zukunft und die Arbeit der Zukunft. In: Gewerkschaftliche Monatshefte, H. 11, S. 685- 698.

Wiegmann, V. T. (1995): Alternde Gesellschaft — Schlussfolgerungen für Wirtschaft und Arbeit. In: Forum Demographie und Politik, H. 7, S. 35-44.

Teil II

HRM-Instrumente

Dr. Natalie Lotzmann

5. Diversity Management bei der SAP AG

Der Umgang mit einer älter werdenden Belegschaft

1 Diversity und Chancengleichheit – die Wurzeln

Historisch aus der Civil-Rights-Bewegung der USA in den 60er Jahren entstanden, sind die angloamerikanischen Länder Vorreiter beim gesetzlich geregelten Schutz der vielfältigen Minderheiten: Dort praktizieren mittlerweile mehr als drei Viertel der 500 größten Firmen Diversity Management. Durch Auswirkungen der Globalisierung und der Europäischen Gesetzgebung ist „Diversity Management" seit geraumer Zeit auch Thema in europäischen Unternehmen geworden. Aber auch ohne den Hintergrund von Antidiskriminierungs- oder Gleichstellungsgesetzen gibt es gute Gründe, Diversity Management zu betreiben. Wobei die ökonomischen Gründe gegenüber den werteorientierten ethisch-moralischen Gründen, wie Fairness und Chancengleichheit, in der Praxis überwiegen.

In Studien konnten positive Effekte auf Leistung und Innovationskraft von Unternehmen, die Diversity Management aktiv betreiben, belegt werden. Zahlreiche internationale Rating-Agenturen berücksichtigen bereits den „Diversity"-Aspekt bei ihren Anlageempfehlungen.

2 Was ist Diversity Management genau?

Der Begriff „Diversity" bedeutet sowohl Vielfalt als auch Verschiedenheit. Er beschäftigt sich mit den vielfältigen Dimensionen menschlicher Unterschiede und Gemeinsamkeiten.

Das Alter stellt in dem verbreitetsten Modell nach Gardenswartz und Rowe neben Geschlecht, ethnischem und kulturellem Hintergrund, sexueller Orientierung und Behinderung eine eigenständige innere Diversity-Dimension dar. Dabei sind die inneren Dimensionen durch weitgehende Unveränderbarkeit gegenüber den äußeren Dimensionen (persönlicher und organisationaler Art) abgrenzbar.

Abbildung 2-1:   *Dimensionen von Diversity*

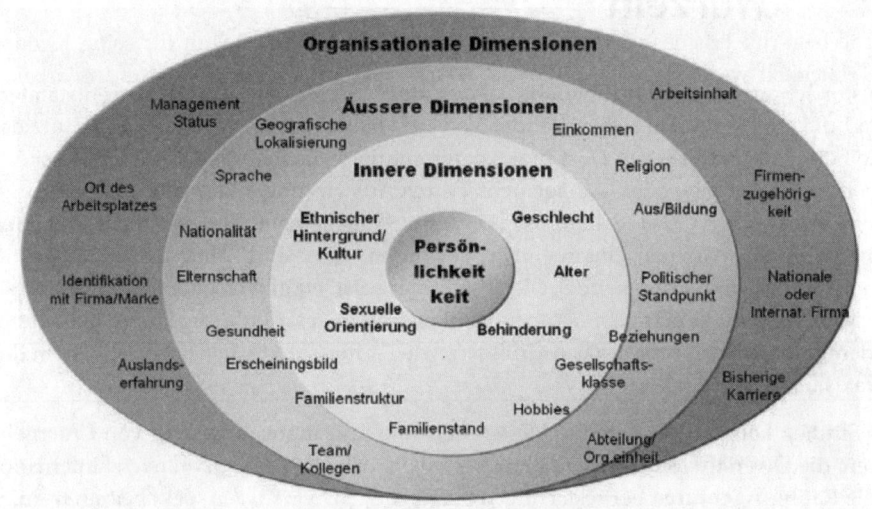

Aber: „Diversity" ist kein Wert an sich. Abhängig vom Kontext können z. B. Unterschiede sowohl von Nachteil (z. B. keine gemeinsame Sprache in einem Team, Missverständnisse) als auch von Vorteil sein (unterschiedliche Fähigkeiten und Ideen können Kreativität fördern, neue Sichtweisen können zu innovativen Lösungen führen).

„Diversity Management" als Oberbegriff für Prozesse, Verfahren und Maßnahmen zielt darauf ab, die Unternehmenskultur dahin gehend zu beeinflussen, dass Unterschiede verstanden, wertgeschätzt und produktiv integriert werden können. Das Ziel ist es, Unterschiede als Potenzial zu nutzen, allen Mitarbeitern gleiche Chancen zu ermöglichen und damit über Zufriedenheit, Wohlbefinden und Wertschätzung Leistungspotenzial, Kooperations- und Innovationsfähigkeit und damit Produktivität und Wirtschaftlichkeit des Unternehmens nach innen und außen zu steigern.

Damit ist Diversity nicht nur eine gesellschaftliche Notwendigkeit, sondern auch ein wichtiges Kapital jedes Unternehmens. Wenn es gelingt, diesen Business Case im Unternehmen zu konkretisieren, wird es möglich sein, eine Unternehmensführung von Investitionen zu überzeugen und ein Diversity Management innerhalb eines strategischen Personalmanagements erfolgreich zu etablieren.

3   Diversity bei SAP

„The best-run businesses run SAP" — damit dieser Werbeslogan für seine Kunden Wirklichkeit werden kann, stellt SAP die talentiertesten und kreativsten Mitarbeiter aus vielen verschiedenen Fachrichtungen zur Entwicklung und Implementierung seiner Lösungen ein. Die über 37.000 Mitarbeiter stammen aus mehr als 100 verschiedenen Nationen und spiegeln auch hinsichtlich anderer Dimensionen die Vielfalt der äußeren Welt wider. SAP ist stolz auf die Einzigartigkeit, die jeder Mitarbeiter in das Unternehmen einbringt, und hat die Wertschätzung dieser Vielfalt zu einem integralen Bestandteil seiner Unternehmenskultur gemacht.

Abbildung 3-1:   *Firmenprofil SAP AG*

Firmenprofil

Die SAP AG wurde 1972 gegründet und ist heute der weltweit führende Anbieter für Unternehmenssoftware und der drittgrößte unabhängige Softwareanbieter der Welt.

2005 betrug der Jahresumsatz 7,5 Mrd Euro.

In über 50 Ländern auf 5 Kontinenten beschäftigt SAP über 36.000 Mitarbeiter aus über 100 Nationalitäten.

Am Firmensitz Walldorf bei Heidelberg arbeiten Menschen aus über 80 Nationen.

Über 85% der Mitarbeiter haben eine akademische Ausbildung.

Etwa 30% sind Frauen.

Das Durchschnittsalter liegt bei 37 Jahren.

Health & Diversity, Diversity Management, Age/ 3   THE BEST-RUN BUSINESSES RUN SAP

In der IT-Branche sind folgende Rahmenbedingungen für die Betrachtung einer „Diverse Workforce" von besonderer Relevanz:

Der Markt ist global, auch der Recruitment-Markt. Das Denken ist technisch geprägt, eher jugend- und männlich zentriert. Oft gilt als „älter", wer gerade die 40 überschritten hat. Eine extrem kurze Halbwertszeit des Wissens mit schnellem technologischem Wandel, sogar Konzeptwechsel alle fünf bis zehn Jahre macht lebenslanges Lernen sprichwörtlich täglich erforderlich. Dem inhaltlich und konzeptionell ständigen Wandel folgen ständige Veränderungen in der Organisation, der Berichtsebene, den Teams. Die zunehmende Globalisierung aller Prozesse und Strukturen erfordert in immer höherem Maße hohe Flexibilität, hohe Mobilität sowie sprachliche und interkulturelle Kompetenzen.

Abbildung 3-2: *Arbeitsalltag bei SAP*

Arbeiten mit hoher Verantwortung, oft in virtuellen Teams über Zeit- und Kulturzonen hinweg innerhalb einer Matrixorganisation kennzeichnen den Alltag in der IT Branche.

Bei SAP stehen den daraus resultierenden Belastungen hinsichtlich Arbeitslast, Zeit- und Ergebnisdruck, interkulturellem, geschlechts- und generationsspezifischem Konfliktpotenzial aber auch vielfältige Ressourcen gegenüber. Neben klassischen Schulungen der professionellen und sozialen Kompetenzen ist dabei an erster Stelle die konstruktive unbürokratische und auf Offenheit und soziale Unterstützung ausgerichtete Unternehmenskultur zu nennen. Vertrauen, Wertschätzung, Eigenverantwortung,

Partizipation, Handlungsspielraum und Entscheidungsfreiheit führen zu Sinn und Stolz auf die Tätigkeit, da „etwas bewegt werden kann" (Vergleiche auch Ausführungen über Motivationstheorien Kapitel 11).

Dies wird durch die regelmäßig erhobene Mitarbeiterbefragung sowie durch die (in erster Linie durch Mitarbeitervoten ermöglichte) wiederholte Wahl zum besten Arbeitgeber des Jahres bestätigt.

Auf die gesellschaftlichen wie wirtschaftlichen Herausforderungen, die Chancen und Bedrohungen des demografischen Wandels und daraus resultierenden Handlungserfordernissen ist bereits in den ersten beiden Beiträgen in der Einleitung zu diesem Band eingegangen worden und soll hier nicht wiederholt werden.

Bei SAP waren bezüglich des Diversity Managements entsprechend der strategischen Ausrichtung die Dimensionen Kultur, Geschlecht und Alter als vorrangig definiert worden. Dabei sind die besonderen Gegebenheiten hinsichtlich Tätigkeitsprofilen, zukünftigen Anforderungen, Internationalität und Interkulturalität, Branchenspezifika und Unternehmensstrategie berücksichtigt worden.

Während im Einklang mit der internen Globalen Diversity Policy weiterhin alle Initiativen zu allen internen Diversity-Dimensionen unverändert gefördert werden, wurde nun gezielt in interkulturelle Trainings und innovative Gender Trainings investiert. Zum Thema demografischer Wandel nahm SAP an dem EU-Projekt „Active @ Work" teil, das in seinen wesentlichen Ergebnissen im Folgenden dargestellt wird.

4   Das EU-Projekt „Active @ Work"

Vor dem Hintergrund der großen gesellschaftlichen und wirtschaftlichen Relevanz, die die Veränderungen der demografischen Verhältnisse für die meisten EU-Staaten mit sich bringen, werden mit dem Projekt des Europäischen Sozialfonds folgende Ziele verfolgt:

- Handlungsbedarf hinsichtlich des altersstrukturellen Wandels der Belegschaft aufzeigen

- Konzepte für innovative Beschäftigungsformen für eine alternde und altersdifferenzierte Belegschaft entwickeln

- Konzepte pilotartig erproben

- Die implementierten Konzepte und den gesamten Einführungsprozess evaluieren

Das Projektkonzept sieht vor, dass sich in drei Ländern (Italien, Finnland, Deutsch-land) jeweils drei Firmen aus möglicht unterschiedlichen Branchen in einem eng ge-takteten Projektplan zu Zielsetzungen, Maßnahmen und Erfahrungsaustausch vernet-zen. Das deutsche Teilprojekt wurde unter Beteiligung von Die Continentale, Deutsche Bank und SAP unter dem Titel „Innovative Strategien und alternative Beschäfti-gungsmodelle für ältere Mitarbeiter und ein aktives Altern" durchgeführt.

Abbildung 4-1: *Übersicht Projekt Active @ Work*

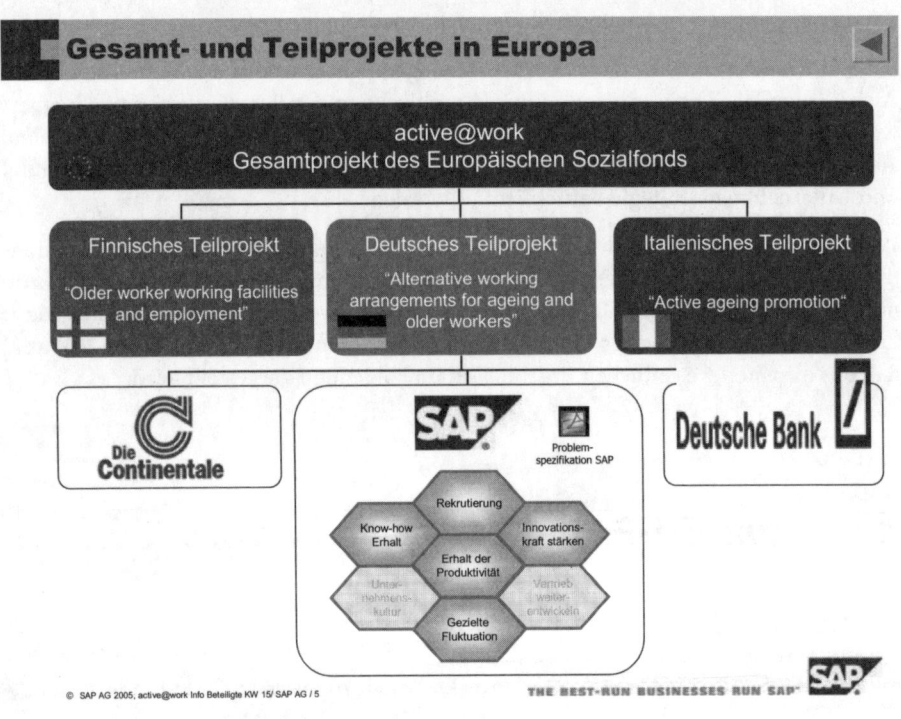

Dabei hat jedes Unternehmen seine eigenen Schwerpunkte gesetzt. SAP hat sich für die Themenfelder Know-how-Erhalt, Rekrutierung, Innovationskraft, Erhalt der Pro-duktivität und gezielte Fluktuation entschieden und zunächst entsprechende Ist-Analysen durchgeführt.

So waren bei einem Durchschnittsalter von 37 Jahren 33% der Mitarbeiter der SAP AG zwischen 35 und 39 Jahren alt. Der Anteil der über 50-Jährigen lag lediglich bei 4,6%.

Abbildung 4-2:   *Altersverteilung bei SAP*

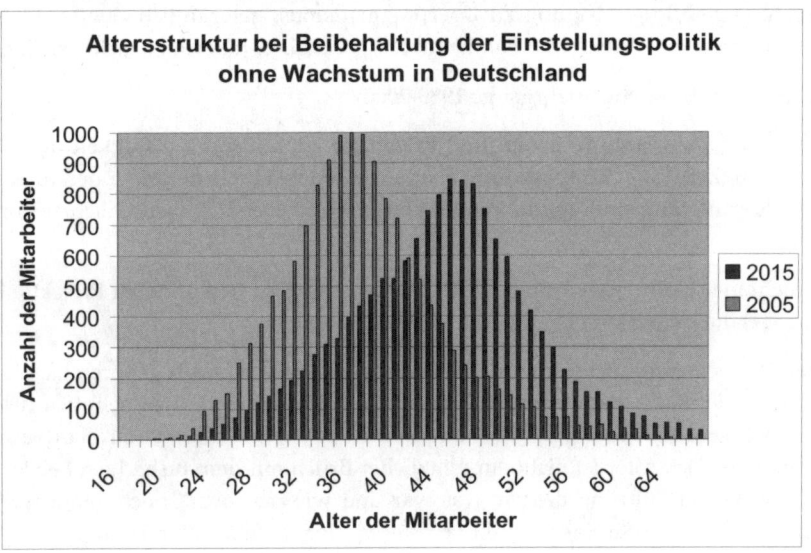

Altersstruktur

Altersstruktur bei Beibehaltung der Einstellungspolitik ohne Wachstum in Deutschland

Hier wird deutlich, dass die Mehrheit der Mitarbeiter der „Generation X" (Jahrgänge 1960 bis 1980) angehört. Nach dem ebenso einfachen wie im Alltag durchaus nachvollziehbarem Modell von Zemke et al. haben die vier Generationen seines Modells unterschiedliche Werte und Orientierung.

◼ Die „Veterans" (Geburtsjahrgänge 1922-1943)

Beständigkeit, detailorientiertes Arbeiten, Gründlichkeit, Loyalität gegenüber Mitarbeitern und Vorgesetzten, hart arbeitend, aber auch: wehren sich weniger gegen bestehende Systeme, fühlen sich unwohl bei Konflikten, widersprechen nicht offen, folgen der Autorität.

◼ Die „Baby Boomers" (Geburtsjahrgänge 1943-1960)

Dienstleistungsorientiert, starker Eigenantrieb, bauen leichter Beziehungen zu anderen auf, gute Teamarbeiter, aber auch: konfliktscheu, setzen den Prozess vor das

Ergebnis, reagieren empfindlich auf Feedback, sehr „ichbezogen", Neigung zu Übermotivation und Burn-out oder Neigung zu Resignation.

■ Die „Generation X" (Geburtsjahrgänge 1960-1980)

Unbeeindruckt von Vorgesetzten, unabhängig, technisch versiert, kreativ, aber auch: ungeduldig, Neigung zu Überpragmatismus, gelegentlich Zynismus. Nicht mehr bereit, das Privat- und Familienleben ganz für den Beruf zurückzustellen.

■ Die „Nexters" (Geburtsjahrgänge 1980-2000)

Suchen gemeinsame Aktionen und Erlebnisse, Optimismus, Zähigkeit und Wille, die Fähigkeit zum „Multitasking", aber auch: brauchen wieder mehr den direktoralen Führungsstil, sind unerfahren im Umgang mit zwischenmenschlichen Konflikten.

Aus mehreren Gründen wurde bei SAP im Gegensatz zu den anderen Projektteilnehmern (55+) die Definition der „Älteren" auf 45+ gelegt.

Es handelt sich zwar nicht um eine homogene Gruppe, dennoch gehören sie alle der Generation der Baby Boomer an. Außerdem sollte eine größere Gruppe (etwa 10% 45+ gegenüber 4,6% 50+ oder 0,8% 55+) angesprochen werden, die getreu dem Satz von Martin Gray „Das Alter ist nicht ein plötzlicher Bruch mit dem bisherigen Leben, sondern eine Weiter-Führung dessen, was war und wie man war" noch genügend Zeit haben wird, sich gut für das produktive Älterwerden im Beruf zu rüsten.

Neben der Erhebung ergänzender Daten wurde sich durch Interviews und Workshops verstärkt mit den Erfahrungen älterer Mitarbeiter sowie mit Studien und Literatur zum Thema beschäftigt.

Unter Berücksichtigung der Tätigkeitsprofile mit überwiegend psychomental anspruchsvollen Tätigkeiten wurden durch Befragungen folgende Auswirkungen des Älterwerdens auf die innerbetrieblich relevanten Kompetenzen festgestellt:

Auch gegen zum Teil anzutreffende Vorurteile ändern sich mit zunehmendem Lebensalter im SAP-Arbeitsumfeld in der Regel weder die Ziel- und Leistungsorientierung, Kreativität oder Systemdenken, noch die psychische Belastbarkeit im normalen Alltag oder die Lernbereitschaft. Mit der Erhöhung der Lebens- und Berufserfahrung gehen im Gegenteil ein erhöhtes Verantwortungs- und Qualitätsbewusstsein einher, die Kommunikations-, Kooperations- und Konfliktfähigkeit steigt, ebenso Zuverlässigkeit, Besonnenheit, Urteilsvermögen und Problemlösefähigkeit. Demgegenüber scheinen eine abnehmende Widerstandsfähigkeit bei Dauerhochbelastung sowie eine abnehmende Bereitschaft zu Flexibilität, Mobilität und Risiko zu stehen.

Die das Projekt begleitende Ausgangserhebung der Einstellungen einer repräsentativen Stichprobe spiegelten die Erkenntnisse aus der Literatur im Wesentlichen wider (vergleiche auch Beitrag Kapitel 3).

Mit einem Krankenstand von schon immer anhaltend um oder unter 2% hat die SAP AG bisher keinen Leidensdruck in Hinsicht Absenteeism erfahren. Der allgemein in den Gesundheitsberichten der Krankenkassen beobachtbare Trend, dass jüngere Arbeitnehmer sich häufiger, dafür kürzer arbeitsunfähig melden, ältere seltener, dafür aber länger, bestätigt sich bei der SAP nur bedingt, da die Häufigkeit nicht signifikant abzunehmen scheint.

Ältere Mitarbeiter klagen in der innerbetrieblichen Beratung häufiger über Erschöpfung und Motivationsprobleme. Letzteres insbesondere, wenn Restrukturierungen des Arbeitsbereiches unerwünschte Änderungen im Tätigkeitsprofil und eine Änderung der Berichtsebene im Hinblick auf ungeschulte jüngere Führungskräfte bewirkt haben.

Entsprechend dem kompensatorischen Denkmodell zeigt sich, dass ältere Mitarbeiter nicht weniger, sondern in manchen Bereichen anders leistungsfähig sind und dies bei Bedarf mit Sensibilität in neuen Rollen zu allgemeiner Zufriedenheit genutzt werden könnte.

Insbesondere unter Berücksichtigung globaler Trends wie zunehmende Dienstleistungsorientierung, zunehmende Bedeutung von asiatischen Märkten (Respekt und Vertrauen dem Älteren gegenüber), zunehmender Bedeutung von Projektmanagement-Skills und anderer kooperativer Kompetenzen kommen dem skizzierten Leistungsprofil des älteren Mitarbeiters je nach individuellem Profil mögliche neue Rollen im IT-Umfeld entgegen: Projektberatung, -leitung & -koordination, High-Level Beratung und Sales Kunden-Eskalationsmanagement, Qualitätssicherung, Coaching & Mentoring, Schulung und Prozessberatung.

Nach Sichtung aller Zwischenergebnisse wurden drei Unterprojekte ins Leben gerufen: I Recruiting und Fluktuation, II Produktivität und III Know-how und Innovation.

Im Dreieck der Hauptziele „Erhalt Produktivität und Beschäftigungsfähigkeit", „Förderung Innovationsfähigkeit" und „Positiver Effekt auf Arbeitgeberimage" wurden in den einzelnen Arbeitsgruppen unter Einbeziehung von Betroffenen Maßnahmen erarbeitet, nach Nutzen und Realisationschance gewichtet und nach Prüfung der Darstellbarkeit zur Umsetzung empfohlen.

Daraus ergaben sich am Ende fünf Handlungsfelder, die in Abbildung 4-3 dargestellt werden.

Abbildung 4-3: *Projektübersicht Active @ Work*

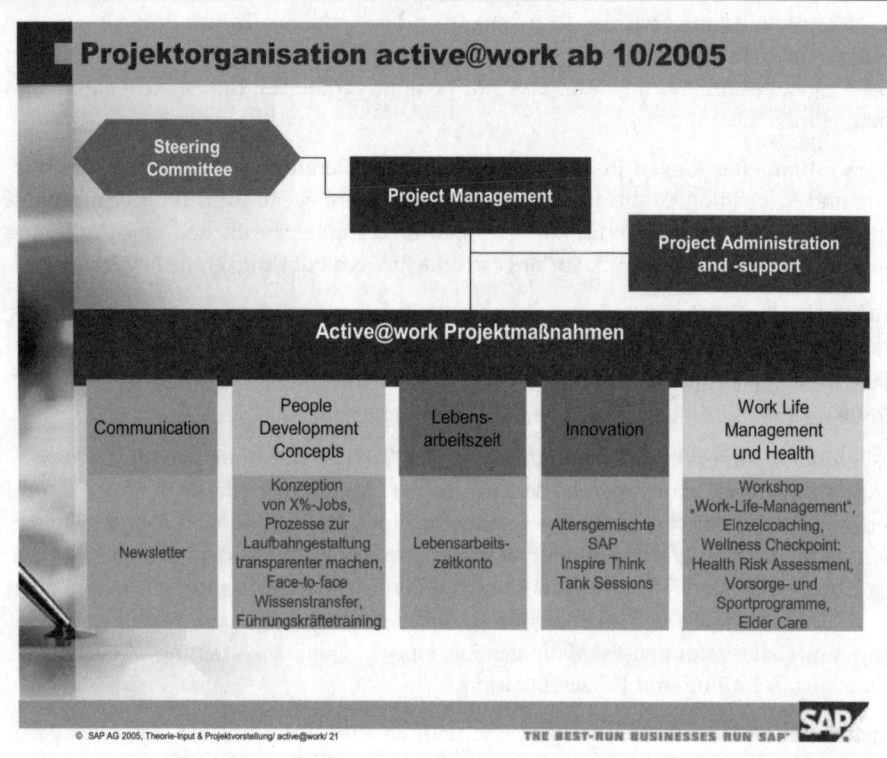

1. Kommunikation

Ziele: Förderung des Bewusstseins innerhalb der Unternehmenskultur (Offenheit, Integration, Stärkung von Eigenverantwortung und Selbstkompetenzen), Information der Betroffenen (Führungskräfte, Teammitglieder, ältere Mitarbeiter) über interne Angebote und Möglichkeiten der Unterstützung.

Mittel: Berichterstattung in den Corporate Online News, auf der Intranet Homepage von Health & Diversity, in der Mitarbeiterzeitung und in zwei neu etablierten Online Newslettern. Einer für Protagonisten im Projektumfeld und einer auf Abonnementbasis für die spezifische Zielgruppe.

Kernbotschaft: „Added Value through Added Experience – Mehr-Wert durch Mehr-Erfahrung":

■ Innovation und Erfolg der SAP basieren auf der Kombination von verschiedenen Sichtweisen und Erfahrungen von jüngeren und älteren Mitarbeitern.

■ Durch die Umsetzung der Maßnahmen aus dem Active @ Work-Projekt bereitet sich SAP auf die Herausforderungen des demografischen Wandels vor und nutzt die darin liegenden Chancen zukunftsweisend.

■ Die SAP schätzt die Vielfalt der Kompetenzen von Mitarbeitern aller Altersgruppen und bestärkt und unterstützt Manager und Teams, die von diesen profitieren wollen.

■ Die SAP-Mitarbeiter übernehmen (entsprechend der Unternehmenskultur) Verantwortung für ihre professionelle Entwicklung, ihre körperliche und geistige Fitness und die Planung der Altersvorsorge selbst und werden dabei von der SAP durch eine Vielzahl von Inhouse-Angeboten unterstützt.

2. People Development Concept

Ziele: Sensibilisierung von Mitarbeitern und Führungskräften, Vermittlung von Wissen und Know-how im Umgang mit altersgemischten Teams, Nutzung generationsspezifischer Fähigkeiten, Sicherstellung des Wissenstransfers. Maßnahmen: Bei dem Konzept von X% Jobs handelt es sich um ein Rotationsmodell, das es älteren Mitarbeitern mit breitem Erfahrungsschatz ermöglicht, für einen definierten Zeitraum das eigene Know-how in einem anderen Geschäftsbereich einzubringen und selbst neue Impulse mitzunehmen. In einem Geschäftsbereich wurden nun solche Stellen eingerichtet. Erfahrungen stehen noch aus.

Das bestehende Mentoring-Programm vermittelt junge Mitarbeiter an erfahrene Kollegen, die sich als Mentoren zur Verfügung gestellt haben. Die Personalentwicklungsabteilung unterstützt dabei bei der gegenseitigen „Passung" und hält unterstützende Begleittrainings und -materialien bereit. Ältere erfolgreiche Mitarbeiter sollen künftig gezielt in dieses Programm rekrutiert werden.

Das Training „Führen altersgemischter Teams" richtet sich an Führungskräfte und setzt sich mit den oben beschriebenen Gemeinsamkeiten und Unterschieden älterer und jüngerer Mitarbeiter hinsichtlich Bedürfnissen, Fähigkeiten und Arbeitsweisen auseinander.

Es werden die Vorteile des bewussten Umgangs und Einsatzes dieser vielfältigen Ressourcen im Team (z. B. durch das Bilden von „Kompetenz Tandems") vermittelt und durch konkrete Fallbesprechungen sowie Austausch von Erfahrungen und Best Practices ergänzt.

3. Plan- und gestaltbare Lebensarbeitszeit

Ziele: Individuelle Lebensarbeitszeitkonzepte ermöglichen, Ausstieg flexibel ermöglichen.

Maßnahmen: Bei SAP gibt es eine attraktive, sowohl mitarbeiter- als auch arbeitgeberfinanzierte betriebliche Altersversorgung. Zusätzlich wird durch das Arbeitszeitkonto ermöglicht, jederzeit alle über der Beitragsbemessungsgrenze liegenden regulären

Gehaltsbestandteile oder Sonderzahlungen „Geld-in-Zeit" zu wandeln. Damit können Sabbaticals oder die Vier-Tage-Woche ohne finanzielle Einbußen ebenso finanziert werden wie ein früherer oder allmählicher Ausstieg aus dem Arbeitsleben. Bisher nehmen mehr als 1.500 Mitarbeiter in Deutschland dieses Angebot wahr.

4. Förderung von Innovation

Ziele: Nutzung des Potenzials altersheterogener Teams.

Maßnahmen: Einwirkung auf Management und Unternehmenskultur zur Motivation der gezielten Nutzung altersspezifischer Stärken und ggf. Kompensation altersspezifischer Schwächen sowie direkte Nutzung des kreativen Potenzials.

Durch das in den oben beschriebenen Führungstrainings vermittelte Wissen, die höhere Wertschätzung und die bewusst eingesetzten Teamressourcen werden verbesserte Rahmenbedingungen für die Entstehung kreativer Prozesse und Innovationen im Team gelegt.

Die SAP Inspire Think Tank Sessions sind moderierte Treffen ausgewählter Experten zum kreativen Arbeiten an Zukunftsszenarien. Künftig soll hier bei der Auswahl verstärkt auf die Ausgewogenheit der Alterszusammensetzung geachtet werden. Auch demografiebezogene Themen könnten hier zu weiteren Innovativen zukunftsweisender Lösungen führen.

5. Work-Life-Management und Gesundheit

Ziel: Leistungsfähigkeit nachhaltig erhalten.

Maßnahmen: Unterstützung bei der Eigenverantwortung zu nachhaltiger Gesundheit und Lebensbalance.

Der Workshop Work-Life-Management 45+ richtet sich an Mitarbeiter und Führungskräfte ab 45. Er beschäftigt sich im theoretischen Teil mit den unterschiedlichen Altersbegriffen (chronologisches, biologisches, subjektives Alter) und adressiert die Themen Lebensphasen, Lebensabschnitte, Physiologie und Leistungsfähigkeit des Älterwerdens, unterschiedliche Bedürfnisse und Arbeitsweisen, Gesundheitsvorsorge und Anti-Aging-Medizin. Im praktischen Teil werden Balancing-Konzepte und die allgemeine Trainingslehre vorgestellt und gemeinsam Gleichgewichts-, Ausdauerfitness- und Entspannungsübungen durchgeführt. Einheiten in Zeit- und Stressmanagement sowie Hinweise auf weitere Inhouse Services rund um körperliche und seelische Gesundheit runden das Programm ab.

Das breite Inhouse-Sport- und Fitnessangebot, das ganztägig durchgehend Angebote unterhält, wurde um spezifische Angebote wie Nordic Walking 45+ ergänzt.

Abbildung 4-4:   *Flip Charts aus Life Balance 45+ Workshop*

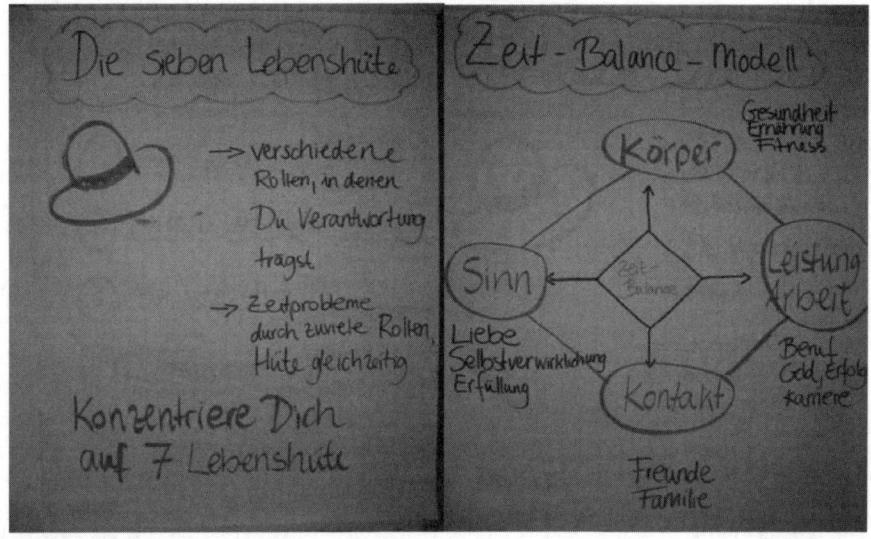

Abbildung 4-5:   *Foto aus Nordic Walking 45+*

Allgemeine Gesundheits- und spezielle Krebsvorsorgeuntersuchungen 45+ werden von der Abteilung Gesundheitswesen angeboten. Neu hinzugekommen ist ein Online Health Risk Assessment Tool, das es dem Mitarbeiter ermöglicht, unter Einbeziehung klassischer medizinischer Daten wie Lifestyle- und Erlebensfaktoren und einer Art Workability Index (vgl. auch Beitrag Kapitel 10) seinen persönlichen Risikoscore zu erhalten und im Folgenden zu beeinflussen. Dafür wird intensive Unterstützung angeboten. Das Unternehmen erhält als Nebenprodukt anonymisierte „epidemiologische" Daten über den kollektiven Gesundheitszustand des teilnehmenden Kollektivs, auswertbar über Geschäftsfelder sowie Alterskohorten, und kann so rechtzeitig Trends und Handlungsfelder erkennen.

Innerhalb der internen Psychologischen Beratung (Teil des unter Schweigepflicht stehenden Gesundheitswesens) gibt es ein Beratungs- und Coachingangebot, das sich speziell an Mitarbeiter jenseits der Lebensmitte richtet. Hier kommen alle Fragen rund um die Themen „Karriere weitertreiben oder kürzer treten", Sinnfragen, Neuorientierung, Partnerprobleme, Team- und Führungskonflikte sowie Abschied aus dem Arbeitsleben zur Sprache und werden professionell begleitet. Bei Bedarf werden zusätzlich Berater, Therapeuten und Coaches aus einem gepflegten Netzwerk vermittelt.

Auch der externe EAP (Employee Assistance Program) Provider ist mit der anonymen Telefonberatung in diesen Themenfeldern ein weiterer kompetenter Baustein im Beratungsnetzwerk.

Abbildung 4-6:   Original-Folie aus dem Workshop „Work-Life Management 45+"

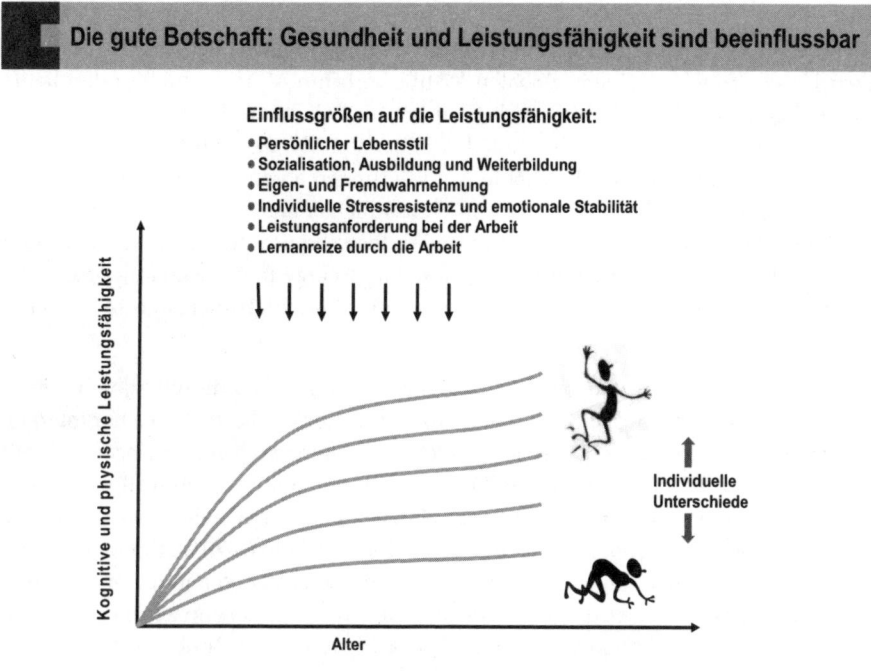

Die gute Botschaft: Gesundheit und Leistungsfähigkeit sind beeinflussbar

Einflussgrößen auf die Leistungsfähigkeit:
- Persönlicher Lebensstil
- Sozialisation, Ausbildung und Weiterbildung
- Eigen- und Fremdwahrnehmung
- Individuelle Stressresistenz und emotionale Stabilität
- Leistungsanforderung bei der Arbeit
- Lernanreize durch die Arbeit

Kognitive und physische Leistungsfähigkeit

Alter

Individuelle Unterschiede

Kompetenzmodell des Lebensalters

Health & Diversity, Diversity Management, Age/ 6

THE BEST-RUN BUSINESSES RUN SAP

Der deutschlandweit operierende Dienstleister „Familienservice" von Gisela Erler stellt SAP neben Dienstleistungen rund um das Thema Kinderbetreuung auch Leistungen rund um das Thema „Elder Care" bereit. Ein Themenfeld, mit dem sich zunehmend ältere Arbeitnehmer, deren Eltern sich im fortgeschrittenen Lebensalter befinden, konfrontiert sehen. Bei dem Angebot handelt es sich um entlastende Unterstützung im Falle pflege- oder aufsichtsbedürftiger Angehöriger, z. B. Haushaltshilfe, Einkaufs- oder Reinigungsdienste, Pflege- oder Unterhaltungsdienste.

5   Abschließende Betrachtungen

Viele börsennotierte Unternehmen unterliegen Zwängen, denen sich alle international tätigen Unternehmen in einem globalen Wettbewerb um Märkte und Kunden heute stellen müssen. Dies bietet jedoch auch Chancen für kollektives Lernen und interindividuelles Wachstum, wie am Beispiel des Diversity Managements gezeigt werden kann. Daraus resultieren jedoch erhöhte Anforderungen an eine nachhaltige Personalpolitik und ein ganzheitliches proaktives Gesundheitsmanagement. Insbesondere in den schnelllebigen Branchen kann der harte Wettbewerb um die Gunst von Anlegern und Analysten jedoch auch dazu führen, dass langfristige und nachhaltige personalstrategische Planungen zu Gunsten kurzfristiger Profitabilitätsinteressen in den Hintergrund rücken.

Bei SAP scheinen die Ausgangsbedingungen für eine gelingende Integration älterer Mitarbeiter auch aufgrund der Unternehmenskultur günstig. So stieß in einer internen repräsentativen Umfrage die Aussage „Jüngere und ältere Kollegen ergänzen sich gut im Team" auf starke Zustimmung (89%), während die Aussage „Innovationen gehen in der Regel von den Jüngeren aus" ebenso abgelehnt wurde wie die Aussage „Ältere sind weniger belastbar und weniger leistungsfähig". 79% bzw. 70% stimmten gegenüber 4% bzw. 9% Ablehnungen zu, dass „die Zusammenarbeit von jüngeren und älteren Mitarbeitern von gegenseitigem Vertrauen und Respekt gekennzeichnet" ist bzw. dass „offene Kommunikation und ehrliche Rückmeldungen auch über Altersgrenzen hinweg die täglich gelebte Praxis" sind.

Abbildung 5-1: *Entsprechend dem internen Slogan: „Diversity Works at SAP"*

6 Literaturhinweise

Bundesanstalt für Arbeitsschutz und Arbeitsmedizin Initiative Neue Qualität der Arbeit (2004): Alt und Jung – gemeinsam in die Arbeitswelt von morgen. Alter, Altern und Beschäftigung – Ein Ratgeber für die Betriebliche Praxis. Dortmund.

Elderhorst, M. (2005): Diversity Management und Demografie. In: Zeitschrift „Arbeit und Arbeitsrecht". 3/2005.

Gardenswartz, L., Rowe, A. (1998): Managing Diversity. A Complete Desk Reference and Planning Guide. New York.

Geißler, C. (2005): Komplott der Senioren. Fallstudie mit 4 Experten-Antworten. In: Zeitschrift „Harvard Business Manager". 8/2005.

Kentner, M. (2005): Zehn Thesen zum demografischen Wandel in Verbindung mit der Arbeitswelt. In: Zeitschrift „Arbeitsmedizin, Sozialmedizin, Umweltmedizin" 2/2005.

Stuber, M. (2004): Diversity. Vielfalt als Erfolgsfaktor. Neuwied.

Tuomi, K. et al. (1998): Work Ability Index. Finish Institute of Occupational Health. Helsinki.

Zemke, R., Raines C., Pilipczak, B. (2000): Generations At Work. New York.

Nützliche Links

- www.gesuender-arbeiten.de
- www.inqa.de
- www.arbid.de
- www.demotrans.de
- www.sozialnetz-hessen.de
- www.ungleich-besser.de

Dr. Annette Sättele

6. Arbeitsrechtliche Aspekte der Beschäftigung älterer Arbeitnehmer

1 Einleitung

Die Beschäftigung älterer Arbeitnehmer stellt Arbeitgeber zunehmend vor die rechtlichen Fragen, wie sie einerseits den betroffenen Mitarbeitern den gleitenden Übergang in die Rente ermöglichen können, andererseits aber vor dem Hintergrund der Schwierigkeiten, qualifiziertes Personal zu finden, Arbeitskräfte im Unternehmen zu halten. Aufgrund des letztgenannten Umstandes wird es für Unternehmen zukünftig immer mehr eine Überlegung sein, ein Arbeitsverhältnis mit älteren Arbeitnehmern, die das 50. Lebensjahr bereits überschritten haben, zu begründen (siehe auch Kapitel 2).

Aus rechtlicher Sicht sollen deshalb nachstehend die wichtigsten Aspekte der Beschäftigung von und der Gestaltung von Arbeitsverhältnissen mit älteren Arbeitnehmern kursorisch angesprochen werden:

- Auswahlentscheidung im Bewerbungsverfahren unter Berücksichtigung des Allgemeinen Gleichstellungsgesetzes

- Gestaltungsmöglichkeiten bei der Begründung von Arbeitsverhältnissen

- Gestaltung der Beschäftigung älterer Arbeitnehmer (insbes. Arbeitszeit)

- Übergang vom aktiven Beschäftigungsleben zur Rente, Altersteilzeit, Rente und Arbeit

2 Auswahlentscheidung im Bewerbungsverfahren

Vor dem Hintergrund der Umwälzung in den sozialen Sicherungssystemen erhalten Arbeitgeber zunehmend auch Bewerbungen älterer Arbeitnehmer. Diese gewinnen im Hinblick auf die in der Zukunft eintretende demografische Entwicklung und den Rückgang qualifizierter junger Bewerber an Bedeutung.

Der Arbeitgeber muss demnach im Bewerbungsverfahren eine Auswahlentscheidung zwischen jüngeren und älteren Bewerbern treffen. Diese wird wesentlich durch das vor kurzem in Kraft getretene Allgemeine Gleichbehandlungsgesetz geprägt, dessen Bestimmungen im Wesentlichen auf dem Entwurf des so genannten Antidiskriminierungsgesetzes beruhen. Das Gesetz hat gemäß § 1 das Ziel, neben anderen Benachteiligungen, auch solche wegen des Alters zu verhindern oder zu beseitigen. Alter ist hier zunächst umfassend im Hinblick auf Benachteiligungen wegen jugendlichen, aber auch wegen höheren Alters zu verstehen. Das Gesetz soll unter anderem Benachteiligungen — unmittelbare wie mittelbare (vgl. § 3) — beim Zugang zu unselbständiger Erwerbstätigkeit (vgl. § 2 Abs. 1 Nr. 1) wie auch bei der Gestaltung von Arbeitsbedingungen vermeiden. Aufgrund dieses umfassenden Anwendungsbereiches wird das Allgemeine Gleichbehandlungsgesetz auch im Bereich der nachstehend angesprochenen Gesichtspunkte Erwähnung finden.

Benachteiligungen wegen Alters sind z. B. in folgenden Konstellationen denkbar:

- Ein ansonsten vergleichbarer Bewerber wird auf eine Stelle, bei der das Alter vollkommen unbeachtlich ist, allein wegen seines höheren Alters nicht eingestellt (unmittelbare Benachteiligung).

- Eine Stellenbeschreibung regelt ohne näheren Bezug zum Arbeitsplatz, dass der Arbeitnehmer für mehrere Stunden Arbeiten liegend verrichten können muss, was für ältere Arbeitnehmer häufig nicht möglich sein dürfte (mittelbare Benachteiligung).

§ 10 erlaubt eine durch objektive und angemessene Gründe gerechtfertigte, unterschiedliche Behandlung von Arbeitnehmern wegen ihres Alters. Als Beispiel nennt das Gesetz z. B. eine gerechtfertigte, unterschiedliche Behandlung aufgrund besonderer Bedingungen für den Zugang zur Beschäftigung, die dazu dienen, den Schutz der älteren Arbeitnehmer sicherzustellen. Denkbar ist hier z. B. die Einstellung von Arbeitnehmern nur bis zu einem bestimmten Alter bei gewerblichen oder handwerklichen Tätigkeiten, die mit besonderer körperlicher Belastung verbunden sind. Andererseits darf ein Arbeitgeber auch Mindestanforderungen festlegen, die die Berufserfahrung betreffen, und somit eine Einstellungshürde für jüngere Arbeitnehmer aufbauen.

Der eine Einstellung vornehmende Arbeitgeber muss im Bewerbungsverfahren somit einen hohen objektiven Maßstab einhalten und älteren Arbeitnehmern die gleichen Chancen einräumen, wie er sie jüngeren Arbeitnehmern gewährt, falls nicht ein Ausnahmefall i. S. v. § 10 einschlägig ist. Folgende Gesichtspunkte sollte ein Arbeitgeber deshalb vor der Einleitung eines Einstellungsverfahrens beachten:

- Erarbeitung eines Stellenprofils, das die Anforderungen an den Mitarbeiter objektiv festlegt, somit erfolgt eine Überprüfung aller Stellen im Unternehmen auf ihre Eignung bezüglich des Einsatzes älterer Mitarbeiter,

- Ausarbeitung von Fragen für das Bewerbungsgespräch, die keinen diskriminierenden Charakter haben,

- Dokumentation des Bewerbungsverfahrens mit konkretem Bezug zu der zu besetzenden Stelle.

Ein Verstoß gegen die Bestimmungen des Allgemeinen Gleichbehandlungsgesetzes führt zu einem Schadensersatz- oder Entschädigungsanspruch der betroffenen Person. Auch der Betriebsrat kann bei Einstellungen seine Zustimmung zu dieser gemäß § 99

Abs. 2 Nr. 1 BetrVG verweigern, wenn die gesetzlichen Vorschriften des Allgemeinen Gleichbehandlungsgesetzes nicht beachtet wurden.

Das Allgemeine Gleichbehandlungsgesetz schafft somit zumindest auf dem Papier für ältere Arbeitnehmer die verbesserte Möglichkeit, bei Bewerbungsverfahren Berücksichtigung zu finden. Ob sich dies auch in der Praxis so darstellen wird, bleibt abzuwarten.

3 Gestaltungsmöglichkeiten bei der Begründung des Arbeitsverhältnisses

Die Begründung des Arbeitsverhältnisses mit einem älteren Arbeitnehmer wird von Seiten des Arbeitgebers häufig von dem Interesse geprägt sein, länger als nur für die Dauer der üblichen sechsmonatigen Probezeit zu überprüfen, ob der ältere Arbeitnehmer für die in Aussicht gestellte Tätigkeit geeignet ist.

Die Möglichkeit der erleichterten Befristung von Arbeitsverhältnissen mit älteren Arbeitnehmern besteht nach einem Urteil des Europäischen Gerichtshofes aus dem Jahr 2005 nicht mehr. Dies bedeutet, dass der Arbeitgeber das Arbeitsverhältnis zulässigerweise nur bei Vorliegen eines sachlichen Grundes (§ 14 Abs. 1 Teilzeit- und Befristungsgesetz) oder ohne sachlichen Grund maximal für die Dauer von zwei Jahren und dann nur, wenn der Arbeitnehmer nie vorher in seinem Unternehmen tätig war (§ 14 Abs. 2 Teilzeit- und Befristungsgesetz), befristen darf. In diesen Fällen der Befristung endet das Arbeitsverhältnis, ohne dass es einer Kündigung bedarf. Daneben kommen der Abschluss eines unbefristeten Arbeitsverhältnisses und Vereinbarung einer maximal sechsmonatigen Probezeit mit einer Kündigungsfrist von zwei Wochen (ggf. abweichend bei entsprechenden tariflichen Regelungen) in Betracht (derzeitige Rechtslage). In jedem Fall — und dies ist auch unter der Geltung des Allgemeinen Gleichbehandlungsgesetzes zulässig — darf mit dem Arbeitnehmer vereinbart werden, dass das Arbeitsverhältnis endet, wenn der Arbeitnehmer berechtigt ist, Rente wegen Alters gemäß § 41 Sozialgesetzbuch VI in Anspruch zu nehmen.

4 Gestaltung der Beschäftigung älterer Arbeitnehmer (Arbeitszeitmodelle)

Das Allgemeine Gleichbehandlungsgesetz verbietet es, mit Arbeitnehmern abweichende Arbeitsbedingungen nur wegen ihres Alters zu vereinbaren. Hier stellt sich also die Frage, welcher Gestaltungsspielraum den Parteien verbleibt. Sicherlich weiterhin zulässig ist eine Vereinbarung zwischen Arbeitgeber und Arbeitnehmer, die auf einem speziellen Wunsch des Arbeitnehmers beruht. Insoweit soll das Allgemeine Gleichbehandlungsgesetz die Vertragsfreiheit der Parteien nicht einschränken. Hier können die Parteien des Arbeitsverhältnisses kreative Lösungen vereinbaren.

Von besonderer Bedeutung sind hier spezielle Arbeitszeitmodelle, die die veränderte Situation des älteren Arbeitnehmers berücksichtigen.

Diese können in Tarifverträgen, Betriebsvereinbarungen — soweit ein Betriebsrat im Betrieb gewählt ist — oder in Individualvereinbarungen geregelt sein. Besteht der Wunsch von Arbeitgeber und Betriebsrat, hier flexible Regelungen zu vereinbaren, müssen sie dabei den so genannten Tarifvorbehalt des § 77 Abs. 3 BetrVG beachten, da dieser einer betrieblichen Regelung entgegenstehen könnte. Dies ist im Einzelfall zu prüfen.

Beispielhaft sollen die folgenden Arbeitszeitmodelle, die den besonderen Verhältnissen der Beschäftigung älterer Arbeitnehmer Rechnung tragen, kurz dargestellt werden:

- Vereinbarung von Arbeitszeitkorridoren

- Arbeitszeitautonomie

- Vertrauensarbeitszeit

- Lebensarbeitszeitkonten

Im Fall von Arbeitszeitkorridoren legt der Arbeitgeber die zulässige Dauer der wöchentlichen Arbeitszeit fest, daneben werden tägliche Mindestarbeitszeiten angegeben und Tageshöchstarbeitszeiten festgelegt. Die Arbeitszeit wird dann je nach Arbeitsanfall durch den Arbeitgeber konkretisiert. Einzelheiten hierzu müssen im Voraus in einer Betriebsvereinbarung oder im Arbeitsvertrag festgelegt werden. Durch diese Form der Arbeitzeit kann der Arbeitgeber der sich verändernden Leistungsfähigkeit eines älteren Arbeitnehmers Rechnung tragen, indem er ihn je nach aktuellem Stand der Leistungsfähigkeit bei der Konkretisierung der Arbeitszeit berücksichtigt. Dieses Arbeitszeitmodell wird regelmäßig das einzig praktikable für Produktionsmitarbeiter sein.

Kombiniert man dieses Modell mit Arbeitszeitkonten, auf welchen der Mitarbeiter Plusstunden in Fällen hoher Auslastung und Minusstunden bei geringer Auslastung ansammeln und selbständig nach Rücksprache mit dem Arbeitgeber abbauen darf, erhält hier der ältere Arbeitnehmer neben der Entscheidung des Arbeitgebers über seinen Einsatz die Möglichkeit, in einem bestimmten Rahmen über freie Zeiten selbst zu bestimmen.

Arbeitszeitautonomie bedeutet, dass der Arbeitnehmer seine Arbeitszeiten im Rahmen bestimmter Zeiten selbst mit seinen Kollegen planen kann und durch diese nur eine vom Arbeitgeber vorgegebene Mindestanwesenheit in von diesem bestimmten Zeiten sichergestellt werden muss. Hier ist der ältere Arbeitnehmer auf das Verständnis seiner Kollegen angewiesen. Allerdings kann diese Arbeitszeitregelung ebenfalls mit der Schaffung von Arbeitszeitkonten und somit dem Aufbau von Plus- bzw. Minusstunden kombiniert werden, so dass der Mitarbeiter ebenfalls eigenständig seine Arbeitszeiten beeinflussen kann.

Vertrauensarbeitszeit wird regelmäßig nur bei Tätigkeiten außerhalb der Produktion und ohne Erfordernis der Verfügbarkeit für Kunden zu bestimmten Zeiten in Betracht kommen. Hier bleibt es dem Arbeitnehmer vollständig selbst überlassen, zu welchen Zeiten er arbeitet. Es sind nur ein Zeitrahmen und eine regelmäßige Wochenarbeitszeit vorgegeben. Der Arbeitnehmer koordiniert hier selbst Arbeits- und Freizeitphasen. Dies wird jedoch den Bedürfnissen älterer Menschen nur so lange gerecht, wie sie mit einer möglicherweise erhöhten Arbeitsbelastung in den Arbeitsphasen umgehen können.

Ebenso kann parallel zu einer Gleitzeitarbeit ein so genanntes Lebensarbeitszeitkonto eingerichtet werden. Der Mitarbeiter kann hierbei entscheiden, ob Mehrarbeitsstunden auf diesem Konto verbucht werden sollen. Die angesammelten Stunden kann der Arbeitnehmer dann unmittelbar vor Beginn der Rente entweder in Form von vollständiger Freistellung von der Arbeitspflicht oder für einen gleitenden Übergang in die Rente in Anspruch nehmen, ohne eine Reduzierung seines Gehaltes hinnehmen zu müssen. Bei einem derartigem Arbeitszeitmodell bedarf es detaillierter Vereinbarungen, welche Stunden auf das Lebensarbeitszeitkonto transferiert werden dürfen, wie viele Stunden dies pro Jahr sein dürfen und welche Modalitäten im Falle eines früheren Ausscheidens des Mitarbeiters — vor Rentenbeginn — gelten sollen. Das Modell der Lebensarbeitszeitkonten stellt eine effektive Möglichkeit zu einem gleitenden Übertritt in die Rente dar, wenn das Arbeitsverhältnis zuvor über einen längeren Zeitraum bestand und der Arbeitnehmer eine beachtliche Zahl an Stunden ansammeln konnte.

Für den Arbeitgeber ist allerdings von Bedeutung, dass er insbesondere bei der Bildung von Lebensarbeitszeitkonten, aber gegebenenfalls auch in den übrigen Fällen, Rückstellungen bilden und eine Insolvenzsicherung (§ 7 d SGB IV) vornehmen muss.

4.1 Übergang vom aktiven Beschäftigungsleben zur Rente

Vielfach besteht bei älteren Arbeitnehmern der Wunsch, einen gleitenden Übergang vom Arbeitsleben zur Rente zu finden, gerade wenn im Unternehmen keine Möglichkeiten zur Flexibilisierung der Arbeitszeit, wie vorstehend beschrieben, bestehen.

In der Praxis wird der gleitende Übergang zur Rente am häufigsten durch den Abschluss einer Altersteilzeitvereinbarung gestaltet. Die Modalitäten der Altersteilzeit werden im Altersteilzeitgesetz (ATZG) geregelt. Daneben existieren in vielen Wirtschaftszweigen tarifliche Bestimmungen zur Altersteilzeit. Altersteilzeit kann grundsätzlich durch die Bundesagentur für Arbeit gefördert werden. Das Altersteilzeitverhältnis muss mindestens bis zu einem Zeitpunkt vereinbart werden, zu dem der Arbeitnehmer Altersrente, gegebenenfalls auch mit Abschlägen, in Anspruch nehmen kann. Im Rahmen der Altersteilzeit erfolgt eine Reduzierung der Arbeitszeit auf die Hälfte der bisherigen Arbeitszeit. Dies kann durch eine Teilzeittätigkeit für die gesamte Dauer der Altersteilzeit erfolgen oder durch Vereinbarung eines so genanten Blockmodells, bei dem der Arbeitnehmer die erste Hälfte der Altersteilzeit weiterhin Vollzeit tätig wird und in der zweiten Hälfte komplett von der Arbeit freigestellt wird. Gleichzeitig erfolgt eine Entgeltreduzierung für die gesamte Dauer der Altersteilzeit. Der Arbeitgeber ist aber verpflichtet, an den Arbeitnehmer einen sog. Aufstockungsbetrag in Höhe von 20% des Regelarbeitsentgeltes gemäß § 6 ATZG sowie einen Zuschuss zu den Beiträgen zur Rentenversicherung mindestens in Höhe des Beitrags, der auf 80% des Regelarbeitsentgelts für die Altersteilzeit entfällt, zu gewähren. Darüber hinaus besteht für den Arbeitgeber die Verpflichtung, gemäß § 8 a Abs. 1 ATZG die durch Altersteilzeit aufgebauten Wertguthaben des Arbeitnehmers sowie den darauf entfallenden Arbeitgeberanteil zum Gesamtsozialversicherungsbeitrag gegen Insolvenz abzusichern, wenn ein Wertguthaben in der gesetzlich geregelten Höhe aufgebaut wird. Allein die Bildung von Rückstellungen ist hier nicht ausreichend. Der Arbeitgeber kann jedoch, wenn er aufgrund der durch Altersteilzeit frei werdenden Stelle einen Arbeitslosen einstellt oder einen Ausbildungsabsolventen übernimmt, eine Förderung durch die Bundesagentur für Arbeit in Höhe des Aufstockungsbetrages von 20% und des Zuschusses zur Rentenversicherung erhalten. Diese Förderung ist auf die Dauer von sechs Jahren begrenzt und wird nur geleistet, wenn der betroffene Arbeitnehmer das 55. Lebensjahr bereits vollendet hat.

Häufig ungenutzt für den gleitenden Übergang in die Rente ist die Kombination einer Teilzeittätigkeit mit dem Bezug einer Teilrente. Hat der Arbeitnehmer bereits ein Alter erreicht, das ihn zum Bezug der Regelaltersrente berechtigt (§ 35 SGB VI), kann neben einer Teilzeitbeschäftigung bereits Vollrente in Anspruch genommen werden. Der Bezug einer Teilrente ist also lediglich in den Fällen von Bedeutung, in welchen der Arbeitnehmer vorgezogene Rentenleistungen bezieht, nach derzeitiger Gesetzeslage also bei:

- Altersrente wegen Arbeitslosigkeit oder nach Altersteilzeit

- Altersrente für Frauen

- Altersrente für langjährig Versicherte

- Altersrente für Schwerbehinderte

Bei diesen Rentenarten ist allerdings zu beachten, dass auch hier die Altersgrenzen überwiegend angehoben wurden und eine Inanspruchnahme — auch als Teilrente — vor Erreichen dieser Altersgrenzen zu einem Rentenabschlag führt.

Einerseits können Arbeitgeber dem älteren Arbeitnehmer bei Vorliegen der entsprechenden Voraussetzungen den Bezug einer Teilrente bei gleichzeitiger Teilzeitbeschäftigung anraten, wenn es zu einem Rückgang des Beschäftigungsbedarfs kommt und eine vollständige Beendigung des Arbeitsverhältnisses aber vermieden werden soll. Andererseits kann der ältere Arbeitnehmer hier selbst aktiv werden und in Betrieben mit mehr als 15 Arbeitnehmern gemäß § 8 TzBfG seinen Teilzeitanspruch geltend machen. Diesen kann der Arbeitgeber nur bei entgegenstehenden betrieblichen Gründen ablehnen. § 8 TzBfG nennt hier beispielhaft als beachtliche betriebliche Gründe eine wesentliche Beeinträchtigung des Arbeitsablaufs oder der Sicherheit im Betrieb oder unverhältnismäßige Kosten. Der Arbeitnehmer hat bei einer Erwerbstätigkeit neben dem Bezug einer Rente jedoch die gesetzlich normierten Hinzuverdienstgrenzen zu beachten und sollte in jedem Fall zuvor die finanziellen Auswirkungen einer Erwerbstätigkeit neben einem Rentenbezug prüfen. Dies gilt nicht, wenn der Arbeitnehmer bereits die reguläre Altersrente bezieht, da in diesem Fall keine Hinzuverdienstgrenzen bestehen. Diese Tatsache eröffnet sowohl Arbeitnehmern wie auch Arbeitgebern, die ältere Arbeitnehmer im Betrieb weiter beschäftigen möchten, eine erhöhte Flexibilität hinsichtlich der Ausgestaltung.

5 Zusammenfassung und Ausblick

Insgesamt bieten sich Arbeitgebern und älteren Arbeitnehmern zahlreiche Möglichkeiten, das Arbeitsverhältnis auszugestalten. Dabei können einerseits Konstellationen gefunden werden, die der demografischen Entwicklung und zunehmend auftretenden Schwierigkeiten bei der Suche von geeignetem Personal Rechnung tragen, aber anderseits auch Lösungen, die bei rückläufigem Beschäftigungsbedürfnis eine Reduzierung der Arbeitskräfte ohne Kündigungen ermöglichen.

6 Literaturhinweise

Bauer, J.-H., Lingemann, S., Diller, M., Haußmann, K. (2004): Anwaltsformularbuch, Arbeitsrecht, 2. Auflage. Köln.

Erfurter Kommentar zum Arbeitsrecht (2006): 6. Auflage. München.

Fiedler-Winter, R. (1995): Flexible Arbeitzeiten, 2. Auflage. Landsberg/Lech.

Küttner, W. (2006): Personalbuch 2006, Arbeitsrecht, Lohnsteuerrecht, Sozialrecht. München.

Dr. Stefan Leidig

7. Vorurteile, selbsterfüllende Prophezeiungen und Lösungen

Zur Psychologie des Umgangs mit „älteren" Mitarbeitern

1   Einleitung

John Glenn verblüfft die Ärzte – der älteste Mann im All ist trotz aller wissenschaftlichen Untersuchungen topfit (Weserkurier).

Wenn „typische" Defizite bei älteren Mitarbeitern festgestellt werden, sind diese in
aller Regel in Arbeitskontexten erhoben worden, in denen sich jahrelange Vorurteile
gegenüber Älteren auswirken. Aussagen wie „Man kann mit Jüngeren mehr Maschinen bauen als mit Älteren" sind selbsterfüllende Prophezeiungen. Tatsächlich kann
man wegen der hohen individuellen Unterschiede älterer Mitarbeiter eine Leistungs-
einschätzung nicht aufgrund des kalendarischen Alters abgeben. Dennoch verhalten
sich viele so, als müsste man Mitarbeiter spätestens jenseits der Fünfzig – zumindest
vom mittleren Management abwärts – über einen Kamm scheren. Dies wirkt sich
unmittelbar auf die körperliche und psychische Leistungsfähigkeit aus. In dem Beitrag
werden die Vorurteile hinterfragt und Maßnahmen zur Verbesserung der betrieblichen
Leistungsfähigkeit skizziert.

2   Selbsterfüllende Prophezeiungen

Wenn in Wirtschaftskreisen das Wort „Psychologie" fällt, so geschieht dies häufig im
Zusammenhang mit Entwicklungen an der Börse. Stimmungen haben mehr Einfluss
auf Aktienkurse als ökonomische, rationale Urteile. Vorhersagen verstärken Trends
und bestätigen sich schließlich selbst. Man spricht hier von selbsterfüllenden Prophezeiungen. Eine Erwartung, Besorgnis, eine Überzeugung oder ein Verdacht führen zu
Maßnahmen, die das Eintreten des gefürchteten Ereignisses verhindern sollen und es
gerade dadurch wirklich werden lassen: Die Sorge über den Wertverlust führt zum
Verkauf von Aktien, wodurch die Aktie an Wert verliert. Die Maßnahme (z. B. der
Aktienverkauf) wäre aber nur dann eine adäquate Reaktion auf die befürchteten rückläufigen Gewinne gewesen, wenn sie diese nicht selbst bedingt hätte. Annahmen können Verhalten steuern und sich dadurch selbst bestätigen, ohne dass sie faktisch begründet sein müssen. Die Annahmen sind natürlich umso überzeugender, je mehr
Menschen sie teilen.

Die Erwartung: „Mit dem Alter nehmen die Beschwerden zu und die Leistungsfähigkeit ab." beruht auf fragwürdigen Annahmen über 45- bis 65-Jährige, die ganz im
Sinne einer selbsterfüllenden Prophezeiung Einstellungen und Verhaltensmuster, ja
ganze Führungs- und Unternehmenskulturen unseres gegenwärtigen Erwerbslebens

prägen. Erwerbstätige beginnen entsprechend bereits ab Mitte 40 zu befürchten, sie würden bald den professionellen Anforderungen ihres Berufs nicht mehr genügen. Insbesondere in den unteren sozialen Schichten wird dann zumindest beruflich nichts Großes mehr erwartet.

Irrationale gesellschaftliche, unternehmerische und individuelle Annahmen tragen dazu bei, „Ältere" in ihrer Leistungsfähigkeit zu mindern. Wie das geschieht und welche Lösungsansätze existieren, skizzieren die folgenden Seiten.

3 Arbeitszufriedenheit und Leistungsfähigkeit

Sind die Annahmen über ältere Mitarbeiter rational begründet? Zunächst einmal sollte man sich bei der Beurteilung von Befunden zur Leistungsfähigkeit älterer Menschen darüber im Klaren sein, dass die meisten diesbezüglichen Forschungsergebnisse überwiegend an Personen erhoben wurden, die mit 70 und mehr Jahren deutlich über dem Ruhestandsalter liegen (siehe auch Kapitel 3).

Der einzige wissenschaftlich haltbare Befund in Bezug auf Erwerbstätige jenseits der 50 besteht darin, dass die individuellen Unterschiede in der Leistungsfähigkeit am Arbeitsplatz mit dem Alter zunehmen. Genau diese interindividuelle Streuung legt nahe, Leistungseinschätzungen nicht nach dem kalendarischen Alter abzugeben. „Die Älteren" können nicht über einen Kamm geschoren werden, da das Alter von geringerer Bedeutung ist als psychosoziale Faktoren und der Lebensstil. Insbesondere die Qualität der sozialen Beziehungen bei der Arbeit erweist sich immer wieder als der zentrale Bestimmungsfaktor von Gesundheit im Betrieb: Arbeitszufriedenheit stärkt die Leistungsfähigkeit.

Wenn in erster Linie psychosoziale Faktoren am Arbeitsplatz körperliche Beschwerden wie Rücken- und Herz-Erkrankungen erzeugen, müssen sich alle Beteiligten fragen, ob nicht gerade durch die Strategie „sozialverträglicher Freisetzungen" ein aversives, stressendes Betriebsklima speziell für die Älteren produziert und damit die Prophezeiung erfüllt wird.

Die Fragwürdigkeit, Lebensalter mit schwindender beruflicher Leistungsfähigkeit in Beziehung zu setzen, wird als Erstes am Beispiel Rückenschmerz diskutiert, weil diese Symptomatik als Symbol für die Leistungsminderung Älterer steht.

4 Das Kreuz mit dem Kreuz

Bemerkenswerterweise nehmen Krankheitszeiten aufgrund von Rückenschmerz nicht nur bei entsprechend stärker belasteten Arbeitern ab etwa 45 sprunghaft zu, sondern auch bei Angestellten, deren Rücken nun wirklich nicht sonderlich belastet wird (es gibt keinen wissenschaftlich haltbaren Zusammenhang zwischen sitzender Tätigkeit und Rückenschmerz).

Werden die mit dem Alter zunehmenden Krankheitszeiten wegen Rückenschmerzen durch körperliche Überlastung verursacht? Es lassen sich zwar Zusammenhänge zwischen Rückenschmerzen und Arbeitsplatzbedingungen (insbesondere schwere körperliche Tätigkeit und Ganzkörpervibrationen) nachweisen. Neuere, genauere Forschungen zeigen aber, dass dies kein notwendiger Zusammenhang ist. Die zuverlässigeren Vorhersagefaktoren für das Auftreten von Rückenschmerzen sind subjektive, psychologische Faktoren. Alleine Arbeitsunzufriedenheit erhöht die Wahrscheinlichkeit einer Rückenerkrankung um den Faktor 7. Weitere zentrale Ursachen bestehen in dem subjektiven Erleben der Stärke der Belastung am Arbeitsplatz und betriebsklimatischen Faktoren, wie z. B. fehlende Unterstützung durch Vorgesetzte.

Die allgemeine Vorstellung, wonach die zentrale Ursache für Rückenschmerzen in einer mechanischen Überbelastung der Wirbelsäule liegt, ist falsch. Das zeigt sich auch darin, dass betriebliche Bemühungen um ergonomische Verbesserungen der Arbeitsbedingungen zwar hohe Kosten verursachen, aber das Auftreten von Rückenschmerzen bisher nicht eindämmen konnten. In den letzten Jahrzehnten hat die Häufigkeit von Rückenschmerzen trotz derartiger Anstrengungen sogar noch zugenommen.

Weil bei älteren Mitarbeitern die krankheitsbedingten Fehltage maßgeblich aufgrund orthopädischer Probleme erhöht sind, herrscht in Unternehmen die Auffassung, dass (zumindest im gewerblichen Bereich) eine jüngere Arbeitnehmerschaft produktiver ist, weil es weniger Fehltage gibt. Aussagen wie: „Mit jüngeren Mitarbeitern können wir mehr Maschinen bauen." gelten in vielen Betrieben als unstrittig.

Jedoch ist nach dem, was wir über die Entstehung dieser Fehltage wissen, weniger die betriebliche Belastung an sich als die Angst davor verantwortlich. Hier finden wir eine selbsterfüllende Prophezeiung: Die persönliche Auffassung von Arbeitnehmern, wonach körperliche Belastungen ab einem gewissen Alter zu körperlichen Problemen führen müssen, schürt die Angst davor und damit ein schädliches Schonverhalten, das die Erwartung zur Tatsache werden lässt.

Es geht also weniger um die objektive Belastung als um die individuelle Vorstellung, was man seiner Wirbelsäule noch alles zumuten kann. Wenn Arbeitnehmer, die zu Rückenschmerzen neigen, davon überzeugt sind, dass Belastungen dem Rücken schaden, werden sie entsprechende Belastungen vermeiden.

Hieraus entsteht eine zunehmende Schwächung wichtiger Muskelgruppen im Bereich des Rumpfes und damit ein krank machender Teufelskreis aus Schonverhalten und Schmerzängsten. (Unter Schmerzexperten kursiert in diesem Zusammenhang die Geschichte von den drei „O" des Hausarztes, die verunsichern und deshalb zu Schonverhalten und Arbeitsunfähigkeit beitragen: Der Arzt schaut sich vor dem Patienten das Röntgenbild der Wirbelsäule an und sagt mit besorgter Miene: „Oh, oh, oh — Verschleiß!") — Umgekehrt führen Entdramatisierungsstrategien von Ärzten nachweislich zum Rückgang rückenschmerzbedingter Fehlzeiten– auch bei Arbeitern und Angestellten zwischen 45 und 60.

Wo liegt auf Seiten der Arbeitsorganisation die selbsterfüllende Prophezeiung? Wie unumstößlich ist der Befund, wonach ältere Mitarbeiter länger krankheitsbedingt fehlen oder Angehörige bestimmter Berufsgruppen höchstwahrscheinlich frühberentet werden müssen?

Hier kommen zwei Setzungen zusammen: die vermeintliche Realität, dass es in Betrieben Arbeitsplätze gibt, die nur bis zu einer bestimmten Altersgrenze ausgefüllt werden können („arbeitsplatzspezifisch begrenzte Tätigkeitsdauer"), und die scheinbare Zwangsläufigkeit, wonach ab einem gewissen Alter in bestimmten Sparten die Berufsunfähigkeit steht („Externalisierungsnotwendigkeit"). Eigentlich dienen Fehlzeitenstatistiken dazu, Ereignisse anzuzeigen, die verhindert werden sollen. Hier werden sie als Argument dafür herangezogen, dass es für bestimmte Arbeiten Alters-Belastungs-Grenzen gibt und sich danach eine Weiterbeschäftigung wegen erhöhter Fehlzeiten nicht mehr rentiert.

Sicherlich trägt die langjährige Tätigkeit an einem körperlich einseitig belastenden Arbeitsplatz zum Fehlzeitenrisiko aufgrund von Rückenschmerzen bei. Sie ist aber beileibe nicht die Hauptursache. Wenn man weiß, dass die Beschäftigung an einem bestimmten Arbeitsplatz in der Regel zu frühzeitiger Arbeitsunfähigkeit führt, wird man als Betroffener gut darauf achten, dass die Arbeitsunfähigkeit so zeitig eintritt, dass das Leben nach der Frühberentung noch weitergeführt werden kann. Derartige verständliche Überlebensstrategien können nur umgelenkt werden, wenn Arbeitsbedingungen nicht zwangsläufig dauerhafte Verschleißeffekte riskieren, sondern es zur Beschäftigungskultur gehört, dass einseitige Belastungen gemindert werden. Dies hat sowohl auf die körperliche Verfassung als auch die Arbeitszufriedenheit einen positiven Einfluss.

Die selbsterfüllende Prophezeiung ist also dadurch gekennzeichnet, dass durch die beiden Prämissen der Blick auf Externalisierungsstrategien wie Frühberentung und Altersteilzeit als Problemlösung der Wahl eingeengt wird. Das frühzeitige Ausscheiden von Mitarbeitern wird gefördert, weil es bei der Arbeitsplatzgestaltung keine Alternativen zur jahrzehntelangen einseitigen körperlichen Belastung und der folgenden zwangsläufigen Berufsunfähigkeit zu geben scheint. Dieses Schwarz-Weiß-Denken hat die Betriebspraxis geprägt und die Überzeugung genährt, ab einem gewissen Alter könne man die Anforderungen einfach nicht mehr erfüllen – auch nicht als immer wiederkehrende Station im Rahmen von Jobrotation.

Wenn Freisetzung als einzige Lösung in Bezug auf Arbeitsplätze gilt, die nur bis zu einer gewissen körperlichen Fitness oder Kraft oder Beweglichkeit ausgefüllt werden können, werden Berufswege so gestaltet, dass die Arbeitsfähigkeit unangemessen früh verschleißt.

Unabhängig davon, was einzelne Vertreter bestimmter Altersgruppen zu leisten imstande sind, verhindert Externalisierungsdenken damit auch präventiv sinnvolle Maßnahmen zur Arbeitsplatz- und Laufbahngestaltung.

Aus Altersgründen zu resignieren, bezieht sich dabei offensichtlich nicht nur auf körperliche Problembereiche. Weiterbildungen scheinen sich gar nicht mehr zu lohnen, weil Strategien horizontaler Laufbahngestaltung, Jobrotation oder spezifische Maßnahmen zur Arbeitsplatzgestaltung nicht eingesetzt werden, um die Mitarbeiter zu fordern und zu fördern. Es ist leider nachvollziehbar, dass in einer derartigen Karrierekultur auch die Qualifikationen der Älteren veralten.

5 Gratifikationskrisen und Herz-Kreislauf-Erkrankungen

Wenn Mitarbeiter trotz hoher beruflicher Verausgabung keinen Einfluss auf die Sicherung ihres Arbeitsplatzes erleben, steigt bei ihnen die Wahrscheinlichkeit, eine koronare Herzkrankheit zu entwickeln, um den Faktor 4. Durch solche Gratifikationskrisen psychisch bedingte Herzinfarktgefährdungen sind bei älter werdenden Mitarbeitern zu erwarten, die trotz langjährigen Engagements für „ihren" Betrieb keine Wertschätzung von Unternehmensseite erfahren. Die Erwartung von Wertschätzung fußt auf dem „psychologischen Vertrag" und meint die reziproke Verpflichtung zwischen Mitarbeiter und Unternehmen, um Gerechtigkeit in Organisationen herzustellen.

Der psychologische Vertrag erscheint aufgekündigt, wenn sich Mitarbeiter in einem System erleben, das für „Alte" keine Stellen bereithält, auch weil sie aufgrund ihrer – von dem Unternehmen mitzuverantwortenden – Fehlzeiten zu teuer sind. (Personalwirtschaftliche Fragestellungen in Bezug auf die Gestaltung von Gehältern älterer Mitarbeiter sind hier bedeutsam, würden aber den Rahmen dieses Beitrags sprengen.) Damit birgt ein Arbeitsplatzverlust nicht nur gravierende finanzielle Probleme, sondern erzeugt auch berufsbiografische Selbstwertprobleme. Besonders betroffen hiervon sind natürlich gering qualifizierte Ältere mit begrenzten Chancen eines alternativen Arbeitsplatzes.

Zu den körperlichen Risiken kommt noch ein psychosomatisches: Ältere Mitarbeiter, sofern sie nicht mehr aufsteigen, verlieren an Reputation, weil horizontale Laufbahngestaltungen (noch) nicht Usus sind. Wenn die Älteren im Betrieb mehr und mehr als defizitäre Junge deklassiert werden, entwickeln sich Resignationstendenzen: Der so erlebte berufliche „Abstieg" wird vielfach dadurch kompensiert, dass man sich mit der Situation abfindet, indem man innerlich kündigt oder seine Ansprüche senkt. Hierdurch steigt die Stressempfindlichkeit an: Resignierte Mitarbeiter reagieren stärker als andere mit psychosomatischen Beschwerden auf betriebliche Stress-Belastungen. Auch dies begünstigt vermehrte Krankheitszeiten und erfüllt damit die Prophezeiung. Die Frührente ist für viele Betroffenen eine Flucht aus der drückenden beruflichen Situation und resultiert nicht aus der Sehnsucht nach einem erfüllten Rentnerdasein. Für einige ist das vorzeitige Ausscheiden aus dem Erwerbsleben eine Wohltat, für viele aber ist es ein krank machendes Lebensereignis, das sogar zu einer früheren Sterblichkeit beiträgt.

6 Psychische Stressreaktionen als Frühwarnsignal

Muskel/Skelett- und Herz-Kreislauf-Erkrankungen sind jenseits des fünften Lebensjahrzehnts für die mit Abstand meisten Fehltage im Erwerbsleben verantwortlich. Obwohl es sich hier um körperliche Erkrankungen handelt, sind in der Hauptsache psychologische Faktoren an deren Entstehung und Aufrechterhaltung beteiligt. Genauer: Es sind arbeitsplatzbezogene psychologische Faktoren, die diese Erkrankungen über Jahre verstärken: Arbeitsunzufriedenheit erhöht die Wahrscheinlichkeit einer Rückenerkrankung um das Siebenfache, Gratifikationskrisen erhöhen die Wahrscheinlichkeit einer koronaren Herzerkrankung um das Vierfache.

Vor dem Hintergrund dieses gesicherten Wissens ist es ineffizient, wenn psychologische Strategien zur Verbesserung psychosozialer Bedingungen am Arbeitsplatz und in der Organisationskultur nicht eingeführt und kontinuierlich umgesetzt werden.

Hinzu kommt, dass Depressionen seit einigen Jahren zu den wichtigsten Einzeldiagnosen in Bezug auf das Arbeitsunfähigkeitsvolumen zählen.

Stressbezogene psychische Störungen (in erster Linie Depressionen und Angsterkrankungen) erzeugen in allen Altersgruppen zunehmend mehr krankheitsbedingte Ausfälle, weswegen hier auch über die Problematik der Arbeitsunfähigkeit Älterer hinaus durch psychosoziale Interventionen massive Einsparungen aufgrund reduzierter Fehlzeiten und verbesserter Produktivität möglich sind. Entsprechende Maßnahmen sind aber nicht mehr allein durch Betriebsärzte, Personalabteilung oder Betriebsrat umzusetzen. Hier sind über betriebliche Gesundheitszirkel hinaus Fachberatungen erforderlich, wie sie im gesamten angloamerikanischen Sprachraum bereits seit Jahrzehnten von den meisten Unternehmen genutzt werden (z. B. als Employee Assistance Program). Durch derartige Aktivitäten werden nicht nur ältere Mitarbeiter geschützt, sondern zusätzlich unterschwellige Leistungsminderungen reduziert.

Innerbetrieblich, aber auch gesamtgesellschaftlich die psychischen Bedingungen von Erkrankungen zu ignorieren bedeutet, die zentralen Stellhebel zur weiteren Reduzierung von Erkrankungsrisiken und zur Verbesserung der Leistungsfähigkeit im Alter nicht zu nutzen.

7 Lösungsansätze

Wir wissen, dass ohne geeignete betriebliche Maßnahmen zum demografischen Wandel die Arbeitsunfähigkeitszeiten mit dem Alter zunehmen. Geeignete Maßnahmen sind über nachhaltige Laufbahnplanungen und Arbeitsplatzgestaltungen hinaus natürlich auch Programme zur Erhaltung der körperlichen Fitness. Aber wenn ein Mitarbeiter sagt: „So verrückt, wie es bei uns zugeht, so viel Sport kann ich gar nicht machen", spiegelt sich darin das zentrale Problem betrieblicher Präventionsbemühungen. Denn das Verhalten der Führungskräfte und Kollegen hat den weitaus größten Einfluss auf die berufliche Leistungs- und Arbeitsfähigkeit.

Das Sozialverhalten der Vorgesetzten hat gerade bei älteren Mitarbeitern eine besonders große Auswirkung. Tatsächlich können Studien zum demografischen Wandel nur einen zuverlässigen Wirkfaktor zur Sicherung der Leistungsfähigkeit bei älteren Mitarbeitern finden: Gutes Führungsverhalten bzw. gute Arbeit von Vorgesetzten bilden den einzigen hoch signifikanten Faktor, für den eine Verbesserung der Arbeitsfähigkeit zwischen dem 51. und 62. Lebensjahr nachgewiesen werden kann. Umgekehrt hängt die abnehmende Leistung bei Arbeitern ab dem 45. Lebensjahr mit Versagensängsten, mangelnder beruflicher Entwicklung, Mangel an Feedback und Wertschätzung und geringem Einfluss auf die eigene Arbeitstätigkeit zusammen. Faktoren, auf die Führungskräfte als Gestalter der Unternehmenskultur durch entsprechende Managementstrategien in Form fairen und transparenten Sozialverhaltens effektiv einwirken können. Wenn in Unternehmen implizit und explizit davon ausgegangen wird, dass Angehörige der „Generation 50 plus" jungen, kräftigen und dynamischen Potenzialträgern die Zukunft verbauen, führt das zu Produktivitätsminderungen.

Natürlich sollte nicht alle Verantwortung für Arbeitszufriedenheit und Leistungsfähigkeit auf die Führungskräfte abgeschoben werden. Die gesamte Belegschaft ist für das Betriebsklima verantwortlich und alle müssen ihren Beitrag leisten. Führungskräften kommt aber eine spezifische Verantwortung zu, weil sie tatsächlich den größten

Einfluss auf die Mitarbeitergesundheit haben: Psychosomatische Beschwerden, emotionale Erschöpfung und Arbeitsunzufriedenheit sind Frühwarnsignale sowohl für körperliche als auch für psychische Erkrankungen und als solche von Vorgesetzten ohne kostenaufwändige Strategien effektiv beeinflussbar.

Was sind effektive Maßnahmen, die Führungskräfte persönlich, ohne den ganzen Betrieb zu verändern, ergreifen können?

Wir wissen, dass selbstwertverletzendes Verhalten zu den größten Stressoren zählt, und wenn abfällige Bemerkungen dann noch unsachlich mit dem Alter in Verbindung gebracht werden, ist das besonders problematisch, weil entsprechende Kommentare von allen älteren Mitarbeitern als Ungerechtigkeit aufgefasst werden können: Wenn Unternehmenskulturen über demografische und psychosoziale Vergleichsprozesse Ungerechtigkeiten und damit Stress in allen Altersgruppen erzeugen, müssen diese Prozesse identifiziert, thematisiert und nachhaltig verändert werden.

Führungskräfte können sich ihren Mitarbeitern gegenüber wie Stressfaktoren verhalten, sie können aber auch zu Gesundheitsfaktoren, zu „Ressourcen" werden. In der modernen Stressforschung zeigt sich immer wieder, dass man Arbeitsstress dadurch mindern kann, dass Mitarbeitern solche „Ressourcen" zur Verfügung stehen. Die Bilanz aus Belastung und Ressourcen muss stimmen! Man braucht nicht vergeblich danach zu streben, Stressoren wie Zeitdruck oder Arbeitsverdichtung zu mindern. Es ist viel effizienter, für seine Leute ansprechbar zu bleiben, ihnen Unterstützung zu signalisieren und flexibel auf Problemlagen einzugehen. D.h., hohe Arbeitsbelastung kann dann in ihrer „stressigen" Wirkung gewandelt werden, wenn die betroffenen Mitarbeiter genügend Handlungsspielräume und Unterstützungsmöglichkeiten haben, um flexibel auf die Belastung zu reagieren. Hierdurch wird aus „Distress" positives Erleben („Eustress"). Wenn die Bewältigung der Arbeitslast als Herausforderung und nicht als Bedrohung erlebt wird, weil genügend Möglichkeiten zur erfolgreichen Umsetzung der Aufgaben vorhanden sind, wachsen Mitarbeiter daran.

Gute, kooperative Unterstützungsangebote (offene Tür, Interesse etc.) reduzieren psychosomatische Beschwerden bei Mitarbeitern aller Altersgruppen. Die Mitarbeiter sollten das Gefühl haben, dass sie auf die Unterstützung der Führungskraft zurückgreifen können. Wir wissen, dass dies für einzelne Vorgesetzte persönlich schwierig umzusetzende Lösungswege sind, aber durch sie bekommen Betriebe gesündere Mitarbeiter – in jeder Altersgruppe.

Wenn Führungskräfte Mitglieder einer Altersgruppe über einen Kamm scheren, unterminieren sie den Selbstwert ihrer Mitarbeiter. Zumal, und auch dies sei hier nur am Rande erwähnt, die wichtigsten Entscheider in vielen Unternehmen selbst 50 Jahre und älter sind. Hierdurch wird ein Gefühl von ungerechter Behandlung erzeugt, was als einer der zentralen sozialen Stressoren einzustufen ist. Dadurch werden mögliche Leistungsprobleme verschlimmert.

Dies darf aber nicht zu dem Missverständnis führen, Kritik solle abgeschafft werden. Sie muss differenziert geäußert werden. Gleichzeitig müssen die Mitarbeitenden in die Pflicht genommen werden, denn niemand kann verlangen, dass jeder seine individuell optimierte Arbeitsbedingung „gebacken" bekommt. Bedingungen sind immer unter bestimmten Blickwinkeln suboptimal; man sollte sie aber optimal nutzen können. Die Umsetzung der Verantwortung für Gesundheit und Produktivität bleibt also nicht nur den Führungskräften überlassen, sondern die Mitarbeitenden tragen dies mit.

Ein produktives Betriebsklima und verbesserte Arbeitsfähigkeit hängen also nicht nur mit der Anzahl der Besuche im Fitness-Studio, sondern mit der Güte der Mitarbeiterorientierung der Vorgesetzten zusammen. Und dies betrifft insbesondere Mitarbeiter zwischen dem 51. und 62. Lebensjahr. An diese Altersgruppe mit Klischees und Vorurteilen heranzugehen erfüllt die Prophezeiung.

8   Literaturhinweise

Badura, B, Schellschmidt, H. & Vetter, C. (2003): Fehlzeiten-Report 2002. Berlin.

Cranach, M. v., Schneider, H.-D., Ulich, E. & Winkler, R. (2004): Ältere Menschen im Unternehmen. Chancen, Risiken, Modelle. Bern.

Leidig, S. (2007): Psychische Störungen und Stress in der Arbeitswelt - Ansätze für eine zeitgemäße Stressprävention und Gesundheitsförderung. Personalführung 1/2007.

Siegrist, J. (1996): Soziale Krisen und Gesundheit. Göttingen.

Watzlawick, P., Weakland, J.H. & Fisch, R. (1974): Lösungen – Zur Theorie und Praxis menschlichen Wandels. Bern.

Dr. Erhard Lison

8. Vom High-Potential zum High-Performer

1   Einleitung

Wie alt sind Sie, verehrte Leserin, verehrter Leser? Zwischen 35 und 40 Jahren?

Gratuliere! Die nächsten zehn Jahre werden über Ihren gesamten beruflichen Erfolg entscheiden. Suchen Sie nun die nächsten Ziele Ihrer beruflichen Karriere. Nutzen Sie jetzt Ihr geistiges Potenzial – denn Sie sind auf dem Zenit Ihrer Leistungsfähigkeit. Alles, was Sie in den nächsten Jahren säen, werden Sie in den darauf folgenden Jahren ernten. Und das haben Sie dann auch verdient. Denn wenn Sie erst das Alter von 50 überschritten haben, sind Ihre intellektuellen Möglichkeiten und auch Ihre Motivation nicht mehr auf dem Höhepunkt. Das ist nicht besorgniserregend, denn es geht allen Menschen so. Also strengen Sie sich jetzt an, damit der „Zug nicht bald ohne Sie abgefahren ist".

So oder so ähnlich wird Menschen begegnet, die mitten im Berufsleben stehen, aber nicht älter als 40 Jahre alt sind. Die drohende Grenze von 50 Jahren ist noch weit weg für einen aufstrebenden Mitdreißiger.

Vielleicht begegnet Ihnen aber auch jemand mit folgenden Worten:

Zwischen 35 und 40 Jahre alt? Gratuliere, dann stehen Sie mitten im Leben und am Beginn großer beruflicher und persönlicher Entwicklungen. Sie haben gelernt zu lernen, Sie haben die ersten beruflichen Schritte vollbracht, vielleicht sind Sie sogar schon auf der „Karriereleiter" ein wenig hinaufgeklettert. Eines ist klar: Die Entwicklung, das Lernen und das profitable Umsetzen Ihrer Erfahrungen wird kontinuierlich weitergehen. Es wird nicht enden – wenn Sie es nicht beenden. Das stetig wachsende Wissen, die zunehmende Erfahrung im Umgang mit Kunden, das Verständnis innerbetrieblicher Prozesse werden Ihnen Genuss und Befriedigung bereiten.

Die meisten Personalentwicklungskonzepte in Unternehmen entsprechen der ersten Sichtweise. Es gibt Führungsnachwuchstrainings, Maßnahmen zur Unterstützung junger Führungskräfte, im Assessment Center werden Stärken und Schwächen von Mitarbeitern geprüft, die noch am Anfang ihrer beruflichen Karriereentwicklung stehen. Wer eine Position erreicht hat, wird nach einigen Jahren nur dann weiter gefördert, wenn er als Potenzial für die nächst höhere Ebene erkannt wird. Aber irgendwann ist das Ende erreicht und dies ist in der Regel lange vor dem Rentenalter. Die Zeit zwischen dem Ende der Förderung und dem Rentenalter kann 20 Jahre und mehr betragen.

Es ist längst nachgewiesen, dass es kein altersbedingtes biologisch begründetes Abflachen der Entwicklungskurve gibt. Die biologischen Voraussetzungen für lebenslanges Lernen sind bei einem normalen gesunden Menschen gegeben (siehe auch Kapitel 3). Was müssen die Unternehmen tun, um das Potenzial ihrer Mitarbeiter während des gesamten Berufslebens zu nutzen?

2 Lebenslanges Lernen

Lernen bedeutet immer eine Investition – von beiden Seiten, vom Unternehmen und vom Lernenden. Oft ist Lernen mit Anstrengung verbunden, und die positiven Wirkungen des Lerntransfers treten erst verzögert auf. Jedes Unternehmen investiert nur dann, wenn ein Return on Investment in absehbarer Zeit zu erwarten ist. Der Mensch als „homo oeconomicus" hat sich der modernen Arbeitswelt angepasst. Er handelt auf sich selbst bezogen ökonomisch. Das heißt, er gestaltet Anstrengung und Einsatz so, dass Gehalt und andere Kompensationen einen angemessenen Gegenwert bieten. Entsprechen langfristig Gehalt und anderes nicht seiner eingebrachten Leistung, wird er diese reduzieren. Manchmal bewusst – manchmal aber auch ohne selbst zu bemerken, wodurch der eigene Leistungsabfall verursacht wurde.

Eine berufliche Lerninvestition für einen Menschen im Alter über 50 Jahren lohnt sich meist in diesem Sinne nicht. Die älteren Mitarbeiter sind in ihrer tariflichen Gehaltsentwicklung am Ende der möglichen Steigerungen angelangt. Ein Karriereschritt ist oft nicht mehr vorgesehen. Andere ökonomische Vorteile oder Gegenwerte sind in den Unternehmen nicht vorgesehen. Als Konsequenz sind der Einsatz und das Engagement beim Lernen deutlich geringer als bei jüngeren Menschen.

3 Motivation und Lernen

Die meisten Menschen beginnen ihr Berufsleben hochmotiviert. Schon nach wenigen Jahren wird man aber bei vielen eine deutliche Verminderung der Motivation ausmachen können. Eine der wichtigsten Quellen für Demotivation sind die so genannten „Demotivatoren" wie fehlende Information, Aufgabendelegation ohne Verantwortung oder mangelnde Anerkennung von Leistung. Länger anhaltende Demotivation durch ungünstige Rahmenbedingungen oder Führungskräfte kann zu unterschiedlichen Reaktionen bei Mitarbeitern führen. „Love it, change it, or leave it" ist zwar eine sehr vereinfachte Darstellung möglicher Antworten auf solche kritischen Phasen im Beruf, beschreibt aber klar, was geschieht: Der Mitarbeiter passt sich an, er verändert die Situation oder verlässt den Bereich oder sogar das Unternehmen. Das Verändern der Situation kann auch nur darin bestehen, dass ein Mensch seine Haltung zu dem demotivierenden Umfeld ändert. Im Extremfall führt das zur inneren Kündigung. Ein Mitarbeiter, der innerlich gekündigt hat, erfüllt zwar noch das mindestens notwendige Maß an Leistung, wird aber weder lernbereit noch flexibel und offen auf Veränderungen reagieren.

Jeder trifft im Berufsleben früher oder später auf eine solche demotivierende Situation. Statistisch gesehen könnte man dies als ein Zufallsereignis ansehen. Die Wahrscheinlichkeit, einem solchen Zufallsereignis begegnet zu sein, steigt mit der Zeit. Folglich ist die Wahrscheinlichkeit, im Berufsleben demotivierenden Bedingungen ausgesetzt gewesen zu sein, bei älteren Mitarbeitern größer als bei den jüngeren. Allein aus statistischen Gründen wird man daher mehr Demotivation unter älteren Mitarbeitern finden.

Zwischen der Extremform der inneren Kündigung und einer positiv motivierten Grundeinstellung eines Mitarbeiters gibt es noch eine dritte Alternative: akzeptable Leistung im Unternehmen und dazu parallel eine lebendige Gestaltung anderer Lebensbereiche, wie Familie, Freizeitaktivitäten, Hobbies. Diese Haltung fällt anders als die innere Kündigung über lange Zeit nicht auf. Der Mitarbeiter richtet sich seine eigene Work-Life-Balance ein. Dabei neigt sich die Waage mehr zur Seite „life", als der Mitarbeiter eigentlich ursprünglich einmal geplant hatte.

Vielleicht gelingt es ihm so, eine hohe Lebenszufriedenheit zu erlangen, für die berufliche Karriere und Entwicklung nicht mehr erforderlich sind. Sollte aber irgendwann doch einmal Veränderung verbunden mit hoher Lerninvestition notwendig werden, wird dieser Mitarbeiter ungern sein Gleichgewicht aufgeben. Zum Erhalt der Work-Life-Balance verzichtet er möglicherweise auf weitere berufliche Entwicklung. Persönlich ist das sicherlich zu respektieren, für das Unternehmen aber bedauerlich, weil Energie und Einsatzfreude nur noch teilweise dem Unternehmen zugute kommen.

Unter älteren Mitarbeitern trifft man viele, die eine solche Balance für sich gefunden haben. Diese Gruppe wird nicht gerne eine größere Lerninvestition für das Unternehmen tätigen. Und es wird genauer und differenzierter nach dem „Return on Investment" gefragt.

Kann man Personen aus einer solchen Haltung wieder zurückholen? Wenn überhaupt kann hier nur durch ein ehrliches Gespräch mit menschlichem Respekt und Wertschätzung der eingebrachten Leistung gegenüber eine Reflexion angestoßen werden. Drohungen werden nur dazu führen, durch Schein-Zugeständnisse das Gleichgewicht zu erhalten.

Im Übrigen gilt alles, was auch sonst bei der Motivation von Menschen entscheidend ist: Motivierend wirken mehr Verantwortung, Wertschätzung der Arbeit, interessante oder neue Tätigkeiten. Gehaltssteigerungen sind weniger bedeutsam als bei jungen Mitarbeitern – vorausgesetzt das Gehalt in der jetzigen Funktion wird als einigermaßen angemessen empfunden. An die Stelle von Gehaltssteigerungen treten eher Annehmlichkeiten wie Reiseerleichterungen, technische Ausstattung am Arbeitsplatz oder Mobiltelefon. Statussymbole scheinen bei Mitarbeitern über 50 weniger wichtig und motivierend zu sein als bei den jüngeren Kollegen (siehe auch Kapitel 11).

Demotivierend wirken schnell wechselnde Führungskräfte, schnell wechselnde Strukturen und Abläufe, die nicht wirklich begründet sind; das demotiviert auch junge

Mitarbeiter, aber ältere haben dies aufgrund der längeren Dienstzeit häufiger erlebt. Schlecht informierende Führungskräfte, entscheidungsängstliche Vorgesetzte wirken weniger demotivierend als bei jüngeren Mitarbeitern. Die Älteren haben gelernt, eigene Informationsquellen anzuzapfen, und sind auch in der Lage, Entscheidungen im kritischen Fall schnell selbst zu treffen, auch wenn dies die eigene Entscheidungskompetenz leicht überschreitet.

4   Personalentwicklung

Personalentwicklung kann keinen nachhaltigen Mehrwert für das Unternehmen schaffen, wenn sie nicht Laufbahnkonzepte vom Berufseinstieg bis zur Rente enthält. Umfangreiche Erfahrungen sind beim ersten Teil der beruflichen Laufbahn vorhanden: Entwicklung der Mitarbeiter bis zur Übernahme von Führungsfunktionen, eventuell noch weitere Entwicklung in eine höhere leitende Position. Die Ausgestaltung dieser Wege ist oft differenziert. Vom Mitarbeiter werden nicht nur hervorragende fachliche Leistungen verlangt, sondern auch Flexibilität, Bereitschaft zu zeitlich begrenztem Wechsel in andere Funktionen, Mitarbeit in Projekten und gelegentlich auch Mobilität.

Personalentwicklung ist hauptsächlich Führungsnachwuchsentwicklung. Mit der Übernahme einer Führungsfunktion wird den Mitarbeitern durch verschiedene Maßnahmen der Weg erleichtert: Erfahrungsaustauschkreise für Führungskräfte, individuelles Coaching, Seminare zu verschiedenen Führungsthemen etc. Einige Unternehmen haben gut durchdachte Führungscurricula.

Eines ist aber allen gemeinsam: Wenn eine Führungskraft alle angebotenen Maßnahmen durchlaufen hat und dadurch ihr Führungshandwerk erlernt hat, enden die Unterstützung und weitere Förderung. Nur wer für die nächste Karrierestufe selektiert wird, kann weitermachen. Am Prinzip ändert sich aber nichts, am Ende der Karriereleiter ist auch das Ende der Personalentwicklung erreicht. Diese Personalentwicklungsansätze erscheinen folgerichtig, wenn man davon ausgeht, dass man auf eine Zielfunktion hin entwickelt. In der Zielfunktion angekommen werden die Mitarbeiter so lange unterstützt, bis das notwendige Kompetenzniveau erreicht ist. Damit ist die Entwicklung abgeschlossen.

Geht man davon aus, Führungskompetenz bedeutet, eine Art Handwerkszeug (Tools) erlernen zu müssen, dann stimmt dieses Vorgehen der Personalentwicklung. Wer die Tools beherrscht, kann führen. Treten Probleme auf, kann die Führungskraft auf Unterstützung durch die Personalabteilung oder auch externe Moderatoren, Teamentwickler, Konfliktklärer und andere Berater hoffen.

Das System scheint in sich plausibel und geschlossen. Dass ältere Mitarbeiter oder Führungskräfte in ihrem Engagement nachlassen, hat in diesem Modell nichts mit der Personalentwicklung zu tun. Die hat ihre Aufgabe erfüllt, nämlich Menschen in Funktionen zu bringen und in diesen Funktionen angemessen zu qualifizieren. Das Ganze ist so, als ob für einen Flug eine Flugplanung erstellt wird — aber nur bis zur Reiseflughöhe. Dort angekommen werden noch Checklisten abgearbeitet, das Flugzeug und die Triebwerke auf Reiseflug eingestellt, danach hört die Planung auf. Aber in der Luftfahrt gibt es noch die Streckenplanung, das Spritmanagement und schließlich Anflug und Landung. Auch bei der Personalentwicklung sollte man die „Streckenplanung" berücksichtigen. Das bedeutet z. B. darüber nachzudenken, welche Entwicklungswege es innerhalb einer bestimmten Hierarchieebene gibt.

Wie wäre es, wenn die Personalentwicklung einmal einen Perspektivenwechsel vornähme und folgende Frage einem jungen Mitarbeiter stellte: „Stellen Sie sich vor, Sie sind 65 Jahre alt und blicken auf ein spannendes, erfülltes Berufsleben mit Befriedigung zurück. Was sollte dann Ihrer Meinung nach alles passiert sein?" Sicherlich würde kein Mitarbeiter antworten, dass er sich vorstellt, mit etwa 40 Jahren eine Position erreicht zu haben, die er dann 25 Jahre lang in mehr oder weniger gleicher Weise ausgeübt hat. Selbst ein 50-Jähriger Mitarbeiter wird bei der Frage, wie er sich die nächsten 15 Jahre optimal vorstellen kann, kaum antworten, dass er immer das Gleiche machen möchte — bis zur Rente.

Ein Unternehmen kann durch gezielte Unterstützung und Förderung, auch ohne zusätzliche Karrierestufen einzurichten, die Entwicklung von Menschen unterstützen. Jürgen Fuchs hat schon Mitte der 90er Jahre entsprechende Ideen entwickelt und Vorschläge anderer Unternehmen dazu gesammelt.

In früheren Jahren sprach man von einer Fachlaufbahn. In der Fachlaufbahn werden definierte Verantwortlichkeiten in Abhängigkeit von der bisher erbrachten Leistung vergeben. Verantwortungen können in Zeichnungsvollmachten bestehen oder in der Zuordnung bestimmter Kunden und Kundengruppen. Die Reportlinie muss nicht einseitig über einen direkten disziplinarischen Vorgesetzten laufen. Schon 1993 wurde in der Frankfurter Allianz Versicherungs-AG das Modell der „vollständigen Delegation" eingeführt und mit Erfolg getestet. Bei der vollständigen Delegation berichtet ein fachlich hochqualifizierter Mitarbeiter an den Vorgesetzten, an den auch sein direkter disziplinarischer Chef berichtet. Vollständig heißt diese Form der Delegation, weil nicht nur Verantwortung und bestimmte Handlungskompetenzen mit einem Aufgabenbereich delegiert werden, sondern auch die Berichtslinie. Das erspart Schnittstellen und beschleunigt Entscheidungsprozesse. Für den Mitarbeiter wird die betriebliche Wertschätzung seiner Kompetenz deutlich, weil er sich gleich an die entscheidungsrelevante Ebene wenden kann.

Wesentlich für den Erfolg eines solchen Modells sind einige wenige Voraussetzungen:

■ Der Mitarbeiter hat die Pflicht, den direkten Vorgesetzten immer informiert zu halten.

■ Der Vorgesetzte vergibt selektiv und nach festgelegten hochgesteckten Kriterien diese „vollständige Delegation".

Dies ist eine sehr einfache und schnell umsetzbare Maßnahme, um jenseits von Hierarchieebenen Personalentwicklung zu betreiben.

Die Kompensation für solche ausgewählten hoch qualifizierten Mitarbeiter, die aber innerhalb der Führungshierarchie keine entsprechende Ebene innehaben, stellt sich schwieriger dar. Tarifstrukturen und Gehaltsgefüge sind bisher primär an Ebenen oder auch an betriebsinterne Titel geknüpft. Wenn ein Unternehmen hier keine Revolution einleiten möchte, könnte dennoch mit ein wenig Kreativität eine Reihe von Angeboten geschaffen werden, die der Leistung eines Mitarbeiters entsprechen. Besonders für Mitarbeiter im Bereich 50 plus wären so genannte Cafeteria-Modelle der Kompensation reizvoll. Man kann an Altersvorsorgepakete denken, Freizeitausgleiche, Ansparen von Zeiten, die vor Beginn der Rente abgefeiert werden können, Sabbatical-Phasen und vieles mehr.

5 Bildungsangebote für ältere Mitarbeiter – zwei Beispiele

5.1 Arbeitskreis Führungspraxis für erfahrene Führungskräfte

Dieses Bildungsangebot unterscheidet sich von klassischen Seminaren. In einem üblichen Seminar werden bestimmte Inhalte vermittelt und Fertigkeiten eingeübt. Der „Arbeitskreis Führungspraxis" stellt die Themen, Fragen und Anliegen der Teilnehmer in den Mittelpunkt. Jeder Teilnehmer nennt ein Thema aus dem eigenen beruflichen Bereich. Im Verlauf des Arbeitskreises werden die einzelnen Themen besprochen. Dabei werden die üblichen Coaching-Methoden angewandt. Das bedeutet, es werden vom Leiter keine Lösungen vorgeschlagen, sondern im Kreis der Kollegen wird die Situation analysiert, und der Teilnehmer entscheidet selbst, wie er mit dem eingebrachten Problem in Zukunft umgehen möchte.

Dieses Vorgehen eignet sich hervorragend für junge Führungskräfte, die in diesem Kreis ihre Probleme und Fragen ganz konkret einbringen können. Aber auch bei erfahrenen Führungskräften hat sich diese Methode bewährt. Die von älteren Führungskräften eingebrachten Themen unterscheiden sich jedoch von denen der jüngeren Teilnehmer eines Arbeitskreises Führungspraxis.

Themen in Kreisen mit erfahrenen/älteren Führungskräften:

■ Umgang mit Zielkonflikten und strukturellen Konflikten

■ Umgang mit Vorgesetzten oder hierarchisch übergeordneten Kollegen

■ Verständnis für Unternehmensstrategie

■ Positionierung bei Umstrukturierungen

■ Auseinandersetzung mit konkreten Konkurrenten

Themen sind weniger:

■ Schwierige Mitarbeitergespräche

■ Konflikte im Team

■ Leistungsanforderungen durchsetzen

■ Vorbereitung auf weiterführende Assessments

Anders als ein Seminar, das zwischen zwei oder drei Tagen dauert, trifft sich der Arbeitskreis Führungspraxis für drei bis vier Stunden. Es werden insgesamt zehn Treffen geplant. Durch diese Arbeitsform lernen sich die Teilnehmer noch persönlicher kennen, als es in einem Seminar üblich ist. Die Treffen finden nicht im Hotel statt, sondern in geeigneten Seminar- oder Besprechungsräumen. Anreisezeiten und Ausfallzeiten am Arbeitsplatz werden so minimiert.

5.2 Seminar „Zukunftskonferenz Führung"

Ziel dieses Seminars ist es, die Führungskräfte, die schon seit einigen Jahren in Funktion sind und längst alle obligatorischen Führungsseminare besucht haben, wieder einmal zur Teilnahme an einem Seminar zu bewegen. Dabei ist vorgesehen, dass die jeweiligen Vorgesetzten die Führungskräfte auf dieses Seminar hinweisen und zur Teilnahme ermuntern.

Inhaltlich sollten in diesem Seminar folgende Themen besprochen werden:

■ Aktuelle Leadership Values

■ Motivation und Selbstmotivation

■ Erfahrungsaustausch Leitung und Mitarbeit in strategischen Projekten

■ Selbstmanagement und Stressbewältigung

Das Thema „Leadership Values" wird in allen Seminaren für neue Führungskräfte aufgenommen und die Bedeutung ausführlich besprochen. Dienstältere Führungskräfte erhalten jedoch normalerweise kaum Zeit und Gelegenheit, aktuelle Leadership Values zu diskutieren. Besonders für diese Zielgruppe sollte aber hier ein Angebot bestehen, da sonst leicht eine Haltung entstehen kann, die die neuen Führungswerte als „alten Wein in neuen Schläuchen" abwertet. Im Seminar müssen daher die Leadership Values speziell im Zusammenhang mit früheren immer wieder einmal wechselnden Führungsgrundsätzen dargestellt werden. Viel stärker als bei jungen Führungskräften ist es erforderlich, die Kritik ernst zu nehmen, dass man hier nichts Neues entwickelt habe, sondern einfach alt bewährte Führungsprinzipien mit englischen Begriffen geschmückt habe und nun weltweit als etwas ganz Besonderes verbreite. Diese Diskussion abzuwiegeln, käme einer Geringschätzung der Erfahrung der älteren Führungskräfte gleich.

Auf junge Führungskräfte wirkt der Vergleich mit früheren Ansätzen zu neuen Führungsleitlinien oft zäh und überflüssig. Die Diskussion solcher Neuerungen in einem Seminar mit sehr jungen und deutlich älteren Führungskräften führt daher leicht zur Bestätigung gegenseitiger Vorurteile: Auf die Jungen wirkt die kritische Diskussion der Älteren als Beharren am Althergebrachten, als Unflexibilität, sich auf Neues einzulassen, oder auch als Angst vor Veränderung. Für die älteren Führungskräfte disqualifiziert sich eine jüngere Führungskraft, wenn sie unkritisch auf Neuerungen anspringt. Es ist somit nicht verwunderlich, dass ältere Führungskräfte wenig Interesse an Seminaren haben, die gleichzeitig von den noch unerfahrenen Führungskräften besucht werden.

Das Thema Motivation bewegt die Management-Theorien seit über 100 Jahren. In allen etwas breiter angelegten Führungsseminaren darf dieses Thema nicht fehlen und wird von den Teilnehmern auch regelmäßig nachgefragt. Selbstmotivation ist die Kehrseite für die Führungskraft. Je höher die Hierarchie, desto klarer der Anspruch an Eigenmotivation. Besonders bei Mitarbeitern, die schon lange in der gleichen Funktion ohne besondere berufliche weitere Perspektive arbeiten.

Der Erfahrungsaustausch zu strategischen Projekten liefert einen guten Überblick über aktuelle Unternehmensentwicklungen. Das Thema Selbstmanagement und Stress wird häufig von erfahrenen Führungskräften nachgefragt.

Methodisch ist das Seminar wie eine Zukunftskonferenz strukturiert und in fünf Phasen eingeteilt:

1. Blick in die Vergangenheit: Wo kommen wir her?

2. Was sind unsere Stärken? Was bedauern wir?

3. Blick in die Gegenwart:

   a) Welche Umfeldbedingungen sind zur Zeit maßgeblich? Was lernen Führungskräfte heute, was fehlt?

   b) Was sind heute die eigenen Quellen der Stärke und Stabilität?

4. Blick in die Zukunft: Was soll in den nächsten drei Jahren geschehen?

5. Handlungsfelder und Maßnahmen: Was steht jetzt konkret an? Was ist zu tun, um die Vision für die nächsten Jahre umzusetzen?

6   Ablauf eines Seminars

1. Tag

Zeit	Inhalt	Methode
10:00-11:00	Erwartungen, Ziele, gewünschte Inhalte	Paarinterview
11:00-12:00	I. Blick in die Vergangenheit: Sammeln von Ereignissen, Veränderungen, Anforderungen	Zeitstrahl von 1980 Kurzpräsentation im Plenum
12:00-13:00	II. Selbsteinschätzung: Was sind unsere Stärken? Was bedauern wir?	Austausch zu zweit
13:00-14:00	M i t t a g s p a u s e	
14:00-15:30	III. a) Blick in die Gegenwart: Wie werden betriebliche Rahmenbedingungen, Strukturen erfahren? Was lernen Führungskräfte heute? Was fehlt oder kommt zu kurz aufgrund der eigenen Erfahrung? Aktuelle strategische Projekte	Kleingruppenarbeit: Themen und Fragen der Teilnehmer werden gesammelt und in einem Themenspeicher festgehalten.
15:30-16:00	K a f f e e p a u s e	
16:00-18:30	Input: Führungskultur heute: „Führungswerte des Unternehmens"	Vorstellung der aktuellen Führungsinstrumente wie zum Beispiel 360° Feedback, Mitarbeiterbefragungen und Ähnliches
	Ende 1. Tag	

2. Tag

Zeit	Inhalt	Methode
09:00-09:30	III. b) Blick in die Gegenwart: Standortbestimmung in der Mitte des beruflichen Weges Die eigenen „Quellen der Stabilität"	a) Einzelarbeit: Erstellen einer Übersicht. Angebot folgende Metapher zu verwenden: „Landkarte, fruchtbare Flächen, unerforschte Gebiete, Brachland, Wüsten usw." b) Austausch zu dritt
10:00-10:30	IV. Blick in die Zukunft: Was möchte ich erreichen, fördern, anders machen, konstant halten?	Kleingruppenarbeit zu viert
10:30-11:00	K a f f e e p a u s e	
11:00-12:30	V. Handlungsfelder und Maßnahmen: Sammeln und Klären von Themenfeldern	Fortsetzen der Kleingruppenarbeit Ergänzen des Themenspeichers vom Vortag
12:30-13:30	M i t t a g s p a u s e	
13:30-15:30	Austausch im Plenum	Kurz-Präsentationen
15:30-16:00	K a f f e e p a u s e	
16:00-18:00	Bearbeiten der Themen aus dem Speicher	Wechselnde Methoden je nach Fragestellung
	Ende 2. Tag	

3. Tag

Zeit	Inhalt	Methode
09:00-10:30	Motivation, Selbstmotivation, Selbstmanagement, Stressbewältigung	Kurzpräsentation im Plenum
10:30-11:00	K a f f e e p a u s e	
11:00-12:30	Umgang mit Belastungen im Beruf und sonstigen Umfeld; Unterstützung von Mitarbeitern	Erfahrungsaustausch in Kleingruppen und im Plenum
12:30-13:30	M i t t a g s p a u s e	
14:30-15:00	Methoden der Kurzzeitentspannung	Übungen zur Kurzzeitentspannung
15:00-15:30	Seminarauswertung	
15:30	**Ende des Seminars**	

Zusammenfassend kann man folgende „do´s and dont's" von Lernangeboten für erfahrene Mitarbeiter benennen:

■ Im Vorfeld Teilnehmer durch Vorgesetzte ansprechen und benennen; nicht darauf zählen, dass sich die Personen selbst aufgrund des Angebots anmelden.

■ Wenig spielerische Seminarmethoden verwenden.

■ Starken Bezug herstellen zu der konkreten Tätigkeit.

■ Die oft sehr vielfältigen Projekt-Erfahrungen der Teilnehmer einbeziehen.

■ Fachliche Qualifizierung muss am vorhandenen Wissensstand ansetzen; das ist zwar bei allen Altersgruppen so, bei Fehlen dieses Kriteriums in Weiterbildungsangeboten für ältere Mitarbeiter wirkt sich dies aber besonders demotivierend auf die Lernbereitschaft aus.

■ Bei jüngeren Mitarbeitern spielen pädagogisch/didaktische Fähigkeiten des Lehrenden eine große Rolle; bei älteren Mitarbeitern sollte ein Lehrender menschliche Reife besitzen; er muss in Alter und Erfahrung den Teilnehmern entsprechen.

7 Schlussfolgerung für die Führung

Die Wahrscheinlichkeit, im Berufsleben eines Tages eine jüngere Führungskraft zu haben, nimmt individuell gesehen mit den Jahren zu. Für jüngere Führungskräfte stellt sich die Frage, wie sie mit den älteren Mitarbeitern umgehen sollen. Die älteren Mitarbeiter umgekehrt müssen akzeptieren lernen, dass eine jüngere Führungskraft möglicherweise mit weniger Erfahrung und weniger konkretem praktischen Wissen Vorgesetzter wird.

Alter, Erfahrung, Wissen einerseits und Verantwortung, Entscheidungskompetenz, disziplinarische Macht andererseits sind bei der Kombination von junger Führungskraft und älterem Mitarbeiter nicht kongruent. Es liegt ein Ambiguitätskonflikt vor, denn:

In den meisten natürlichen sozialen Ordnungen haben ältere Menschen mehr Verantwortung und Handlungskompetenzen als die jüngeren.

Die betriebliche Führungsrolle erfordert unabhängig von Alter oder anderen Kriterien das Umsetzen von Führung und Führungsinstrumenten wie Delegieren, Kontrollieren, Ziele vereinbaren, Beurteilen und so weiter.

Der Umgang mit Erfahrung und Wissen ist für jüngere Kollegen und auch für die jüngeren Vorgesetzten nicht immer unproblematisch. Mancher Einwand eines älteren Kollegen wird als mangelnde Begeisterungsfähigkeit und Engagement, als Blockieren, als ungenügende Einsatzbereitschaft ausgelegt. Gerade in der Auseinandersetzung um Neuerungen wird die kritische Haltung älterer Mitarbeiter von den jüngeren gefürchtet und oft als Widerstand interpretiert. Die Älteren wiederum erleben Neuerungen als unausgegoren und erkennen oft vermeintlich neue Wege als Wiederholung von Ansätzen, die es in der Vergangenheit schon einmal gab.

Aufgabe der jüngeren Führungskräfte ist, sehr genau zuzuhören und unterscheiden zu lernen, was einfach nur Widerstand oder Angst vor Neuerung ist und wo wertvolle konstruktive Kritik geäußert wird. Es empfiehlt sich, die älteren Mitarbeiter in die Gestaltung von Veränderungsprozessen frühzeitig einzubinden. Auf diese Weise ist der Know-how-Transfer gewährleistet und vorhersehbare Fehler können vermieden werden. Die visionäre Kraft einer Veränderungsidee und der kritische, manchmal ernüchternde Erfahrungsschatz älterer Mitarbeiter müssen zusammengeführt werden.

Was folgt aus den ausgeführten Überlegungen?

Die Situation ist viel weniger kritisch als angenommen. Es bestehen gute Aussichten, kommende Generationen von 50 plus–Mitarbeitern motiviert, engagiert und produktiv für die Unternehmen einsetzen zu können.

Folgende Empfehlungen sind zu geben:

◼ Die Vorurteile älteren Mitarbeitern gegenüber sind nicht nur falsch, sondern wirken auch als selbsterfüllende Prophezeiung. Die Mitarbeiter passen sich dem Vorurteil an.

◼ Personalentwicklung muss auch attraktive Wege und erstrebenswerte Ziele jenseits von Hierarchie und Führungspositionen aufzeigen können.

◼ Eine angemessene Kompensation für zusätzlichen Einsatz und Leistung älterer Mitarbeiter wird Personalkosten verursachen. Diese können aber gezielt vergeben werden; eine grundsätzliche Änderung von Gehalts- und Tarifstrukturen ist nicht erforderlich.

◼ Führungskräfte, die ältere Mitarbeiter im Team haben, müssen über ihre alltäglichen Führungsaufgaben hinaus Erfahrung und Wissen der Älteren gezielt einbinden.

◼ Lernbereitschaft und Lernfähigkeit bleiben grundsätzlich im Alter vorhanden. Ob Lernangebote wahrgenommen werden oder nicht, hängt mehr an Form, Inhalt und der Person des Lehrenden als an der oft zitierten „altersgerechten Aufbereitung" von Lernstoff.

8   Literaturhinweise

Dilts, R.; Hallbom, T. & Smith S., (1990): Beliefs. Pathways to Health & Well-being. Portland.

Fuchs, J. (1995): Wege zum vitalen Unternehmen. Die Renaissance der Persönlichkeit. Wiesbaden.

Fuchs, J. (Hrsg.) (1996): Das biokybernetische Modell. Unternehmen als Organismen. Wiesbaden.

Sprenger, J., (1997): Mythos Motivation. Wege aus einer Sackgasse. Frankfurt.

Dr. Melanie Holz

9. Sicherung der Innovationsfähigkeit bei alternden Belegschaften

1 Einleitung

Die Sicherung der Innovationsfähigkeit ist ein zentrales Thema für viele Organisationen. Wie lässt sich dies mit alternden Belegschaften effektiv realisieren? Der folgende Beitrag greift diese Problematik im Zuge veränderter demografischer Ausgangssituationen auf und zeigt, dass Innovation und ältere Mitarbeiter keine sich gegenseitig ausschließenden Aspekte darstellen, sondern im Gegenteil ein oft unerkanntes Potenzial bei älteren Mitarbeitern für Innovation vorliegt. Es wird ein Überblick über verschiedene Formen der Innovation gegeben und der Prozessansatz der Innovation in Bezug auf Altersaspekte beschrieben. Darüber hinaus werden praktische Ansätze zur Umsetzung vorgestellt.

2 Hintergrund

In den westlichen Nationen ist der wirtschaftliche Erfolg eines Unternehmens zunehmend von Innovationen abhängig. Der klassische Kostenwettbewerb erreicht immer stärker seine Grenzen und die Folge ist, dass innovative Produkte oder Dienstleistungen eine noch größere Bedeutung erhalten. Dabei betrifft dieser beschleunigte Innovationsdruck nicht nur die bekannten Branchen der Hochtechnologien, wie beispielsweise Bio-, Informations- oder Kommunikationstechnik, sondern auch klassische Güter- und Dienstleistungsunternehmen, da auch in diesem Bereich immer stärker maßgeschneiderte Dienstleistungen und Produkte von den Kunden eingefordert werden.

Innovation kann definiert werden als, „... die von einer Person, einer Gruppe oder einer Organisation erstmals erzeugte neue Leistung, die wirtschaftlich verwertet wird" (West & Farr, 1990). Diese Definition ordnet Innovation somit in den Wertschöpfungsbereich ein und betont die ökonomische Relevanz dieser Thematik für zukünftige Unternehmensstrategien. Im Zuge des technologischen und sozio-ökonomischen Wandels konkurrieren Unternehmen um innovative Lösungen, Ideen und Produkte und benötigen dafür auch eine innovative Belegschaft.

Was zeichnet eine innovative Belegschaft aus? Zunächst kann man argumentieren, dass Innovation stark mit Eigenschaften wie schnelle Anpassungsfähigkeit, Flexibilität, Lernbereitschaft und Risikofreude zusammenhängt. Eigenschaften, die man auf den ersten Blick nicht unbedingt mit dem Faktor Alter, sondern mit Attributen wie jung und dynamisch in Verbindung bringen würde. Die derzeitige Befundlage weist aber darauf hin, dass sich die Aussage: „Wer älter ist, ist weniger innovativ" nicht halten lässt. Es existieren einige Studien zum Zusammenhang zwischen Alter und weniger innovativem Verhalten. Diese Beziehungen sind aber in der Regel auf weniger erhaltene und unterdurchschnittliche Trainingsmöglichkeiten oder Weiterbildung als auf das rein biologische bzw. chronologische Alter zurückzuführen. Insgesamt kann man festhalten, dass die Gruppe der älteren Mitarbeiter wesentlich heterogener als die Gruppe der Jüngeren ist.

3 Innovation als Erfolgsfaktor – Formen der Innovation

Betrachtet man das Thema Innovation und alternde Belegschaften, gibt es nicht die eine Antwort hinsichtlich des Zusammenhanges zwischen diesen beiden Faktoren. Wie dieser Beitrag noch zeigen wird, gibt es Innovationsbereiche, bei denen ältere Mitarbeiter von Vorteil sein können, andere Bereiche der Innovation hängen wiederum von Aspekten wie Lernerfahrungen oder Kompetenzen der älteren Belegschaft ab. Um daher Innovation im Kontext älterer Mitarbeiter differenziert zu betrachten, werden an dieser Stelle zunächst verschiedene Formen der Innovation genauer vorgestellt.

Innovation leitet sich von dem lateinischen Begriff innovare ab und bedeutet „neu machen". Der alltagsübliche Gebrauch dieses Begriffes versteht daher häufig das Erfinden neuer „innovativer" Produkte oder Dienstleistungen. Der Begriff Innovation im wirtschaftlichen Kontext ist jedoch breiter angelegt und es werden verschiedene Formen der Innovation unterschieden.

Wie bereits ausgeführt kann sich Innovation auf ein neues Produkt oder eine Dienstleistung beziehen (Produktinnovationen), genauso aber auf einen Prozess, im Sinne verbesserter Organisationsstrukturen (Prozess- oder Verfahrensinnovationen). Eine soziale Innovation kann eine Verbesserung der Zusammenarbeit oder effektivere Kommunikationsformen bedeuten.

Eine weitere Unterscheidung betrifft den Grund der Innovation. Zum einen gibt es so genannte „Pull-Innovationen", die aus einem Bedarf heraus entstehen (Bedarfsinnovation), beispielsweise werden vermehrt Produkte benötigt, die energiesparende Eigenschaften besitzen. Bei dieser Form der Innovation ist es zunächst notwendig, dass ein Veränderungsbedarf (in diesem Beispiel „die Energieressourcen werden knapp") überhaupt antizipiert wird. Zum anderen bezeichnet „Push-Innovation" eine Innovation, die einen Erkenntnisfortschritt zur Folge hat. Innovationen können auch völlig neu sein und werden dann häufig als Break-Through-Innovationen bezeichnet, beispielsweise der erste Mp3-Player. Dieser Aspekt bezieht sich auf den Neuheitsgrad einer Innovation. Wird etwas Vorhandenes verbessert oder angepasst oder werden Produkte bzw. Dienstleistungen lediglich imitiert, so ist der Neuheitsgrad eher gering. Werden bei einer Innovation nur einzelne Elemente optimiert, spricht man von einer Inkrementalinnovation. Erfolgt eine komplette Neuausrichtung oder Veränderung, dann würde man dies als Radikalinnovation bezeichnen.

Welche der genannten Innovationen sind nun im Zusammenhang mit älteren Mitarbeitern in welcher Form zu bewerten? Gerade Prozessinnovationen oder auch soziale Innovationen benötigen in der Regel ein gewisses Maß an Erfahrung oder Expertise und somit profitieren diese Arten der Innovation von älteren Mitarbeitern. Erfahrung und Expertise sind Merkmale, die gerade bei älteren und langjährigen Mitarbeitern stärker vorzufinden sind. Expertise gewinnt man nur durch langes und intensives Üben und Anwenden. Insofern sind Innovationen, die Expertise erfordern, kaum mit einer überwiegend durch Berufseinsteiger gekennzeichneten Belegschaft zu realisieren. Kompetentes Fach- und Methodenwissen erfordert eine intensive Auseinandersetzung mit einem Themengebiet. Gerade wenn Innovation sich auf Wissen stützt, das von anderen schwer imitierbar ist, entsteht ein großer Wettbewerbsvorteil. Ältere und langjährige Mitarbeiter sind oft Träger von unternehmens- oder sogar branchenspezifischem Wissen, haben über die Jahre ein wichtiges soziales und fachliches Netzwerk aufgebaut und können somit wichtige Quellen der Innovation sein. Die Kunst besteht jetzt allerdings darin, diese Mitarbeiter zur Transformation ihres Wissens in innovative Produkte, Prozeduren, Dienstleistungen usw. zu befähigen und zu motivieren. Diese zentrale Thematik wird in den nachfolgenden Kapiteln noch einmal vertieft aufgegriffen.

Break-Through-Innovationen oder Radikalinnovationen scheinen zunächst stark mit dem Faktor Jugend bzw. modernem, freiem und unkonventionellem Denken und Handeln verknüpft. Dies ist auch richtig, denn viele der neuen Produkte und Dienstleistungen erfordern ein kreatives, flexibles und ungewöhnliches Herangehen, was Personen, die frisch, wendig, unvoreingenommen und voll von Ideen und Visionen, gerade von der Hochschule oder Ausbildung kommend, oft auch mitbringen. Für bestimmte Prozesse und Produktgruppen (Jugendmarken, Lifestyle-Produkte oder neue Schlüsseltechnologien) sind diese Personen und ihre speziellen Kompetenzen weiterhin von Vorteil. Betrachtet man aber neuere Entwicklungen, wie beispielsweise das Seniorenmarketing (siehe auch Kapitel 19), dann ist davon auszugehen, dass ältere Mitarbeiter in diesem Bereich ein größeres Potenzial besitzen, um passende und neue Produkte und Dienstleistungen (Anwendungstechnologien, z. B. das Handy für den älteren Kunden) zu entwickeln und entsprechend zu vermarkten, da sie mehr Verständnis und Einfühlungsvermögen für die angesprochene Zielgruppe mitbringen.

Eine sinnvolle Strategie besteht allgemein darin, dass eine Organisation zunächst festlegen sollte, welche Innovationen und Themen in der Zukunft von Bedeutung sind. Ein innovationsorientiertes Unternehmen sollte sich zunächst zwei zentrale Fragen stellen: Was sind unsere Kernprodukte und Dienstleistungen? Wo und für was brauchen wir Innovation (Handlungsbedarf)? Die Antworten zeigen auf, in welchem Bereich (abhängig von Art der Innovation) auch ältere Mitarbeiter sinnvoll eingesetzt und gefördert werden können.

Je nach Branche bzw. der jeweiligen Kundenstruktur und Firmengröße ist ein entsprechender und ausgewogener Mix von jüngeren und älteren Mitarbeitern sinnvoll (siehe auch Kapitel 5). Eine intergenerative Personalpolitik sollte daher angestrebt werden. Als häufig Erfolg versprechend haben sich Ansätze herausgestellt, die Jung und Alt komplementär zusammenbringen. Jüngere Mitarbeiter bringen oft einen enormen Enthusiasmus mit und sind voller Energie und Tatendrang, neigen aber manchmal auch zu einer Form der Selbstausbeutung und Selbstüberschätzung. Ältere Mitarbeiter haben dagegen mehr Ruhe, Gelassenheit und manchmal auch mehr Vernunft. Dieser Mix aus Jung und Alt bzw. eine durchdachte und sinnvolle Arbeitsteilung sind daher sehr aussichtsvoll für innovative Prozesse einzustufen.

4 Innovation als Prozess – altersbezogene Zusammenhänge

In der Regel ist Innovation ein Prozess und durchläuft mehrere Stadien.

Abbildung 4-1: *Phasenmodell der Innovation nach Utterback, 1971*

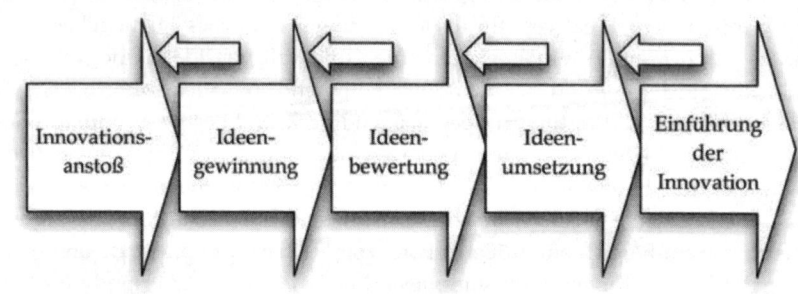

Zunächst wird ein Bedarf oder ein Problem erkannt (Impulsphase). In dieser Impulsphase werden Trends beobachtet oder man identifiziert zukunftsweisende Technologien. Auf Basis dieses Ausgangswissens werden Ideen entwickelt, analysiert (Bewertungsphase) und diese dann auch in ersten Schritten ausprobiert und umgesetzt (Transferphase). Danach erfolgt häufig eine Feinabstimmung, in der die Innovation noch weiter angepasst und optimiert wird. Innovation hat auf jeden Fall etwas mit Ideen, Neuerungen oder allgemein ausgedrückt Entwicklungen bzw. Veränderungen zu tun. Dies bedeutet, Innovation kann sich sowohl auf externe Prozesse (ein neues Produkt für den Markt) als auch auf interne Prozesse (die eigene EDV-Anlage wird effizienter gestaltet) beziehen. Für eine innovative Belegschaft hat dies zur Konsequenz, dass sie kontinuierlich Anpassungsleistungen erbringen muss. Innovation beinhaltet neben dem eigentlichen kreativen und innovativen Verhalten auch das Umgehen mit Notfällen und unvorhersehbaren Ereignissen, das Lernen und sich Einstellen auf ständig neue Arbeitsaufgaben, Technologien oder Kollegen/Vorgesetzte (interpersonelle Anpassung), darüber hinaus den Umgang mit verschiedenen Kulturen und komplexen Prozeduren.

Organisationen befinden sich heute im ständigen Wandel, die daraus resultierenden Lernanforderungen an Mitarbeiter sind somit stark von Eigeninitiative und im besonderen Maße von selbstgesteuertem und selbstorganisiertem Lernen geprägt. Die Ressourcen sind in der Regel zu knapp, jeden Einzelnen begleitend bei Neuerungen zu unterstützen, und daher geht es zentral um den Erwerb von so genannten übergeordneten Schlüsselqualifikationen. Ein Beispiel für solch eine Schlüsselqualifikation ist ein technologisches Grundverständnis, was beinhaltet, sich relativ selbständig auf Erneuerungen bei Soft- und Hardware einzustellen zu können und entsprechend damit umzugehen. In der heutigen Zeit gibt es kaum noch einen so genannten Bildungsvorlauf, sondern bedingt durch die zunehmende Veränderungsgeschwindigkeit verkleinert sich der Lebenszyklus von Wissen ständig. Was heute noch aktuell ist, ist morgen schon überholt. Diese Flexibilität zur schnellen Anpassung an Veränderungen wird jüngeren Mitarbeitern stärker zugesprochen und somit erklärt sich auch wiederum der wahrgenommene Vorteil bei dieser Gruppe. Ältere Mitarbeiter sind aber nicht per se weniger flexibel oder anpassungsfähig, sondern sie haben in der Regel weniger Erfahrung damit oder es fehlen schlichtweg entsprechende Schlüsselqualifikationen (abstraktes Wissen und Denken, anstatt tiefgreifendem, sehr spezifischem Fachwissen), die aber durch entsprechende Weiterbildungsmaßnahmen grundsätzlich erwerbbar sind.

Insgesamt muss ein Umdenken stattfinden. Personalpolitik muss zweierlei berücksichtigen. Zum einen muss die Ausrichtung der Schulungsmaßnahmen dem hohen Anspruch an die Qualität des Wissens gerecht werden und zum anderen muss die Zeitverzögerung zwischen der Identifikation von Wissenslücken und deren Schließung so gering wie möglich ausfallen. Wird diese zeitliche Komponente nicht berücksichtigt, besteht die Gefahr, dass das vorhandene Wissen nicht mehr mit den geänderten Anforderungen übereinstimmt.

Die Frage, die sich nun daran anschließt, ist, wie gewährleistet man insgesamt eine innovative Belegschaft und darüber hinaus innovative ältere Mitarbeiter? Innovation ist erst einmal eine Unternehmenskulturfrage. Innovation ist insofern als strategische Ausrichtung einer Organisation zu verstehen. Im Hinblick auf die eben beschriebenen typischen Stadien der Innovation sollte eine innovative Organisation zunächst ein Klima schaffen, das Innovationen überhaupt ermöglicht. Dies bedeutet, dass Mitarbeiter erst einmal ein Problembewusstsein entwickeln müssen. Mitarbeiter, die lediglich

Arbeitsaufträge nach Anweisung abarbeiten und niemals über den eigenen Arbeitsplatz hinaus denken, werden wenig zur Innovation beitragen. Die Kultur sollte dahingehend angelegt sein, dass Mitarbeiter aus eigenem Willen daran interessiert und befähigt sind, an der Überwindung von Problemen und Neuerungen mitzuwirken. Dieser Sachverhalt wird auch als motivationale Komponente der beruflichen Handlungskompetenz (Bergmann et al., 2006) bezeichnet. Dies bedeutet, dass die internen Strategien danach ausgerichtet sein sollten, dass innovatives Verhalten positive Rückmeldungen erfährt und verstärkt wird, denn ansonsten besteht die Gefahr, dass Mitarbeiter keinen Anlass sehen, etwas an ihrem Verhalten zu verändern (siehe auch Kapitel 11).

Im zweiten Stadium der Innovation geht es um die konkrete Ideenentwicklung und deren Umsetzung. Innovation hat sehr viel mit Wissen, aber noch mehr mit dem Umsetzen von Wissen zu tun. Grundsätzlich ist es eine falsche Annahme, dass mehr Wissen gleich mehr Innovation bedeutet, sondern vielmehr ist das Handeln das Entscheidende. Dass Ältere oft mehr Wissen aufgrund ihrer Erfahrungen haben, ist nachzuvollziehen, aber setzen sie es auch innovativ ein? In der Transformation von Wissen in Innovation liegt der Kern der Aufgabe. Ältere Mitarbeiter zu ermutigen, ihr Wissen in Innovationen zu verwandeln, kann in diesem Kontext daher als eine wesentliche Aufgabe des Personalmanagements eingestuft werden. Denn Transformation und Veränderung kosten zunächst Anstrengung und diese sollte sich für den Einzelnen auch lohnen.

Innovation ist nicht immer gleich erfolgreich. Mitarbeiter müssen verstehen, dass Veränderungen oft erst nach einer gewissen Zeit positive Effekte zeigen, und man muss lernen, Geduld aufzubringen und mit Misserfolgen und Rückschlägen fertig zu werden, ohne gleich demotiviert zu sein. Daraus resultiert eine bestimmte Fehlerkultur, die erlaubt, Fehler zu machen und daraus zu lernen, denn ansonsten besteht die Gefahr, dass niemand etwas ausprobiert und sich jeder versucht, maximal abzusichern. Den Mitarbeitern sollte klar kommuniziert werden, warum Innovation notwendig ist, dass Innovation ein Prozess mit verschiedenen Stadien ist und wo die Vorteile der Innovation für die eigenen Interessen liegen. Man benötigt Erfahrung, um vorhandenes Wissen in neue Handlungsziele umzuorganisieren. Innovation ist somit als ein fortlaufender Organisationsentwicklungsprozess einzustufen.

Der Vertrauensgrad Erwerbstätiger mit Innovationen trägt maßgeblich zur Entstehung neuer Innovationen bei. Eine wichtige Voraussetzung wäre somit die Möglichkeit zum Training dieser Kompetenz. Eine weitere Erleichterung beim Transferieren ist zu erwarten, wenn das vorhandene Wissen differenziert, umfangreich und flexibel abgespeichert und angewandt wurde. Deswegen sollten zukünftige Managementkonzepte noch stärker Instrumente wie „Job-Rotation" beachten. Eine zu starke Spezialisierung oder Einseitigkeit sollte vermieden werden, denn ansonsten besteht die Gefahr, dass die entsprechenden übergreifenden Fach- und Methodenkenntnisse eingeschränkt und wenig flexibel sind. Ein Entwickler wird Innovationen besser umsetzen können, wenn es möglich ist, Kontakte mit anderen Bezugsgruppen (Kunden, Zulieferern) oder einen Austausch zu Forschungspartnern zu haben. Ein Perspektiven- oder Tätigkeitswechsel erhält Innovation lebendig („Prinzip der Entwurzelung"). Lebenslanges Lernen wird die Zukunft essenziell bestimmen, insofern sollten Organisationen darauf achten, dass auch ältere Mitarbeiter immer wieder neues Wissen erwerben und somit geistig flexibel bleiben. Auch Auslandseinsätze oder Wechsel zwischen Standorten unterstreichen diesen Ansatz.

Um die eben dargestellten Ausführungen noch einmal zu bekräftigen, sei auf einige Studien verwiesen (siehe Bergmann et al., 2006), die zeigen konnten, dass Personen mit höherer Schulbildung sich stärker an Innovationshandlungen beteiligten. Diese Studien zeigen aber auch, dass ca. 30%-50% der Mitarbeiter (insbesondere ältere Mitarbeiter) in ihrem Arbeitsumfeld weder Produkt- noch Prozessinnovationen wahrgenommen hatten, also hier ein enormer Nachholbedarf besteht. Lernanregungen sowohl in der Aus- und Weiterbildung als auch direkt beim Lernen im Arbeitsprozess erweitern die Arbeitnehmer-Kompetenzen zur Realisierung neuer Innovationen.

5 Ansätze zur Umsetzung – Innovationshemmnisse und Innovationsförderer

Die Praktiken des Personalmanagements waren und sind zum Teil stark jugendzentriert. Ganzheitliche und langfristige Konzepte für ältere Mitarbeiter sind bis auf den Bereich des Gesundheitsmanagements eher die Ausnahme. Wie sollten Unternehmen nun vorgehen? Es gibt kein Patentrezept. Die jeweiligen Ansätze sollten abhängig von Größe, Branche und Art des Unternehmens sein. Um eine Kultur der Innovation zu implementieren und zu fördern, ist es notwendig, typische Innovationshemmnisse auf der einen und auf der anderen Seite positive Maßnahmen zur Förderung der Innovation zu kennen.

Eine Studie von Maier (1998) hat Gründe für Innovationshemmnisse bei älteren Mitarbeitern untersucht und kam zu dem Schluss, dass es nicht den typischen älteren Mitarbeiter oder allgemein typische Innovationshemmnisse gibt, sondern dass drei Typen von älteren Mitarbeitern unterschieden werden können, die unterschiedliche Gründe für mangelnde Innovationsbereitschaft erkennen lassen. In Anlehnung an die drei Möglichkeiten Nicht-Können, Nicht-Wollen oder Nicht-Wagen (Könnens- und Willensbarrieren) unterscheidet diese Untersuchung drei Typen im Zusammenhang mit innovativen Handlungen.

1. Den erfolgsorientierten und sozial integrierten Mitarbeiter,

2. den passiv sich anpassenden Mitarbeiter und

3. den kritisierenden und wenig zufriedenen Mitarbeiter.

Beim ersten Typus ist von einer Aufgeschlossenheit für Innovationen auszugehen. Dieser ältere Mitarbeiter ist offen für Veränderungen und hat in der Regel auch umfangreiche Erfahrungen mit herausfordernden und lernintensiven Arbeitstätigkeiten gesammelt. Dieser Erfahrungshorizont wird von dem Autor auch als Grund für die positive Einstellung dieser Gruppe zur Innovation angeführt. Die zweite Gruppe ist eher als problematisch einzustufen und reagiert mit Ablehnung auf Innovation oder Innovationserfordernisse. Der Grund wird hier in der passiven bzw. anpassenden Grundhaltung gesehen, die im Gegensatz zu der erforderlichen offenen und aktiven Herangehensweise bei innovativen Handlungen steht. Der Autor verweist drauf, dass in dieser Gruppe häufig lediglich Erfahrungen mit Routinearbeiten bestehen. Dies bedeutet, dass eine Verbesserung bewirkt werden kann, indem man eine anregendere und abwechselungsreiche Arbeitsplatzgestaltung anwendet. Der dritte Typ ist wiederum positiv zu werten, da Kritik und Unzufriedenheit auch Potenzial für Um- und Neugestaltung einer Organisation mitbringen.

Ein weiterer Tatbestand ist im Zuge dieser Untersuchung anzuführen. Insgesamt hatten alle älteren Mitarbeiter weniger Weiterbildungen als jüngere Mitarbeiter erhalten, was noch einmal verdeutlicht, dass nicht das chronologische Alter bzw. ältere Mitarbeiter grundsätzlich weniger innovativ sind, sondern persönliche Einstellungen (z. B. Risikobereitschaft, Bereitschaft zur Übernahme von Verantwortung), aber noch stärker die individuellen Erfahrungen (Art der Arbeitsaufträge, Häufigkeit der Weiterbildung) eine maßgebliche Rolle spielen. Insofern liegen in der Konzeption und Umsetzung von spezifischen Weiterbildungsmaßnahmen für ältere Mitarbeiter zentrale Verbesserungsansätze.

Wie bereits ausgeführt, werden in der Zukunft neue Technologien, aber auch Änderungen in den Organisations- und Ablaufstrukturen immer häufiger. Der Erwerb übergeordneter Schlüsselqualifikationen (flexible Fach- und Methodenkenntnisse) wurde schon angeführt. Darüber hinaus sollten Unternehmen Rahmenbedingungen schaffen, die diese Prozesse unterstützen. Eine innovationsfördernde Arbeitsplatzgestaltung beinhaltet folgende Punkte:

- Bedingungen, die den Transfer von Wissen in Innovation ermöglichen, dazu gehören beispielsweise das Schaffen von Zeit- und Handlungsspielräumen, um Möglichkeiten zum Entwickeln, Üben, Lernen und Anwenden zu haben. In der Literatur wird im Kontext lernhaltiger Arbeitstätigkeiten sehr positiv über das Unternehmen 3M berichtet, das bewusst für seine Mitarbeiter Zeiträume schafft (z. B. ein halber Tag in der Woche), in denen die operative Arbeit zur Seite gelegt wird und die Mitarbeiter aufgefordert sind, sich mit möglichen Verbesserungen oder dergleichen auseinander zu setzen.

■ Des Weiteren regelmäßig fordernde und wechselnde Aufgaben. Dieses Thema ist insbesondere wichtig, weil durch die Verflachung der Hierarchien in der Regel für die Mehrzahl an Mitarbeitern nur noch horizontale Wechsel möglich sind.

■ Gruppenarbeit, Lernen von Kollegen und anderen Personengruppen und ein regelmäßiger sozialer Perspektivenwechsel erweitern das Spektrum.

■ Soziale Anerkennung und Wertschätzung für innovatives Verhalten. Anstrengungen und Engagement müssen belohnt werden. Ziele können motivieren, sie müssen aber auch für den Mitarbeiter persönlich von Bedeutung sein. Eine weitgehende Übereinstimmung individueller und unternehmensbezogener Interessen ist daher wichtige Voraussetzung für selbstorganisiertes Lernen bzw. Innovation.

Neben den genannten Punkten wird die Rolle des allgemeinen Arbeitsklimas als Innovationshemmer oder auch -förderer diskutiert. Ein schlechtes Arbeitsklima, eine allgemeine Arbeitsunzufriedenheit, Arbeitsplatzangst, mangelhaftes Vorgesetztenverhalten oder zu hoher Zeitdruck (hohes Arbeitsvolumen) sind als Innovationshemmer einzustufen. Auf der anderen Seite ist ein zu starkes Ausmaß an Harmonie, Zufriedenheit und Monotonie wiederum nicht förderlich für Innovation. In den meisten Fällen geht man mittlerweile von kurvenlinearen Zusammenhängen aus. Dies bedeutet, dass beispielsweise ein gewisses Maß an Konflikten eine Kultur fördert, in der man auf Sachebene auch unterschiedliche Auffassungen ansprechen und ausdiskutieren kann, was wiederum Auslöser für Innovationen sein kann. Diese Spannungen oder Reibungen brechen Routinen auf. Innovation bewegt sich somit zwischen zwei Polen. Ein ausgewogenes Verhältnis zwischen Spannung und Ruhe ist daher empfehlenswert. Verschiedene Studien haben gezeigt, dass zur Generierung von Ideen, was in erster Linie eine kognitive (geistige) Leistung erfordert, Zeitspielraum notwendig bzw. zu starker Zeitdruck hinderlich ist. Kreativität und Innovation benötigen demnach einen freien Kopf. Dagegen sieht es bei der Umsetzung von Innovationen ganz anders aus. Hier wiederum ist ein gewisser Druck oder auch Mangelzustand quasi Voraussetzung für das erfolgreiche Implementieren von Innovationen.

Eine weitere wichtige Barriere in diesem Zusammenhang ist das Zurückhalten von Wissen aus Angst. Dies bedeutet, dass ältere Mitarbeiter sich häufig wenig wertgeschätzt und ausgegrenzt fühlen, Angst vor Entlassung oder dergleichen haben und dementsprechend sich oft nicht trauen, Ideen oder Kritik anzubringen (siehe auch Kapitel 7). Im Kontext dieser Diskussion sei noch auf folgendes Problem verwiesen. Bei Veränderungen oder Neuerungen sind Abwehrreaktionen nicht selten. Man hat sich jahrelang an bestimmte Abläufe und Prozeduren gewöhnt, und etwas umzustellen, ist in der Regel auch anstrengend. Gerade älteren und langjährigen Mitarbeitern fällt es daher häufig schwer, gewohnte Mechanismen zu verändern. Dazu kommt oft noch eine Angst des Versagens. Auch hier können gezielte Unterstützungsprogramme, z. B. in Form von Coaching und Training, unterstützend wirken. Innovatives Verhalten sollte immer eine positive Beachtung finden, und ein innovatives Unternehmen sollte daher alle Prozesse (Vorgesetztenverhalten, Leistungsbeurteilung etc.) so ausrichten, dass Innovation, vor allem auch bei älteren Mitarbeitern, gefördert wird. Gerade das Vorgesetztenverhalten spielt in diesem Kontext eine bedeutsame Rolle. Innovationsbezogenes Verhalten ist nachweislich davon abhängig, inwieweit eine Führungskraft eine Situation überhaupt als veränderungsbedürftig und gleichzeitig aber auch als veränderungsfähig einstuft. Grundsätzliche rigide Einstellungen oder Aussagen von Vorgesetzten wie „bis jetzt läuft es doch gut so" oder „dies ist in der Form, wie Sie es vorschlagen, doch gar nicht umsetzbar" blockieren schon in Grundzügen innovatives Verhalten. Führungskräfte sollten experimentierfreudig, offen und risikobereit sein. Sie sollten sich Zeit nehmen, Probleme oder Ideen anzuhören, und sich auch bemühen, Varianten der Verbesserung zusammen mit den Mitarbeitern herauszufinden.

Wie bereits ausgeführt gibt es nicht den „älteren Mitarbeiter", sondern gerade im Alter sind die individuellen Stärken und Schwächen sehr heterogen. Dies verdeutlicht auch noch einmal, dass Konzepte sehr differenziert auf verschiedene Typen und auch Arbeitsplätze zugeschnitten werden müssen. Im Hinblick auf diese Überlegungen ist eine Studie von Jasper & Fitzner (2000) anzuführen, die allgemein vier Typen von Innovatoren und Rahmenbedingungen zur jeweiligen Unterstützung anführt.

1. Innovatoren aus Leidenschaft (Tüftler, Erfinder, Querdenker). Diese Personen sind von sich aus schon hoch motiviert. Bei diesen Personen braucht man lediglich den Arbeitsplatz so zu gestalten, dass sie dieser Neigung nachgehen können und dürfen.

2. Innovatoren per Arbeitsauftrag (Entwickler, Forscher). Diese Gruppe ist in der Regel von sich aus, aber auch durch expliziten Arbeitsauftrag motiviert, innovativ zu arbeiten. In diesem Feld sollte darauf geachtet werden, dass keine Hemmnisse bestehen.

3. Innovatoren per Ermutigung. Diese Gruppe braucht motivationale Unterstützung. Grundsätzlich wollen und können diese Personen, aber sie wagen sich nicht. Der Antrieb sollte daher aus dem Arbeitsfeld, z. B. von Vorgesetzten, kommen.

4. Innovatoren per Pflicht. Die vierte Gruppe ist die schwierigste. Diese Gruppe kann man eigentlich nur durch Druck zur Teilnahme an innovativen Veränderungen bewegen.

Die neuen Aufgaben des Managements hinsichtlich der Erhaltung und Förderung der Innovationsfähigkeit ihrer älteren Mitarbeiter bestehen vor allem darin, kreativ mit den jetzigen, zukünftigen und individuellen Bedürfnissen der Mitarbeiter umzugehen. Innovation kann nur erfolgen, wenn Mitarbeiter sich auch weitgehend mit den Interessen und Werten des Unternehmens identifizieren und auch eigene Bedürfnisse berücksichtigt werden. Insofern spielen Instrumente zum Thema Work-Life-Balance, Entlohnungs- und Belohnungssysteme, Erfolgsbeteiligungen oder Arbeitszeitmodelle (siehe auch Kapitel 11 zum Thema Motivation) auch im Zusammenhang mit Innovationen eine bedeutende Rolle. Innovation muss sich auch für den Mitarbeiter „bezahlt" machen. Eine Möglichkeit dies zu realisieren, wäre das Einführen von Anreizsystemen für ältere Mitarbeiter, sich stärker an Innovationen zu beteiligen. Dies könnte zum einen über Zielvereinbarungen erfolgen, die konkrete Innovationsthemen oder Kennzahlen enthalten. Zum anderen haben bereits verschiedene größere Unternehmen so genannte Fonds zum Ideenmanagement („new ventures") bereitgestellt. Mitarbeiter, die innovative und für die Organisation kostenreduzierende oder gewinnbringende Ideen vorbringen, bekommen dafür in Anlehnung an den Nutzen der Idee einen bestimmten Geldbetrag oder einen anderen Bonus ausgezahlt. Solche internen Fonds könnten explizit für ältere Mitarbeiter (z. B. > 50) bereitgestellt werden. Die älteren Mitarbeiter würden somit auch nicht direkt mit den jüngeren Kollegen konkurrieren und würden ermutigt werden, ihre Erfahrungen stärker einzubringen. Dieses Vorhaben könnte auch in Form eines Innovationswettbewerbs initiiert werden.

Neben den allgemeinen Arbeitsgestaltungsmaßnahmen können neue Aufgabenfelder wie die des Innovationsförderers, des Wissensmanagers oder des Kompetenzentwicklers entstehen, die gezielt mit älteren Mitarbeitern besetzt werden könnten. Darüber hinaus besteht ein weiterer Ansatz darin, dass die Geschäftsführung die Leitung für Projekte mit hohem Innovationscharakter bewusst an ältere Mitarbeiter übergibt. Solche Aktionen hätten eine große Signalwirkung und würden der bereits beschriebenen mangelnden Wertschätzung entgegenwirken und ältere Mitarbeiter ermutigen.

Ein letzter Punkt betrifft die Personalauswahl und das Thema Potenzialanalyse bei älteren Mitarbeitern. Lebenslanges Lernen benötigt lernbereite und lernfähige Mitarbeiter. Man muss jedoch davon ausgehen, dass nicht jeder ältere Mitarbeiter gleich gut und effizient in der Lage ist, Innovationen zu realisieren. Die große Heterogenität innerhalb der Gruppe der älteren Mitarbeiter verlangt daher den Einsatz von angepassten Instrumenten zur Personalrekrutierung, zur Personalauswahl und zur Potenzialanalyse. Wie und wo spricht man die geeigneten älteren potenziellen Mitarbeiter an? Wie gestaltet man ein Auswahlgespräch oder konzipiert ein Assessment-Center für diese Zielgruppe? Instrumente der Personalauswahl und Potenzialanalyse dienen in erster Linie dazu, mögliche Schwachstellen und Stärken aufzudecken und somit den bestgeeigneten Kandidaten zu finden. Da sich Stärken und Schwächen zwischen jüngeren und älteren Mitarbeitern oft gegensätzlich verhalten, ist es nachzuvollziehen, dass die vorhandenen Instrumente zur Auswahl und Rekrutierung von jüngeren Mitarbeitern und Nachwuchskräften nicht einfach eins zu eins übernommen werden sollten.

6 Fazit und Ausblick

Das dauerhafte Überleben und die erfolgreiche Zukunftsgestaltung von Unternehmen verlangen immer häufiger, dass die Mehrheit der Belegschaft zu einem Handeln, das

Innovation unterstützt, in der Lage ist. Die Ausgangsfrage lautete daher: Wie bleibt man mit einer alternden Belegschaft innovativ? Die Antworten liegen zentral in zwei Bereichen. Zum einen in der Innovationskultur eines Unternehmens und zum anderen in konkreten Personal- und Organisationsgestaltungsmaßnahmen. Das Personalmanagement nimmt im Zusammenhang mit alternden Belegschaften und Innovation eine Schlüsselfunktion ein. Umfassende und ganzheitliche Personalkonzepte, die sowohl die Auswahl, aber insbesondere die Aus- und Weiterbildung von älteren Mitarbeitern betreffen, sind hier anzuführen. Innovation als Unternehmenskultur lässt sich nicht beschließen oder verordnen, sondern ist das Ergebnis vieler kleiner Schritte. Eine „lernende" Organisation, ein lernanregendes Arbeitsumfeld, mit beispielsweise wechselnden Aufgaben und Zeitnischen zum Erlernen neuer Kompetenzen, sind sinnvolle Ansätze. Darüber hinaus bieten geeignete Formen der Gruppenarbeit und Kooperationsmöglichkeiten (lernen von- und miteinander) weitere Möglichkeiten der Innovationsförderung.

Die Erhaltung und Förderung der Innovationsfähigkeit älterer Mitarbeiter hängen entscheidend von dem heutigen Arbeitseinsatz sowie der altersgerechten Qualifizierung und Gestaltung der Rahmenbedingungen ab. Klar sollte auch sein, dass Arbeitskräfte auch Eigeninitiative zeigen müssen. Dazu wird Aufklärungsarbeit nötig sein. Eine klare und zielgruppengerechte Information und Kommunikation von anstehenden Veränderungen und Notwendigkeiten ist nach wie vor ein Punkt, der zu wenig Beachtung findet. Die Folge ist dann häufig, dass die Belegschaft mit Unverständnis oder sogar Widerstand auf Innovation oder Veränderung reagiert. Eine innovative Unternehmenskultur muss offen kommuniziert werden und Rahmenbedingungen gestalten, die innovatives Verhalten innerhalb aller Altersgruppen unterstützen und fördern.

Zusammenfassend kann man festhalten: Es gibt keinen Beleg dafür, dass ältere Mitarbeiter per se weniger innovativ sind. Im Gegenteil, es liegt für bestimmte Bereiche (z. B. Seniorenmarketing) sogar ein hohes Potenzial zur Innovation in der älteren Belegschaft. Dieses Potenzial stärker zu aktivieren und für zukünftige Aufgaben erfolgreich einzusetzen, ist eine zentrale Aufgabe für das Management. In den USA werden mittlerweile ehemalige bzw. ältere Führungskräfte wieder in die Organisation zurückgeholt, da ihre Schlüsselqualifikationen als besonders wertvoll und nicht alternativ beschaffbar eingestuft werden.

Zum Abschluss sei noch auf folgenden Punkt verwiesen. Im Kontext der Diskussion alternder Belegschaften und Innovation besteht hinsichtlich längerfristiger Perspektiven auch Grund zum Optimismus. Die heutigen noch etwas jüngeren Arbeitskräfte im Alter zwischen 25 und 40 (Generation X) sind in eine andere Arbeitswelt hineingewachsen und konnten mehr Lernerfahrungen sammeln, als es frühere Generationen taten. Diese Generation wechselt heute schon häufiger den Arbeitsplatz oder die Organisation, ist mit Unsicherheiten vertraut, kennt und stellt sich den Globalisierungsentwicklungen, ist stärker gewohnt, sich mit Veränderungen auseinander zu setzen, und ist sich über die Notwendigkeit des lebenslangen Lernens bewusst. Diese Generation bringt jetzt schon ein durchschnittlich gutes technologisches Grundverständnis mit und verfügt über relativ gute Fremdsprachenkenntnisse. Gerade diese beiden Schlüsselkompetenzen werden in der Zukunft noch stärker von Bedeutung sein. Personen, die nach 1960 geborenen sind, sind relativ gut auf die zukünftigen Anforderungen vorbereitet, vorausgesetzt, Unternehmen bleiben auch bei dieser Generation am „Ball" und verwirklichen die hier vorgestellten und notwendigen Maßnahmen zur Innovationsfähigkeit bis ins höhere Alter. Unternehmen sollten sich darüber im Klaren sein, dass eine Belegschaft, die gewohnt ist, selbständig und innovativ für das Unternehmen zu agieren, diese Fähigkeit auch für eigene Interessen einsetzen wird. Umso mehr gewinnt dann wiederum die Arbeitsplatz- und Organisationsgestaltung an Bedeutung, um leistungsstarke und motivierte Mitarbeiter auch für das Unternehmen zu gewinnen und zu halten.

7   Literaturhinweise

Anderson, N., De Dreu, C. & Nijstad, B. (2004): The routinization of innovation research: a constructively critical review of the state-of-the-scienc. Journal of Organizational Behavior, 25, 147-173.

Bergmann, B., Eisfeldt, D., Prescher, C. & Seeringer, C. (2006): Innovationen – eine Bestandsaufnahme bei Erwerbstätigen, Zeitschrift für Arbeitswissenschaft, Heft 1, Jahrgang 60, S. 17-26.

Jasper, G. & Fitzner, S. (2000): Innovatives Verhalten Jüngerer und Älterer: Einfluss von Arbeitsumwelt und Erfahrungswissen. In: Köchling, A., Astor, A. M., Fröhner, K. O., Hartmann, E. A., Hitzblech, T., Jasper, G. & Reindl, J. (Hrsg.). Innovation und Leistung in älter werdender Belegschaften (S. 140-188). München und Mering.

Maier, G. (1998): Formen des Erlebens der Arbeitssituation, ein Beitrag zur Innovationsfähigkeit älterer Arbeitnehmer. Zeitschrift für Gerontologie und Geriatrie. Bd. 31, 127-137.

Utterback, J. (1971): The Process of Technological Innovation Within the Firm. Academy of Management Journal, 14, 75-88.

West, M. A. & Farr, J. L. (1990): Innovation at work. In: West, M. A. and Farr, J. L. (eds.). Innovation and creativity at work: psychological and organizational strategies (S. 3-13). Chicester: Wiley.

Dr. Toni Reifferscheid

10. Der Arbeitsbewältigungsindex als Instrument des Gesundheitsmanagements

Das ABI-Projekt

1 Einleitung

Die demografischen Veränderungen innerhalb der Bevölkerung und die längeren Lebensarbeitszeiten haben weit reichende Konsequenzen für die Sozialversicherungssyteme, den Gesetzgeber, das Gesundheitswesen und die Unternehmen. Während in einer alternden Bevölkerung die Nachfrage nach medizinischen Dienstleistungen zur Behandlung chronischer und degenerativer Erkrankungen tendenziell zunehmen dürfte, wird es in einem „gedeckelten" Gesundheitswesen immer häufiger zu Rationierungen kommen.

Innerhalb der Unternehmen kommt noch eine weitere Facette hinzu. Während schwere körperliche Arbeit immer häufiger von Maschinen übernommen werden kann, führen die zunehmenden Anforderungen an Flexibilität sowie das komplexere Arbeitsumfeld zu höheren psychomentalen Beanspruchungen am Arbeitsplatz.

Abbildung 1-1: Zukunftsszenario

Zukunftsszenario

Demographischer Wandel
Ältere als Arbeitnehmer
Rente ab 67
Ältere als Kunden

Gesundheitswesen
Budgetdeckelung
Insolvenzen von Kliniken/Praxen
Angebotsverknappung
Qualitätsverschlechterung
Höhere Kosten/Zuzahlungen

Gesundheitliche Herausforderungen
Fehlernährung
Übergewicht
Bewegungsmangel
Diabetes
Herz-/Kreislauferkrankungen
Muskel-Skelett-Erkrankungen
Psychosomatische/psychiatrische Erkrankungen
Lebensgewohnheiten/Suchtverhalten

Unternehmen
Auslaufmodelle VP/ATZ
Lean Production/Administration
Zunahme von Komplexität und
Dynamik der Arbeit
Höhere Flexibilität
Hohe psychomentale Belastungen
(Stress!)
Mitarbeiter werden wertvoller
Mitarbeiterbindung (employer of choice)

6   26.11.2006   Henkel KGaA / HWM-Werksärztlicher Dienst / Dr. med. Toni Reifferscheid-or

---

Das betriebliche Gesundheitsmanagement steht damit vor zwei wesentlichen Herausforderungen: Zum einen muss es grundsätzliche Antworten darauf finden, wie die psychomentale Gesundheit der Gesamtbelegschaft erhalten werden kann, zum anderen gilt es, die physische und psychische Leistungs- und Beschäftigungsfähigkeit im Kontext einer alternden Belegschaft aufrechtzuerhalten und zu fördern. Es stellt sich für die betriebliche Gesundheitsförderung nun somit die Frage: Wie gewinnt und erhält man arbeitsfähige Mitarbeiter in jedem Alter und was kann man konkret dafür tun?

Ein Ansatz, der in diesem Kapitel ausführlich dargestellt werden soll, ist der Arbeitsbewältigungsindex (ABI), der als sinnvolles Instrument in diesem Kontext eingestuft werden kann. Das von uns initiierte und durchgeführte Projekt zum Arbeitsbewältigungsindex liefert wichtige und zukunftsrelevante Informationen über die persönliche Gesundheitsentwicklung in der konkreten Arbeitssituation und ermöglicht so auch die Evaluierung von betrieblichen Maßnahmen. Die Arbeitsfähigkeit in Bezug zur individuellen Leistungsfähigkeit lässt sich mit Hilfe dieses Instrumentes neu bestimmen und zeigt darüber hinaus individuelle Stärken und Schwächen des einzelnen Mitarbeiters auf, so dass zielgerichtet interveniert und vorgebeugt werden kann. Darüber hinaus können die Auswertungen anonymisiert zur Beurteilung von Kollektiven herangezogen werden, insbesondere über längere Zeitspannen.

Der Arbeitsbewältigungsindex kann mit zunehmendem Alter abnehmen, gleich bleiben und lässt sich durch zielgerichtete Aktivitäten zur Gesundheitsförderung sogar verbessern. Durch einen konstanten Einsatz können Mitarbeiter regelmäßig betreut und durch altersgerechte Gestaltung des Arbeitslebens gezielt unterstützt werden. Auf Basis dieses Instrumentes kann die Arbeitsfähigkeit der Mitarbeiter somit bis ins hohe Alter gehalten oder sogar verbessert werden.

2 Arbeitsmedizin bei Henkel

Die von uns betreute Firma ist ein weltweit agierendes Unternehmen der Spezialchemie mit 8.000 Mitarbeitern weltweit in ca. 30 Ländern. Ca. 2.700 Mitarbeiter arbeiten in Deutschland, davon 2.300 in Düsseldorf. Das Unternehmen repräsentierte früher die Chemiesparte der Firma Henkel. Diese wurde im Jahre 1999 als Tochter ausgegründet und 2001 an eine Investorengruppe verkauft.

Das Unternehmen produziert und vermarktet chemische Grundstoffe auf der Basis nachwachsender Rohstoffe: Oleochemikalien, Grundstoffe für die kosmetische und pharmazeutische Industrie, Produkte für die Textiltechnologie und weitere Spezialchemikalien.

Unsere Abteilung betreut am Standort Düsseldorf ca. 11.000 Mitarbeiterinnen und Mitarbeiter der Firma Henkel und anderer am Standort ansässiger Unternehmen. Insgesamt 21 Mitarbeiter (Ärzte und Assistenzpersonal) sind im Bereich betriebliches Gesundheitsmanagement beschäftigt. Die Aktivitäten erstrecken sich auf die vier Leistungsfelder Konzernaufgaben, Arbeitsmedizinische Betreuung, Medizinische Betreuung und Betriebliche Gesundheitsförderung:

1. Konzernaufgaben

- Beratung/Koordination
- Medizinische Leitlinien & Standards
- Produktsicherheit
- Verbandstätigkeit
- Netzwerk Arbeitsmedizin im Ausland

2. Arbeitsmedizinische Betreuung

- Arbeitsplatz- und Betriebsbegehungen
- Gefährdungsbeurteilung
- Arbeitsmedizinische Vorsorge
- Terminorganisation
- Begutachtung und Beratung
- Dokumentation/Statistik/Reporting

3. Medizinische Betreuung

- Notfallmanagement
- Ambulanz
- Case Management
- Coaching
- Auslandsreisende
- Physikalische Therapie
- Umweltmedizin

4. Betriebliche Gesundheitsförderung

■ Netzwerk Betriebliche Gesundheitsförderung

■ AK Gesundheit

■ Gesundheitszirkel/-workshops

■ Gesundheitsindikatoren

■ Ganzheitliche Projekte

■ Gesundheitsberatung

■ Suchtprävention

3   Das Projekt Arbeitsbewältigungsindex (ABI)

Vor dem Hintergrund zukünftiger Entwicklungen (siehe Abbildung 1-1) regte der Werksärztliche Dienst auf Arbeitgeber- und Arbeitnehmerseite ein Projekt zum Arbeitsbewältigungsindex an. Hierbei war die Arbeitgeberseite relativ schnell von Sinn und Notwendigkeit eines solchen Projektes zu überzeugen. Der Betriebsrat hingegen sah im Arbeitsbewältigungsindex in erster Linie ein Selektionsinstrument mit entsprechenden Nachteilen für die Mitarbeiter. In Gesprächen und Diskussionen, die sich über etwa eineinhalb Jahre hinweg zogen, konnte der Betriebsrat von dem positiven Nutzen dieses Projektes für die Mitarbeiter überzeugt werden. Nach Abstimmung des Projektes durch eine Regelungsabsprache zwischen Arbeitgeber- und Arbeitnehmerseite konnte im April 2005 der Start erfolgen. Das Pilotkollektiv setzte sich aus drei Produktionsbetrieben mit insgesamt 157 Mitarbeitern zusammen. In der Regel handelt es sich um Chemikanten, die in vollkontinuierlicher Wechselschicht tätig sind. Als Ziele des Projektes wurden definiert:

■ Die nachhaltige Erhaltung und Verbesserung der „Work Ability" der Mitarbeiter.

■ Die Verbesserung des Gesundheitsschutzes.

■ Die Integration des Arbeitsbewältigungsindex in die betriebliche und individuelle Gesundheitsförderung und in die Arbeitsmedizinische Vorsorge.

■ Die Verbesserung von Arbeitsbedingungen an Arbeitsplätzen und im Arbeitsumfeld.

4 Exkurs: Der Arbeitsbewältigungsindex (Work Ability Index)

Der Arbeitsbewältigungsindex wurde in den 80er Jahren von finnischen Arbeitswissenschaftlern entwickelt und in größeren Studien erprobt. Er ist ein arbeitsmedizinisches Instrument zur Erfassung der Arbeitsbewältigung. Hierbei wird die Arbeitsbewältigung als die Summe von Faktoren definiert, die einen Mitarbeiter in die Lage versetzen, seine Aufgaben erfolgreich zu bewältigen. Auf Grundlage dieses Ansatzes ist Arbeitsfähigkeit oder Arbeitsbewältigung somit eine Interaktion zwischen individuellen und arbeitsplatzbezogenen Faktoren.

Die Qualität der Arbeitsbewältigung durch den Mitarbeiter ist im Wesentlichen von vier Faktoren abhängig:

■ Gesundheit,

■ Qualifikation,

■ Arbeitsumgebung und

■ betriebliche Organisation.

Diese vier Bereiche werden durch sieben Dimensionen im Rahmen eines Fragebogens erfasst (siehe Abbildung 4-1). Durch ein Skalierungsschema von maximal 49 bis minimal 7 Punkte können verschiedene Klassifikationen des Arbeitsbewältigungsindex identifiziert werden (siehe Tabelle 4-1).

Tabelle 4-1: *Arbeitsbewältigungsindex – Klassifikation*

Punkte	Arbeitsbewältigung	Ziele von Maßnahmen
7-27	Schlecht	Arbeitsfähigkeit wiederherstellen
28-36	Mittelmäßig	Arbeitsfähigkeit verbessern
37-43	Gut	Arbeitsfähigkeit unterstützen
44-49	Sehr gut	Arbeitsfähigkeit erhalten

Abbildung 4-1: Henkel Werksärztlicher Dienst; Fragebogen ABI

Henkel **Werksärztlicher Dienst**

ALLE INFORMATIONEN UNTERLIEGEN DER ÄRZTLICHEN SCHWEIGEPFLICHT UND WERDEN NUR FÜR ARBEITSMEDIZINISCHE ZWECKE VERWENDET.

Datum: _____ Name, Vorname: _____

Geburtsdatum: _____

Genaue Bezeichnung Ihrer Tätigkeit

_____

1. Derzeitige Arbeitsfähigkeit im Vergleich zu der besten, je erreichten Arbeitsfähigkeit

Wenn Sie Ihre beste, je erreichte Arbeitsfähigkeit mit 10 Punkte bewerten: Wie viele Punkte würden Sie dann für Ihre derzeitige Arbeitsfähigkeit geben? (0 bedeutet, dass Sie derzeit arbeitsunfähig sind)

0 1 2 3 4 5 6 7 8 9 10
völlig arbeits-   derzeit die beste
unfähig   Arbeitsfähigkeit

2. Arbeitsfähigkeit in Relation zu den Anforderungen der Arbeitsfähigkeit

Wie schätzen Sie Ihre derzeitige Arbeitsfähigkeit in Relation zu den körperlichen Arbeitsanforderungen ein?

- sehr gut   5
- eher gut   4
- mittelmäßig   3
- eher schlecht   2
- sehr schlecht   1

Wie schätzen Sie Ihre derzeitige Arbeitsfähigkeit in Relation zu den psychischen Arbeitsanforderungen ein?

- sehr gut   5
- eher gut   4
- mittelmäßig   3
- eher schlecht   2
- sehr schlecht   1

Meine Arbeit fordert mich
stärker körperlich als psychisch   1
stärker psychisch als körperlich   2
In gleichem Maße körperlich wie psychisch   3

3. Anzahl der aktuellen, vom Arzt diagnostizierten Krankheiten

Kreuzen Sie in der folgenden Liste Ihre Krankheiten oder Verletzungen an. Geben Sie bitte auch an, ob ein Arzt diese Krankheiten diagnostiziert oder behandelt hat. Für jede Krankheit können Sie daher 2 oder 1 oder gar nichts ankreuzen.

	eigene Diagnose	Ja Diagnose vom Arzt
Unfallverletzungen	2	1
Erkrankungen des Muskel-Skelett-Systems	2	1
Herz-Kreislauf-Erkrankungen	2	1
Atemwegserkrankungen	2	1
Psychische Erkrankungen	2	1
Neurologische, Augen-, Ohrenerkrankungen	2	1
Erkrankungen des Verdauungssystems	2	1
Geschlechts- und Harnwegserkrankungen	2	1
Hautkrankheiten	2	1
Tumore	2	1
Hormon- und Stoffwechsel-Erkrankungen	2	1
Blutkrankheiten	2	1

4. Geschätzte Beeinträchtigung der Arbeitsleistung durch die Krankheiten

Behindert Sie derzeit eine Erkrankung oder Verletzung bei der Ausübung Ihrer Arbeit? Falls nötig, kreuzen Sie bitte mehr als eine Antwortmöglichkeit an.

- Keine Beeinträchtigung/ich habe keine Erkrankungen   6
- Ich kann meine Arbeit ausführen, habe aber Beschwerden   5
- Ich bin manchmal gezwungen, langsamer zu arbeiten oder meine Arbeitsmethoden zu ändern   4
- Ich bin oft gezwungen, langsamer zu arbeiten oder meine Arbeitsmethoden zu ändern   3
- Wegen meiner Krankheit bin ich nur in der Lage Teilzeitarbeit zu verrichten   2
- Meiner Meinung nach bin ich völlig arbeitsunfähig   1

5. Krankenstand im vergangenen Jahr (12 Monate)

Wie viele ganze Tage blieben Sie auf Grund eines gesundheitlichen Problems (Krankheit, Gesundheitsvorsorge oder Untersuchung) im letzten Jahr (12 Monate) der Arbeit fern?

- überhaupt keinen   5
- höchstens 9 Tage   4
- 10-24 Tage   3
- 25-99 Tage   2
- 100-354 Tage   1

6. Einschätzung der eigenen Arbeitsfähigkeit in drei Jahren

Glauben Sie, dass Sie, ausgehend von Ihrem jetzigen Gesundheitszustand, Ihre derzeitige Arbeit auch in den nächsten 3 Jahren ausüben können?

- unwahrscheinlich   1
- nicht sicher   4
- ziemlich sicher   7

7. Psychische Leistungsreserven

Haben Sie in der letzten Zeit Ihre täglichen Aufgaben mit Freude erledigt?

- häufig   4
- eher häufig   3
- manchmal   2
- eher selten   1
- niemals   0

Waren Sie in letzter Zeit aktiv und rege?

- immer   4
- eher häufig   3
- manchmal   2
- eher selten   1
- niemals   0

Waren Sie in der letzten Zeit zuversichtlich, was die Zukunft betrifft?

- ständig   4
- eher häufig   3
- manchmal   2
- eher selten   1
- niemals   0

HWM/Werksärztlicher Dienst/Toni Reifferscheid/07.04.05or

Was sind die Konsequenzen einer Einstufung und was bedeutet dies als Implikation für das Thema der alternden Belegschaften? Das Instrument ist als ein ganzheitliches Screening-Instrument einzustufen. Es dient zur Standortbestimmung und kann den Dialog mit älteren Mitarbeitern unterstützen. Weit bedeutsamer ist aber der präventive Ansatz. Auch jüngere Arbeitnehmer können durch die Messung des Arbeitsbewältigungsindex frühzeitig für das Thema Gesundheit und Arbeitsfähigkeit sensibilisiert werden und auf ihrem Berufsweg zielgerichtet begleitet werden, damit ihre Arbeitsfähigkeit bis ins hohe Alter erhalten werden kann. Der Arbeitsbewältigungsindex verfolgt zwei zentrale Ziele. Das Instrument unterstützt und fördert zum einen den Dialog zwischen Arbeitnehmer und Betriebswerksarzt. Durch die Klassifikation wird der Mitarbeiter an das Thema herangeführt und auch aufgefordert, aktiv Vorschläge einzubringen, mit welchen Maßnahmen die Arbeitsfähigkeit verbessert bzw. erhalten werden kann. Auf Grundlage dieses Austausches können konkrete Maßnahmen für jeden einzelnen Mitarbeiter abgeleitet werden. Der Arbeitgeber erhält durch die Klassifikation zum anderen einen Überblick über den Gesundheitszustand seiner Belegschaft und an welchen Stellen der betrieblichen Abläufe Bedarf zur Verbesserung besteht bzw. welche Bereiche positiv zu bewerten sind.

5 Die Projektdurchführung

Nach Genehmigung des Projektes durch die Arbeitgeber- und Arbeitnehmerseite war die Information aller beteiligten Mitarbeiter ein sehr wichtiger und entscheidender Schritt in diesem Projekt. Im Rahmen routinemäßig stattfindender Schulungstage wurden alle Mitarbeiter über das anstehende Projekt, seine Ziele und Hintergründe informiert. Zusätzlich wurde jedem Mitarbeiter eine schriftliche Information ausgehändigt (siehe Abbildung 5-1).

Abbildung 5-1: *Informationspapier zum Arbeitsbewältigungsindex*

Informationspapier zum Arbeitsbewältigungsindex (ABI)

Was ist der Arbeitsbewältigungsindex?
Der Arbeitsbewältigungsindex ist ein arbeitsmedizinisches Instrument zur Erfassung der Arbeitsbewältigung und wird in der betrieblichen Gesundheitsförderung eingesetzt. Er wurde in den 80er Jahren von finnischen Arbeitswissenschaftlern entwickelt und in größeren Studien erprobt. Darin wurde nachgewiesen, dass die Arbeitsfähigkeit von Mitarbeitern in Betrieben erhalten, wiederhergestellt oder gesteigert werden kann.
Arbeitsbewältigung ist die Summe von Faktoren, die einen Mitarbeiter in die Lage versetzen, seine Aufgaben erfolgreich zu bewältigen.
Die Qualität der Arbeitsbewältigung durch den Mitarbeiter ist im Wesentlichen von vier Faktoren abhängig: Gesundheit, Qualifikation, Arbeitsumgebung und der betrieblichen Organisation. Diese 4 Bereiche werden in einem Punktwert, dem Arbeitsbewältigungsindex, zusammengefasst. Je höher dieser Punktwert ist, desto besser die Arbeitsbewältigungsqualität.

Der Arbeitsbewältigungsindex wird im Rahmen der arbeitsmedizinischen Vorsorgeuntersuchungen vom Werksärztlichen Dienst mit dem Mitarbeiter festgestellt. Aus den Ergebnissen eines Fragebogens und der Untersuchung ermitteln der Werksarzt und der Mitarbeiter gemeinsam den Arbeitsbewältigungsindex. Die Beantwortung der Fragen geschieht auf freiwilliger Basis. Die Ermittlung des Arbeitsbewältigungsindex wird alle 3 Jahre wiederholt. Der Mitarbeiter hat dadurch die Chance, seine gesundheitliche Entwicklung regelmäßig mit dem Werksarzt auszuwerten und zu beeinflussen. Die medizinischen Befunde, der Fragebogen und alle Gespräche mit dem Werksarzt unterliegen der ärztlichen Schweigepflicht und sind Bestandteil der arbeitsmedizinischen streng vertraulichen Unterlagen.

Was wollen wir mit dem Arbeitsbewältigungsindex erreichen?
Ziel der Anwendung des Arbeitsbewältigungsindex im Unternehmen ist die Erhaltung und Förderung der Arbeitsfähigkeit der Mitarbeiter. Dabei spielen neben der Gesundheit auch die Faktoren berufliche Qualifikation, Arbeitsumgebung und Arbeitsabläufe sowie das Betriebsklima eine große Rolle.

Im Rahmen der arbeitsmedizinischen Vorsorgeuntersuchung dient der Arbeitsbewältigungsindex der gesundheitlichen Beratung des Mitarbeiters durch den Werksarzt im Hinblick auf die Erhaltung bzw. Verbesserung der Gesundheit. Auch Aspekte zur Verbesserung des Arbeitsplatzes und Arbeitsumfeldes sind Gegenstand der Untersuchung.

Zur Bewertung von Arbeitsplatz, Arbeitsumfeld und betrieblicher Organisation werden Betriebseinheiten von mindestens 50 Mitarbeitern unter Wahrung der Anonymität des Einzelnen statistisch ausgewertet. Unter Beteiligung von Betriebsrat, Vorgesetzten, der Fachkraft für Arbeitssicherheit und dem Werksarzt werden Maßnahmen zur Verbesserung im Betrieb erarbeitet.

Gesundheitsförderung
Die betriebliche Gesundheitsförderung hat bei XXXXXX einen hohen Stellenwert. Jeder Mitarbeiter ist für seine Gesundheit verantwortlich. Die Gesundheitsförderung soll zur Steigerung des Wohlbefindens und der Kompetenzentwicklung der Mitarbeiter ebenso beitragen, wie zur Erhöhung des Gesundheitsstandes, zur Qualitätsoptimierung und zur Verbesserung der Wirtschaftlichkeit. Aus diesem Grunde wollen wir den Arbeitsbewältigungsindex in den Produktionsbetrieben als Ergänzung der arbeitsmedizinischen Vorsorge einführen, um die gesundheitliche Vorsorge der Mitarbeiter in der Produktion weiter zu verbessern.

6 Der Projektablauf

Das ABI-Projekt wurde zwischen April 2005 und Januar 2006 realisiert. Es wurde in die routinemäßig stattfindende arbeitsmedizinische Vorsorgeuntersuchung der Mitarbeiter integriert. Die arbeitsmedizinische Vorsorgeuntersuchung beinhaltet neben einer aktuellen Bestandsaufnahme zum Gesundheitszustand und Arbeitsumfeld (gesundheitliche Anamnese und Berufsanamnese) diagnostische Untersuchungen (Laborwerte, Sehtest, Hörtest, Lungenfunktionsprüfung), eine körperliche Untersuchung und ein Abschlussgespräch. Alle Inhalte dieser Untersuchung unterliegen der gesetzlich verankerten ärztlichen Schweigepflicht. Ergänzend wurde den Mitarbeitern der Fragebogen zum Arbeitsbewältigungsindex ausgehändigt. Die Beantwortung der Fragen erfolgte auf freiwilliger Basis. Auch diese Unterlagen wurden als Teil der medizinischen Unterlagen der Schweigepflicht unterworfen. Mit jedem Mitarbeiter wurden sämtliche Aspekte des Arbeitsbewältigungsindex unter Hinzuziehung der ärztlichen Einschätzung besprochen und diskutiert. Jeder Mitarbeiter wurde mit der Frage konfrontiert: „Wie können Sie sich vorstellen, bis zum 65. Lebensjahr zu arbeiten?"

Abschließend wurde der jeweilige Maßnahmenbedarf in den Bereichen Mitarbeiter, Arbeitsplatz, Qualifikation und Betrieb in einer Matrix festgehalten. Der Arbeitsbewältigungsindex und der Maßnahmenbedarf wurden datentechnisch erfasst und ausgewertet. Allen teilnehmenden Mitarbeitern wurden die Laborwerte, das Ergebnis des Arbeitsbewältigungsindex und der Maßnahmenbedarf zusätzlich per Briefpost zugeschickt.

7 Die Projektergebnisse

Von 157 Mitarbeitern nahmen 155 (99%) am ABI-Projekt teil. Das Kollektiv bestand aus 149 Männern und sechs Frauen, das Durchschnittsalter betrug 39 Jahre (22-61 Jahre).

Beim Gesamtindex fanden sich 37% der Mitarbeiter mit einem sehr guten ABI-Index, 49% mit gut, 12% mittelmäßig und 2% mit schlecht. Die Ergebnisse wurden auch in 10-Jahres-Kluster aufgeteilt (siehe Abbildung 7-1).

Abbildung 7-1:   *ABI-Projekt*

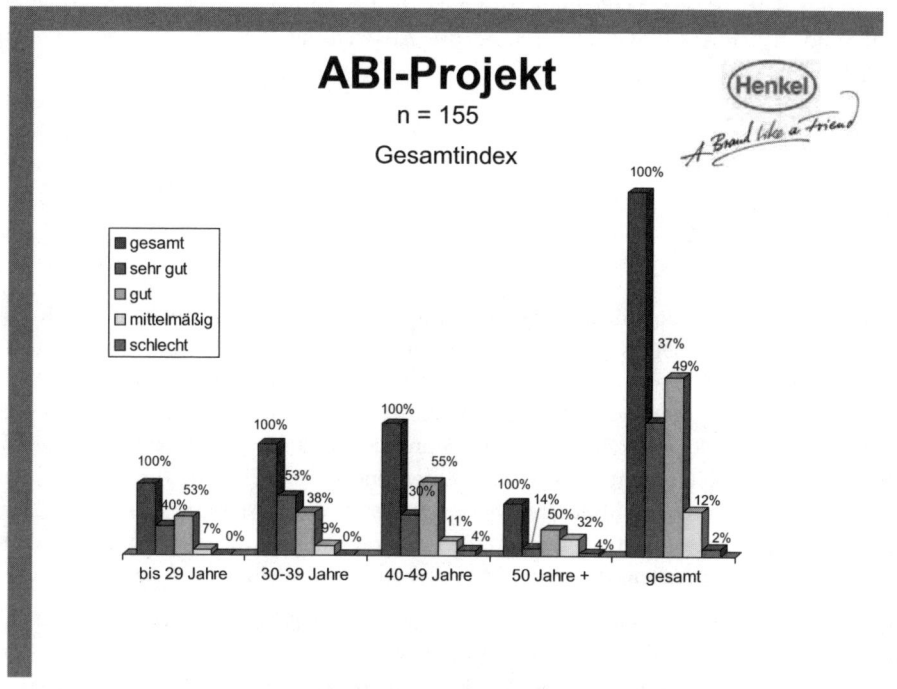

Maßnahmenbedarf wurde bei 131 Mitarbeitern (85%) ermittelt. Bei 24 Mitarbeitern 15% bestand kein Anlass, aktuell Maßnahmen durchzuführen.

Der größte Bedarf bestand im Bereich Betrieb (Führungskräfteverhalten, Betriebsklima, Information, Kommunikation und Arbeitsorganisation. Anteil 44%), gefolgt vom mitarbeiterbezogenen Bedarf (Gesundheit, persönliche Ressourcen. Anteil 43%), Arbeitsplatzmaßnahmen waren mit 9% und Qualifikationsmaßnahmen mit 4% deutlich geringer vertreten.

Der Maßnahmenbedarf auf Mitarbeiterseite beinhaltete als Schwerpunkte Aktivitäten zur

■ Steigerung der körperlichen Aktivität,

■ Nikotinabstinenz,

■ Verbesserung der Ernährungsgewohnheiten,

■ medizinische Versorgungen.

Die Ergebnisse werden in den kommenden Wochen im Rahmen eines Schulungstages den Mitarbeitern kommuniziert. Von betrieblicher Seite werden dann unter Einbeziehung des Betriebsrates Maßnahmenpläne erarbeitet. Ferner wird zwischen Arbeitgeber- und Arbeitnehmervertretung über die Ausweitung des Projektes entschieden werden.

8   Fazit

Durch die gute und ausführliche Vorbereitung, insbesondere die durchgängige Kommunikation des Projektes bis zur Mitarbeiterebene, konnte eine sehr hohe Beteiligungsquote von 99% erzielt werden. Die Analyse der Ergebnisse zeigt, dass im Pilotbereich eine sehr gute zukunftsfähige Mannschaft dem Unternehmen zur Verfügung steht. Es besteht derzeit kein dringender Handlungsbedarf von Seiten des Betriebes. Bei vielen Mitarbeitern zeigten sich Irritationen und Verunsicherung durch die in den letzten Jahren durchgeführten, teilweise gravierenden Veränderungsprozesse. Zur Sicherung der „Work Ability" der Mitarbeiter sind mittel- und langfristige Maßnahmen erforderlich mit dem Schwerpunkt Betrieb und Mitarbeiter.

Insgesamt waren ein hoher politischer Abstimmungsaufwand sowie Kommunikations- und Organisationsaufwand mit dem Projekt verbunden. Der Zeitaufwand für den Termin zwischen Mitarbeiter und Werksarzt wurde im Vergleich zur „normalen" arbeitsmedizinischen Untersuchung verdoppelt. Insgesamt war dieser Zeitaufwand sehr lohnend, da sich in der Praxis deutlich zeigte, dass der Arbeitsbewältigungsindex in erster Linie ein Dialoginstrument (Mitarbeiter-Werksarzt) und nicht nur ein Erhebungsinstrument ist.

Wesentlich war auch die Konfrontation der Mitarbeiter mit dem Thema „Arbeiten bis 65". Kaum ein Arbeitnehmer hat diese Thematik konkret für sich realisiert. Durch die Beschäftigung mit dieser Frage und den Fragen zur Erhebung des Arbeitsbewältigungsindex wurde auch ein persönlicher Denk- und — zumindest teilweise — Veränderungsprozess in Gang gesetzt.

Die Ergebnisse des Projektes wurden auch mit den Resultaten der im Jahre 2005 durchgeführten unternehmensweiten Mitarbeiterbefragung verglichen. Hierbei zeigte sich in einigen Teilaspekten Übereinstimmung. Sowohl von Arbeitgeber- und Arbeitnehmervertretung als auch von den Mitarbeitern wurde das Projekt als wichtige und nützliche Maßnahme zur Standortbestimmung und weiteren Entwicklung bewertet.

9 Literaturhinweise

Giesert, M. (Hg.) (2002): Europäische Erfahrungen mit dem Arbeitsbewältigungsindex (Work Ability Index) Herausgegeben von im Auftrag des DGB-Bildungswerk e. V. Dortmund/Berlin.

Ilmarinen, J., Tempel J. (2002): Arbeitsfähigkeit 2010 – was können wir tun, damit Sie gesund bleiben? Hamburg.

Tuomi, K., Ilmarnen, J., Jahkola, A., Katajarinne, L., Tulkki, A., (Hg.) (2001): Schriftreihe der Bundesanstalt für Arbeitsschutz und Arbeitsmedizin. Herausgegeben von im Auftrag des DGB-Bildungswerk e. V. Arbeitbewältigungsindex. (Work Ability Index). Dortmund/Berlin.

Dr. Melanie Holz

11. Motivation von älteren Mitarbeitern

1 Einleitung

Der Begriff Motivation wird im Arbeitskontext weitläufig und häufig verwendet. Motivation wird als grundlegende Voraussetzung für Leistung, Arbeitszufriedenheit und Commitment gegenüber dem Unternehmen eingestuft. Zahlreiche Studien belegen, dass ein hoher Zusammenhang zwischen Motivation, Arbeitszufriedenheit und Produktivität besteht. Motivation ist eine wichtige Variable zur Innovation, Leistungs- und Lernfähigkeit bei Mitarbeitern und ist daher ein übergeordnetes Konzept für zahlreiche Prozesse innerhalb von Organisationen. Jedes Unternehmen wünscht sich möglichst hoch motivierte Mitarbeiter. Motivation ist aber kein gegebener Zustand, sondern von verschiedenen Einflussfaktoren abhängig, die in diesem Kapitel, insbesondere im Hinblick auf ältere Mitarbeiter, aufgegriffen werden. Es stellt sich zunächst die Frage, ob ältere Mitarbeiter anders als jüngere zu motivieren, oder ob ältere Mitarbeiter gar grundsätzlich weniger motiviert als jüngere sind? Auf diese Fragen gibt dieses Kapitel Antworten. Neben einem kurzen Überblick über die zentralen Motivationstheorien werden verschiedene praktische Anwendungen behandelt.

2 Motivationstheorien und ihre Ableitungen für die Betriebspraxis

Es existieren verschiedene Definitionen von Motivation. Allgemein kann Motivation als die aktuelle Bereitschaft zum zielgerichteten Handeln oder zu einem bestimmten Verhalten beschrieben werden. In der gängigen Literatur (z. B. Nerdinger, 2003) werden zwei Theoriensträge von Motivation unterschieden. Die Inhaltstheorien erklären, was in einer Person oder in der Umwelt Handeln erzeugt. Diese Theorien arbeiten mit konkreten Annahmen über Motive und Bedürfnisse. Wichtige Vertreter sind beispielsweise Maslow mit der Bedürfnispyramide oder Herzbergs Zwei-Faktoren-Modell (Satisfiers und Dissatisfiers). Die Dissatisfieres oder auch Kontexfaktoren, z. B. äußere Rahmenbedingungen (saubere Räume), Bezahlung, Sicherheit oder soziale Beziehungen, erzeugen nicht direkt Motivation, sondern lösen bei Abwesenheit oder geringer Ausprägung Demotivation aus. Niemand ist nach Herzberg deswegen motiviert, weil man einen netten Kontakt zu Kollegen hat und ordentliche Sanitäranlagen vorfindet. Motivierend sind nach Herzberg die Satisfiers bzw. Kontentfaktoren, zu denen die Tätigkeit selbst, Verantwortung und Anerkennung oder Entwicklungsmöglichkeiten zählen.

Die Inhaltstheorien unterscheiden verschiedene Motivklassen. Nach diesen Ansätzen müsste eine Motivation von älteren Mitarbeitern erfolgen, indem die spezifischen

Bedürfnisse und Motive erkannt werden und entsprechend als Verstärker oder Anreiz eingesetzt werden. Ein Problem bei diesen Theorien ist, dass Motive und Bedürfnisse bei Mitarbeitern mit verschiedenen Aufgaben und Erfahrungen sehr unterschiedlich ausgeprägt sind. Es lassen sich zwar allgemeine Trends finden, nach denen jüngere Mitarbeiter in der Regel Themen wie Karriere oder herausfordernde Aufgaben als wichtiges Motiv einstufen und ältere Mitarbeiter Sicherheit bevorzugen, dennoch sind diese Erkenntnisse nicht zu verallgemeinern. Aus diesem Grund sollten Unternehmen flexible Instrumente einsetzen, die individuell bei den Beschäftigten Ziele, Motive und Bedürfnisse erkennen. Entsprechend dieser Vorstellungen können Lösungsansätze bzw. zielgerichtete Motivationsquellen angeboten werden.

Im Laufe einer typischen Erwerbsbiografie verändern sich Bedürfnisse und Organisationen sollten flexibel auf diese Veränderungen reagieren. Geeignete Instrumente werden dazu in den nachfolgenden Abschnitten vorgestellt. Selbstverständlich stehen nicht ausschließlich die Bedürfnisse des Mitarbeiters im Mittelpunkt, denn jede Organisation verfolgt ihrerseits bestimmte Ziele und Strategien, die das Handeln auch auf der Mitarbeiterebene maßgeblich beeinflussen. Die Betonung bei der Motivation im Arbeitskontext liegt somit auf einer optimalen Aushandlung bzw. einer weitgehenden Übereinstimmung von unternehmens- und mitarbeiterbezogenen Zielen. Ein relativ guter Fit dieser Ziele gewährleistet motivierte Mitarbeiter. Ein akzeptiertes und bedeutsames Ziel führt in der Regel zu den gewünschten Handlungen. Unter dem Stichwort „Führen durch Zielvereinbarung" wird dieser Ansatz schon seit längerem in zahlreichen Unternehmen erfolgreich praktiziert. Für die Motivation älterer Mitarbeiter sollten Führungskräfte entsprechend sensibilisiert werden. Gerade mit älteren Mitarbeitern sollte verstärkt ein Dialog gesucht werden. Nach wie vor werden insbesondere bei der Kommunikation von Zielen, Strategien und Erwartungen die häufigsten Fehler begannen.

Bei diesem Ansatz bewegt man sich schon innerhalb der zweiten Gruppe von Motivationstheorien, den so genannten Prozesstheorien. Prozesstheorien stellen explizit keine spezifischen Motive in den Fokus, sondern gehen der Frage nach, wie ein bestimmtes Verhalten erzeugt, gelenkt und erhalten bzw. unterbrochen werden kann. Was sind die Prozesse, die Einfluss auf unsere Entscheidungen, Einstellungen und letztendlich auch das Handeln haben. Wichtige Vertreter dieser Theorien sind die Zielsetzungstheorien (Locke & Latham), die Erwartungs-Wert-Theorien (Vroom), das Rubikonmodell (Heckhausen & Gollwitzer) oder die Gerechtigkeitstheorien (Adams). Die Erläuterungen der einzelnen Theorien erfolgen an dieser Stelle nicht vertiefend.

Eine Theorie im Kontext von älteren Mitarbeitern und Motivation soll dennoch etwas genauer betrachtet werden. Die Gerechtigkeitstheorie geht davon aus, dass Menschen einen Vergleich zwischen Einsatz und Ertrag vornehmen. Stellen sie dabei fest, dass ein Ungleichgewicht vorliegt, wird entsprechend mit einer Anpassung reagiert. Kommt man zu dem Ergebnis, dass man auf der einen Seite viel leistet, aber dafür auf der anderen keine Anerkennung oder Wertschätzung erhält, ist eine mögliche Konsequenz, die Leistung etwas zu verringern, so dass die Gleichung wieder aufgeht. Es existieren zahlreiche Mechanismen zur Herstellung eines Gleichgewichtes, mit extremen Beispielen wie innerer Kündigung, kontraproduktivem Verhalten oder sogar Sabotage. Management und Führungskräfte sollten für diese Prozesse sensibilisiert sein. Mitarbeiter sind nach diesem Ansatz insbesondere dann motiviert, wenn ihre Leistung auch entsprechend Anerkennung bekommt. Sie sind bereit, Leistung zu erbringen, erwarten aber auch umgekehrt eine entsprechende Würdigung dieses Einsatzes. Wenn man nicht davon ausgeht, dass jemand innovativ oder lernfähig ist, dann wird sich dieses Verhalten wahrscheinlich auch nicht zeigen (siehe auch selbsterfüllende Prophezeiungen, Kapitel 7 in diesem Buch). Mangelnde Motivation bei älteren Mitarbeitern ist daher häufig auf eine Vernachlässigung dieser Verstärkungs- und Anerkennungsmechanismen zurückzuführen: „Ach, das ist unser Herr M., der macht den Job schon so lange, um den brauchen wir uns nicht mehr zu kümmern."

Eine wichtige Frage lautet: Wie motiviert man insbesondere ältere Mitarbeiter zu mehr Flexibilität und Lern- bzw. Veränderungsbereitschaft? Zu dem Thema Lernbereitschaft nimmt das Kapitel 8 in diesem Buch ausführlich Stellung und beschreibt verschiedene Motivationsbarrieren. Im Zusammenhang mit einer grundsätzlichen Veränderungsbereitschaft sind zwei Quellen der Motivation zu unterscheiden. Bei der einen handelt es sich um die intrinsische Motivation, die beinhaltet, dass ein Mitarbeiter aus eigenem Interesse heraus handelt und von sich aus selbst motiviert ist, z. B. einen neuen Arbeitsablauf auszuführen. Die extrinsische Motivation ist von außen gesteuert und erfolgt z. B. durch Bezahlung, Lob oder Anerkennung. So wenig, wie man dauerhaft einen Schüler rein durch regelmäßige Bezahlung für gute Noten zum Lernen bewegen kann, so wenig funktioniert dies auch bei einem erwachsenen Arbeitnehmer. Verschiedene Studien zeigen, dass intrinsische Motivation längerfristige positive Effekte hat, dagegen die extrinsische Motivation nur kurzfristig einen positiven Effekt bewirkt. Aus diesem Grund hat in der Regel eine Beförderung oder eine Höhergruppierung nur kurzfristig eine motivierende Wirkung. Dieser Ansatz betont noch einmal, dass eine dauerhafte und langfristige Motivation nur dann erfolgreich ist, wenn Mitarbeiter ihr Handeln aus eigenem Interesse und Wunsch ausführen. Extrinsische Motivationsinstrumente erfüllen dennoch eine wichtige Funktion. In den nächsten beiden Abschnitten werden verschiedene Instrumentarien und Ansätze zur Motivation vorgestellt.

3 Führung und Motivation

Das Thema Motivation lässt sich kaum von Führung trennen. Aus diesem Grund findet man in nahezu jedem Führungsseminar mindestens einen Block zu diesem Thema. Führungskräfte und Management nehmen bei der Motivation von Mitarbeitern eine

Schlüsselfunktion ein. Motivation beginnt im Alltag, indem Leistungen und engagiertes Verhalten Anerkennung und positives Feedback erfahren. Auch kleine Gesten wie ein gemeinsames Essen, freundliches Grüßen auf dem Flur, die rasche Genehmigung des Wunschurlaubs oder die Übertragung von Sonderprojekten können einen motivierenden Effekt haben. Häufig wird aber Mitarbeitern, die schon sehr lange im Unternehmen oder an einem bestimmten Arbeitsplatz tätig sind und ihre Arbeit gut und unauffällig ausführen, weniger Aufmerksamkeit geschenkt.

Arbeit ist heute für viele Mitarbeiter mehr als das reine Befriedigen von Grundbedürfnissen. Aus diesem Grund rücken individuelle Ziele und Bedürfnisse, auch bei älteren Mitarbeitern, in den Vordergrund und bedürfen einer entsprechenden Berücksichtigung. Ein (jährliches) Mitarbeitergespräch bietet hier eine hervorragende Gelegenheit, sich mit diesem Thema auseinander zu setzen. Leider werden in der Praxis diese Dialoge oft nur pro forma geführt, und eine wirkliche offene Diskussion über Ziele, Weiterbildungsbedarf und persönliche Entwicklungsplanung findet nicht statt. Dieses Gespräch wird zudem häufig mit einer Leistungsbeurteilung gekoppelt und bietet daher nicht den entsprechenden Rahmen. Ein zusätzliches, fest eingeplantes Mitarbeiter*beratungs*gespräch würde eine klarere Trennung zur Folge haben. Leistungsbeurteilung und Laufbahngestaltung sollten kein Privileg von jüngeren Mitarbeitern sein, sondern Mitarbeiter über ihre gesamte Erwerbsbiografie hinweg in angemessenen Abständen begleiten.

Welcher Führungsstil ist im Zusammenhang mit älteren Mitarbeitern zu empfehlen? Führung ist immer ein Zusammenspiel von Situation und Person. Eine Pauschallösung für ältere Mitarbeiter existiert daher nicht. Ältere Erwerbstätige stehen gewöhnlich schon länger im Arbeitsleben und haben meistens verschiedene Vorgesetzte kennen gelernt. Viele Unternehmen machen die Erfahrung, dass ältere Mitarbeiter oft leichter zu führen sind, da sie als Generation der „Baby Boomer" relativ gut mit Autoritäten zurechtkommen.

Das Problem besteht nun darin, dass heutzutage diese traditionellen Führungsstile aufgrund veränderter Rahmenbedingungen immer schwerer umzusetzen sind. Führung bedeutet im klassischen Sinn, dass Zielvorgaben von der oberen auf die unteren Führungsebenen übertragen werden. Die Führungsaufgabe besteht vor allem darin, Arbeitsaufgaben zu verteilen und deren Ausführung zu kontrollieren. Führungskräfte sind heutzutage aber oft gar nicht mehr in der Lage, klare Ziele vorzugeben und einzelne Arbeitsprozesse zu überwachen, da globale und dynamische Märkte immer stärker ein schnelles und flexibles Handeln in immer komplexer werdenden Organisationen erfordern. Auch verfügen Mitarbeiter häufig über ein spezifischeres und umfangreicheres Fachwissen als der Vorgesetzte selbst. Ältere Mitarbeiter sind häufig den klassischen Führungsstil gewohnt und es fällt ihnen daher schwerer, mit diesen neuen Führungspraktiken (charismatische bzw. transformationale Führung) und Arbeitsbedingungen umzugehen. Ein Führungsstil dieser Art bedingt, dass Mitarbeiter eine hohe Eigenständigkeit, Flexibilität und Anpassungsfähigkeit entwickeln.

Wie stellt man nun motiviertes Arbeiten sicher, wenn letztlich nicht mehr in dem vollen Ausmaß kontrolliert werden kann? Unter diesen Voraussetzungen wird eine hohe Leistung nur dann erbracht werden, wenn die Mitarbeiter sich mit dem Unternehmen und der Tätigkeit identifizieren, also ein hohes Maß an Vertrauen, Verbundenheit und Loyalität besitzen. Über den Vorgesetzten kann diese Verbindung hergestellt werden. Führungskräfte sollten dazu ein bestimmtes Charisma mitbringen und durch ihre sozialen und kommunikativen Fähigkeiten die Mitarbeiter von bestimmten Vorhaben überzeugen können. Sie agieren als Vorbild und leiten zum selbständigen Handeln an. Sie motivieren Mitarbeiter, sich anspruchsvolle Ziele zu setzen, handeln fair und gerecht und erzeugen über Emotionen die entsprechende Motivation.

Im Kontext von strukturellen Veränderungen, wie Personalabbau oder anderen tiefgreifenden Restrukturierungen, ist die Demotivation von höherer Bedeutung als die Motivation. Grundsätzlich beschäftigt man sich bei dem Thema Führung verstärkt mit Fragen der Motivation (Wie schaffe ich Anreize? Wie lobe ich richtig?). Etwas ins Hintertreffen geraten dagegen die demotivierenden Handlungen, die aber bei Mitarbeitern meist viel stärker ins Gewicht fallen. Eine unsachgemäße Bemerkung oder eine herabwürdigende Geste haben eine weiter reichende und längere negative Wirkung als ein gut gemeintes Lob. Es braucht oft sehr intensive Motivationsbemühungen, um eine einzige negative Demotivationshandlung wieder auszugleichen. Führungskräfte sollten daher stärker darauf achten, demotivierendes Verhalten zu reduzieren. Gerade bei älteren Mitarbeitern sollte man sehr sensibel mit bestimmten Aussagen umgehen („in Ihrem Alter braucht man halt ein wenig länger"). Die Wertschätzung und Aufmerksamkeit, das Aufzeigen von Perspektiven und eine dialogorientierte Ansprache sind daher wirkungsvolle Maßnahmen zur Motivation auch älterer Mitarbeiter.

4 Instrumente der Motivation

Motivation ist kein altersspezifisches Thema. Die meisten Instrumente und Anwendungen gelten daher sowohl für jüngere als auch ältere Arbeitnehmer, wobei im Kontext älterer Mitarbeiter teilweise Anpassungen der Instrumente erforderlich sind, die in diesem Kapitel aufgegriffen werden.

4.1 Leistungsgerechte Vergütung

Grundsätzlich besteht die weitläufige Annahme, dass monetäre Anreize eine essenzielle Motivationsquelle darstellen. Dies ist auch grundsätzlich richtig. Gehaltserhöhungen können, wie bereits angedeutet, kurzfristig einen motivierenden Effekt haben.

Langfristige und dauerhafte Effekte können aber mit diesem Vorgehen nicht erzielt werden. Eine langfristige Wirkung würde nur dann greifen, wenn man immer wieder das Gehalt erhöhen würde. Damit geht aber das Problem der steigenden Lohnkosten bei zunehmendem Alter und Betriebsangehörigkeit einher (siehe auch Kapitel 2 sowie Senioritätsprinzip in Kapitel 4). Diese Lohnpolitik erzeugt auch unter Mitarbeitern mit geringerer Betriebszugehörigkeit bzw. geringerem Alter häufig ein Ungerechtigkeitsempfinden, da es nicht nachvollziehbar ist, warum jemand, der vergleichbare Leistungen erbringt, wesentlich mehr verdient. Die Bezahlung und entsprechend die Motivation sind bei diesem Vorgehen nicht an das Arbeitshandeln und letztendlich an die Leistung gekoppelt. Aus diesem Grund sind zahlreiche Unternehmen dazu übergegangen, eine leistungsbezogene Vergütung einzuführen, so dass Bezahlung nicht eine Frage des Alters oder der Betriebszugehörigkeit darstellt. Flexible und variable Vergütungssysteme sind daher im Zusammenhang mit alternden Belegschaften ein sinnvolles Instrument. Die Einführung und Umsetzung ist aber nach wie vor ein sensibles Thema, das ein hohes Maß an Argumentationsgeschick und Überzeugungskraft erfordert.

4.2   Arbeitszeitmodelle

Die typischen Erwerbsverläufe sollten neu durchdacht werden. Die traditionelle Vorstellung geht davon aus, dass man in jungen Jahren ins Berufsleben einsteigt, bis etwa 40 Jahre „Karriere macht" und das dann erreichte Level inklusive des erreichten Vergütungsniveaus bis zum Rentenalter gehalten wird. Ein Rückschritt in monetärer als auch hierarchischer Hinsicht wird nach wie vor als Rückschlag gedeutet. An dieser Stelle sollte ein radikales Umdenken stattfinden. Man geht mittlerweile davon aus, dass in etwa zehn Jahren nur noch die Hälfte der Beschäftigten von heute eine dauerhafte Vollzeitanstellung haben wird. Nicht nur, dass Unternehmen immer stärker auf flexible Beschäftigungsverhältnisse angewiesen sind; auch Arbeitnehmer haben vermehrt den Wunsch nach flexibleren Modellen (siehe auch Work-Life-Balance). Gerade ältere Mitarbeiter bevorzugen es häufig, die Arbeitszeit etwas zu reduzieren und im Gegenzug auf Einkommen zu verzichten.

Erwerbsbiografien verändern sich. Die Entwicklung geht vom Arbeitnehmer zum „Arbeitsunternehmer", der seine Arbeitskraft bei gestiegenem Beschäftigungsrisiko anbietet, entsprechend aber auch stärkere Handlungsfreiheit und Selbstverantwortung einfordert. Arbeitnehmer wechseln heute häufiger die Stellen, es gibt mehr Quereinsteiger, und viele wollen nicht das ganze Erwerbsleben lang die gleiche Tätigkeit ausüben. Der Trend geht somit weg von der geregelten Arbeitszeit hin zu einer Vertrauensarbeitszeit. Bei dieser Form werden durch Zielvereinbarungen Leistungen nicht durch Anwesenheitszeit, sondern durch Qualität des Arbeitsergebnisses ermittelt. Unternehmen sollten daher anpassungsfähige Arbeitszeitmodelle anbieten. Kurzpausenregelungen, flexible Wochenarbeitszeiten, Telearbeitsplätze oder Jahresarbeitszeitkonten sind mittlerweile in vielen Branchen und Unternehmen schon Standard. Vertiefende und rechtliche Aspekte werden in Kapitel 6 behandelt.

Weniger verbreitet sind dagegen Langzeit- und Lebensarbeitszeitkonten, die insbesondere im Hinblick auf alternde Belegschaften von besonderer Bedeutung sind. Individuelle Phasen im Laufe einer Erwerbsbiografie (Karriere, Familie, Hausbau, Kinder, Selbstverwirklichung etc.) können hierbei besser berücksichtigt werden.

Ein Instrument im Sinne von Lebensarbeitszeitkonten sind so genannte „Sabbaticals". Das Sabbatical ist ein Arbeitszeitmodell, welches beinhaltet, dass ein Mitarbeiter im Rahmen seiner Lebensarbeitszeit eine oder mehrere Auszeiten nehmen kann (z. B. ein Jahr Teilzeitarbeit oder ein Jahr komplett aussteigen), ohne dabei die Anstellung aufgeben zu müssen. In Unternehmen, die dieses Prinzip anwenden (siehe auch Kapitel 14), können Mitarbeiter entweder durch Lohnverzicht oder den Aufbau von Plusstunden einen Freizeitanspruch aufbauen, der dann zusammenhängend genommen werden kann, wobei für diese Zeit das Einkommen und der reguläre Urlaubsanspruch bestehen bleiben. Ein Jahr der Auszeit kann für Weiterbildungen, Reisen, soziale Projekte, Familie, Umschulungen oder Neuorientierungen genutzt werden. Dieses Instrument ist für viele Mitarbeiter hoch motivierend, weil es kreative Prozesse auslösen kann und die Möglichkeit besteht, „frische Energie" zu tanken. Gerade bei Mitarbeitern, die bereits seit 20 Jahren kontinuierlich Leistung erbracht haben, kann eine Auszeit oder eine Veränderung eine Quelle für neue Kraft und Motivation darstellen. Modelle dieser Art müssen sich aber in einem Unternehmen erst als Kultur etablieren. Dies erfordert, dass klare Regeln getroffen werden und auch Themen wie Organisation, Vertretung (z. B. durch Langzeitarbeitslose, denen dadurch der berufliche Wiedereinstieg erleichtert wird) und Einarbeitung nach dem Sabbatical behandelt werden.

4.3 Arbeitsplatzgestaltung

Grundsätzlich kann jede Form der Arbeitsplatzgestaltung einen motivierenden Effekt haben. Zu diesem Thema nimmt das vorliegende Buch bereits in anderen Kapiteln ausführlich Stellung. Motivierend sind jegliche Maßnahmen, die eine Entlastung darstellen. Wie in Kapitel 3 im Detail erläutert, verändern sich mit zunehmendem Alter bestimmte Leistungsmerkmale. Ältere Mitarbeiter haben beispielsweise weniger körperliche Kraft oder das Sehvermögen verschlechtert sich. Eine entsprechende Unterstützung (z. B. bessere Beleuchtung, Entlastung bei sehr schwerer körperlicher Arbeit) kann als wertschätzend empfunden werden und die Motivation verbessern. Darüber hinaus bieten sich zielgerichtete Anti-Stress-Seminare, arbeitsmedizinische Betreuung (siehe Kapitel 10) oder spezifische Lern- und Weiterbildungsangebote (siehe Kapitel 8) an. Lern- und Weiterbildungsangebote werden in der Regel von älteren Mitarbeitern weniger genutzt und sind auch häufig nicht auf diese Zielgruppe ausgerichtet. Eine

Verbesserung könnte daher eine bedeutsame Motivationsquelle darstellen. Zum einen würden sich ältere Mitarbeiter nicht mehr so stark gegenüber jüngeren Kollegen benachteiligt fühlen, und zum anderen würden sie stärker positive Erfolge beim Lernen erfahren, was wiederum das Selbstvertrauen stärken und damit letztendlich das Handeln positiv beeinflussen würde. Anreize für Weiterbildungen sind daher notwendige Motivationsverstärker.

Besonders demotivierend ist die „Nichtgebrauchtsein-Hypothese" — daher bieten sich Paten- und Mentorensysteme hervorragend an, um älteren Mitarbeitern die nötige Anerkennung zukommen zu lassen. Des Weiteren sind flexible Arbeitsorganisationen und das Mischen von Teams zu empfehlen (siehe Kapitel 5). Neue oder interessante Aufgaben können ebenfalls motivieren. Bestimmte Tätigkeiten haben ein hohes Motivationspotenzial für alle Altersstufen. In der gängigen Forschungsliteratur werden die Möglichkeit zur Partizipation, ein hoher Handlungsspielraum und ein hohes Maß an Eigenverantwortung als motivierend eingestuft. Solche Tätigkeiten sollten gerecht verteilt werden und nicht ausschließlich den jüngeren Mitarbeitern vorbehalten bleiben.

4.4 Neue Laufbahn- und Karrieremodelle

Die klassische Karriere, die traditionell eine Führungslaufbahn beinhaltet, muss zukünftig stärker um eine horizontale Fachkarriere ergänzt bzw. ersetzt werden. Älteren und langjährigen Mitarbeitern sollten neue Perspektiven für die berufliche Laufbahn bereitgestellt werden. Eine qualitative Personalplanung beinhaltet, zielgerichtete Einsatzpläne zu entwickeln und über Anforderungsanalysen Stellenprofile zu klassifizieren, die sich im besonderen Maße für ältere Mitarbeiter eignen. Bei einem altersgerechten Arbeitsplatzangebot können Ältere neue Aufgaben übernehmen, die beispielsweise weniger Zeitdruck beinhalten (Front- versus Backoffice). Ein unterstützendes Instrument in diesem Zusammenhang ist das KOMPASS-Modell, das eine gute persönliche Standortbestimmung und Perspektivenplanung ermöglicht. Führungskräfte und Personalmanagement müssen ältere Mitarbeiter zunächst auf ihre Kompetenzen und Potenziale aufmerksam machen. Im zweiten Schritt sollten entsprechende Entwicklungspläne mit den Mitarbeitern vereinbart werden. Diese schließen auch Themen der Nachfolgeregelungen und Übergangsregelungen in den Ruhestand mit ein. Darüber hinaus müssen Qualifizierungsvereinbarungen getroffen werden, die eine kontinuierliche Weiterbildung in Anlehnung an die angedachte Laufbahn vorsehen.

Es wurde in diesem Beitrag bereits mehrfach angesprochen, dass ältere Mitarbeiter nicht per se weniger motiviert sind, sondern häufig fehlende Anerkennung oder Anreize dafür verantwortlich sind. In Kapitel 16 wird ein Praxisbeispiel beschrieben, das sehr anschaulich aufzeigt, dass allein das Bewusstsein, eine Chance zu bekommen bzw. noch eine Perspektive zu haben, einen enormen Motivationsschub auslösen kann.

Bei älteren Mitarbeitern findet man in diesem Fall häufig eine sehr hohe Einsatzbereitschaft, da die Erwartungshaltung vergleichsweise gering ist. Ältere Mitarbeiter besitzen Potenzial, es muss nur aktiviert werden.

5 Ausblick

Zusammenfassend kann man festhalten, dass Ältere nicht grundsätzlich anders als jüngere Mitarbeiter motiviert werden müssen. Die Methoden und Instrumente sind grundsätzlich die gleichen. Unterschiede bestehen lediglich in den Inhalten. Ein weiterer wichtiger Punkt ist, dass ältere Mitarbeiter insgesamt weniger Aufmerksamkeit und damit Motivationsanreize erhalten. Zur Erklärung, warum sich beispielsweise ältere Mitarbeiter bei Veränderungen und extremen Neuerungen stärker ablehnend als jüngere verhalten, weisen die Erkenntnisse aus Theorie und Praxis darauf hin, dass ältere Mitarbeiter einfach weniger Erfahrung mit solchen Prozessen haben und man ihnen auch häufig weniger zutraut. Zudem trauen sie sich selbst oft weniger zu. Die Stärkung des Selbstvertrauens und der Selbstwirksamkeit bei älteren Mitarbeitern ist daher eine zentrale Motivationsaufgabe, die insbesondere dem Management und den Führungskräften zukommt.

Personen- und Umweltfaktoren beeinflussen sich gegenseitig. Erfahrungen prägen die Persönlichkeit, die Einstellung und das Handeln. Menschen setzen sich im Laufe ihres Lebens unterschiedliche Ziele. Karriere und eine hohes Einkommen mögen in manchen Phasen des Lebens das zentrale Motiv sein. Zu einem späteren Zeitpunkt steht die Familie wieder mehr im Vordergrund. In einem anderen Abschnitt im Leben geht es um Selbstverwirklichung oder Arbeitsplatzsicherheit. Management und Führungskräfte sollten diese verschiedenen Phasen stärker berücksichtigen und entsprechend vielfältige und flexible Konzepte anbieten. Die zukünftige Organisation besitzt daher ein Portfolio von Instrumenten, die es Mitarbeitern ermöglichen, entsprechend ihrer Lebensphasen optimale Leistungen zu erbringen. Motivation ist ein kontinuierlicher Prozess und setzt nicht zu einem bestimmten Alter ein oder hört an einen bestimmten Punkt auf. Es existieren effektive Möglichkeiten, auf die veränderten Bedingungen zu reagieren, Unternehmen und Führungskräfte müssen sie nur nutzen.

6   Literaturhinweise

Kanfer, R. & Ackerman, P. L: (2004): Aging, Adult Development and work motivation. Academy of Management Review, 3, 440-458.

Kruse, A. (1997): Bildung und Bildungsmotivation im Erwachsenalter. In: Birbaumer, N., Frey, D., Kuhl, J., Prinz, W. & Weinert, F. E. (Hrsg.): Enzyklopädie der Psychologie, Themenbereich D (Praxisgebiete), Serie 1 (Pädagogische Psychologie), Band 4 (Psychologie der Erwachsenenbildung). Göttingen.

Nerdinger, F. W. (2003): Motivation von Mitarbeitern. Göttingen.

Zisgen, A. (2003): Was motiviert ältere Arbeitnehmer? Personalführung, 7, 60-63.

Teil 3

Praxisbeispiele

Oliver Florschütz und Benedikt Füssel

12. Implikationen der demografischen Entwicklung am Beispiel der Deutschen Bank AG

1   Einleitung

Der demografische Wandel in unserer Gesellschaft hat auch für Wirtschaftsunternehmen nachhaltige Konsequenzen. So wird die gegenwärtig stärkste Gruppe der Erwerbsbevölkerung, die 35 bis 49-Jährigen, abnehmen und ein Großteil der Beschäftigten 50 Jahre und älter sein. Aufgrund der geburtenschwachen Jahrgänge werden junge Fachkräfte und qualifizierter Nachwuchs auf dem Arbeitsmarkt ein knappes Gut und es erhöht sich das Renteneintrittsalter (siehe Kapitel 2). Zwangsläufig ergibt sich aus diesen Entwicklungen, dass ältere Belegschaften eine bedeutendere Rolle innerhalb der Unternehmensstrukturen spielen werden.

Auf Basis dieser volkswirtschaftlichen Fakten kann prognostiziert werden, dass nur attraktive und auf diese Veränderungen eingestellte Unternehmen in der Zukunft erfolgreich agieren und bestehen werden. In diesem Kontext gewinnen Instrumente wie das „employer branding" (zielgerichtete Positionierung eines Unternehmens als attraktiver Arbeitgeber auf dem Arbeitsmarkt) und die Entwicklung des Unternehmens zu einem „employer of choice" (Wunscharbeitgeber) eine noch stärkere Bedeutung. Ein marktführendes Finanzunternehmen wie die Deutsche Bank, mit einer sehr starken Basis in Mitteleuropa, beschäftigt sich daher schon seit längerem mit diesem Thema und den daraus resultierenden Folgen.

Zukünftig wird es notwendig sein, vermehrt ältere qualifizierte Mitarbeiter zu rekrutieren und einzustellen. Gleichzeitig ist es aber auch von hoher Wichtigkeit, die bestehende Belegschaft auf die zukünftigen Anforderungen gezielt zu qualifizieren und die Leistungsfähigkeit und die Kompetenzen der Mitarbeiter bis ins höhere Alter zu erhalten und auszubauen (Employability).

Unerlässlich für einen Finanzdienstleister wie die Deutsche Bank sind dabei verschiedene Schlüsselkompetenzen, wie beispielsweise eine allgemeine Lern- und Innovationsbereitschaft und Flexibilität bei Veränderungen. Das Human Resources Management der Deutschen Bank steht daher vor der grundlegenden Aufgabe, entsprechende Instrumente zu entwickeln bzw. bereitzustellen und konkrete Maßnahmenkataloge anzubieten und umzusetzen. Eine Arbeits- und Personalpolitik, die sich zukunftsorientiert auf die Herausforderungen alternder Unternehmen ausrichtet, mobilisiert, qualifiziert und motiviert ältere Mitarbeiter und kann sich somit zu einem Erfolgsfaktor im Wettbewerb entwickeln. Der folgende Beitrag stellt am Beispiel des Privatkundengeschäfts der Deutschen Bank exemplarisch dar, wie sich ein führender Finanzdienstleister diesen neuen Herausforderungen stellt.

2 Ausgangssituation im Privatkunden-geschäft der Deutschen Bank AG

Die demografischen Veränderungen betreffen mehr oder weniger alle Unternehmen und Arbeitgeber. Dennoch gibt es spezifische Zusammenhänge und Besonderheiten innerhalb verschiedener Geschäftsfelder und Branchen, die es im Kontext der hier vorgestellten Thematik zu berücksichtigen gilt. Aus diesem Grund werden an dieser Stelle zunächst einige Fakten zum Bereich Private & Business Clients (PBC) der Deutschen Bank dargestellt.

Das Kerngeschäft des Bereichs PBC der Deutschen Bank umfasst in Deutschland das Geschäft mit Privat- und Geschäftskunden in 771 Filialen – verteilt über ganz Deutschland. Ergänzt werden diese durch eine große Anzahl an Mitarbeitern im mobilen Vertrieb und diverse Kooperationen. In Deutschland arbeiten ca. 14.000 Mitarbeiter für PBC – davon der größte Teil direkt im Kundengeschäft. Unser Geschäftsmodell bietet personenbezogene Dienstleistungen in den Bereichen Personal Banking (grundlegende Bankdienstleistungen für den täglichen Bedarf), Private Banking (umfassende, individuelle Beratung zu allen Finanzthemen) und Business Banking (Finanzdienstleistungen für Unternehmen und wirtschaftliche selbständige Kunden). Die Filialen – in PBC Investment- und FinanzCenter (IFC) genannt – werden durch ServiceCenter und Support-Einheiten weitgehend von administrativen Aufgaben entlastet und können sich somit auf die Beratung und den Service für unsere Kunden konzentrieren.

Im Gegensatz zu klassischen produkt- oder entwicklungsbasierten Unternehmen, bei denen spezifisches Produktwissen und Erfahrungen von großer Wichtigkeit sind, steht bei einem modernen Finanzdienstleister stärker das Prinzip der ständigen Veränderung und Anpassungsfähigkeit im Vordergrund. Unsere Dienstleistungen werden im Moment der Beratung erbracht, und die damit verbundenen Prozesse passen sich permanent den Marktanforderungen an. Dementsprechend hat langjähriges fach- bzw. produktbezogenes Wissen einen eher niedrigeren Nutzen für unser Geschäftsfeld.

Im Bereich des Privatkundengeschäfts spielt der Kundenkontakt die zentrale Rolle. Dies bedeutet, dass die wichtigste Kompetenz der Mitarbeiter darin besteht, Relationship Management zu betreiben. Mitarbeiter sollten die Fähigkeit besitzen, stabile und langfristige Kundenbeziehungen aufzubauen und zu erhalten. Diese Kompetenz steht zunächst nicht zwangsläufig mit höherem Alter in Verbindung. Vielmehr sind in diesem Zusammenhang individuelle Stärken und verschiedene Schlüsselkompetenzen wie Kundenorientierung, Kommunikationsstärke oder Beratungskompetenzen hervorzuheben. Unsere Instrumente und Unterstützungsprozesse im Bereich des Human Resources Managements stellen daher die Beziehung zwischen Dienstleister (Kundenberater) und Kunde in den Mittelpunkt aller Aktivitäten. Das Personalmanagement ist maßgeblich auf unsere Kundenstruktur und deren spezifische Bedürfnisse bzw. auf die jeweiligen Marktanforderungen ausgerichtet. Ziel unserer Arbeitstätigkeit ist im Kern, die Mitarbeiter soweit als möglich zu unterstützen und zu qualifizieren und gemeinsam mit den Geschäftsverantwortlichen die Rahmenbedingungen so zu gestalten, dass optimale und erfolgreiche Geschäftsbeziehungen mit unseren Kunden realisiert werden können.

Die Altersstruktur unserer Kunden verändert sich, äquivalent zu den Entwicklungen in unserer Gesellschaft, stets nach oben. Im Verhältnis zum Altersdurchschnitt der Kunden ist unsere Belegschaft jünger, und man könnte im Zuge dessen argumentieren, dass ältere Mitarbeiter grundsätzlich besser in der Lage wären, Kundenbeziehungen zu der älteren Kundengruppe einzugehen und zu pflegen, da ältere Mitarbeiter einen größeren Bezug und mehr Verständnis und Einfühlungsvermögen für diese Personengruppe mitbringen.

Die Erfahrungen im Privatkundengeschäft bei der Deutschen Bank zeigen aber, dass ältere Kunden nicht notwendigerweise gleichaltrige Berater bevorzugen. Viel bedeutsamer ist hingegen, dass eine langjährige, kompetente und vertrauensvolle Ebene zu einem persönlichen Kundenberater besteht. In Finanzangelegenheiten wünschen Kunden Stabilität, Kompetenz und Vertrauen. Dies bedeutet, dass eine hohe Fluktuation oder Abwesenheitszeiten für uns eine Herausforderung darstellen, die es gilt abzuwenden. Die Strategie besteht deshalb darin, gute und langjährige Mitarbeiter weiterhin an das Unternehmen zu binden, kontinuierlich zu qualifizieren und auf neue Aufgaben vorzubereiten. Im gleichen Maße gilt es aber auch, erfahrenere, ältere Kundenberater als neue Mitarbeiter zu gewinnen. Qualifizierte Kundenberater mit langjähriger Erfahrung im privaten Finanzberatungsgeschäft sind besonders begehrt, denn sie bringen oft stark ausgeprägte Schlüsselkompetenzen mit, haben über die Jahre ein wertvolles Netzwerk aufgebaut und sind in der Regel sehr rasch in der Lage, ihre Kompetenzen und Kundenbeziehungen in unser Unternehmen einzubringen.

Kunden schätzen, wie bereits ausgeführt, eine vertraute Kontaktperson. Aus diesem Grunde ist es für ein Unternehmen wie die Deutsche Bank insbesondere im Privatkundengeschäft nicht so ohne weiteres möglich, den prognostizierten Mangel an jungen Nachwuchskräften durch die Rekrutierung von Personal z. B. aus dem Ausland auszugleichen. Sprachliche Schwierigkeiten oder zu große kulturelle Unterschiede können für Kunden im Sektor des Finanzwesens problematisch sein. Aus diesem Grund wird es für uns noch stärker erforderlich, uns als attraktiver Arbeitgeber zu positionieren und unsere Prozesse und Arbeitsbedingungen in der Art und Weise zu gestalten, dass unsere bestehende Belegschaft mit uns wachsen kann und auch zukünftig die Qualifikationen und Kompetenzen mitbringt, um den anstehenden Anforderungen erfolgreich zu begegnen.

Im Hinblick auf die Fragestellung, ob alternde Belegschaften und Finanzdienstleistungen wie das Privatkundengeschäft gut zusammenpassen, kann man festhalten, dass in diesem Geschäftsfeld das oft diskutierte Defizitmodell, welches von einem grundsätzlichen Leistungsabfall im Alter ausgeht, kaum eine Rolle spielt. Dies ist folgendermaßen zu begründen:

Wie bereits ausgeführt geht es bei unseren Arbeitstätigkeiten im Schwerpunkt um spezifische soziale und methodische Schlüsselfähigkeiten, wie Kommunikationsstärke, Beratungskompetenz und Kundenorientierung. Positive Eigenschaften wie z. B. ein besseres Urteilsvermögen, Kenntnisse über betriebliche Zusammenhänge oder ein höheres Verantwortungsbewusstsein findet man häufig bei älteren Mitarbeitern. Andere Bereiche der Leistungsfähigkeit nehmen im Alter aber auch tendenziell ab, andere wiederum bleiben konstant (siehe dazu Kapitel 3). Ältere Mitarbeiter sind nach unseren Erfahrungen gleich bleibend widerstandsfähig gegen psychische Belastung und genauso fähig zur Informationsaufnahme und -verarbeitung wie jüngere Mitarbeiter. Darüber hinaus haben Ältere deutliche Vorteile bei der Bearbeitung sprach- und wissensgebundener Aufgaben. Sie verfügen häufig über ein breiteres Allgemeinwissen, haben oft ein sehr ausgeprägtes Pflicht- und Qualitätsbewusstsein und sind loyal und zuverlässig. Diese positiven Eigenschaften, gepaart mit der Berufs- und Lebenserfahrung, einem guten praktischen Urteilsvermögen, Verantwortungsbewusstsein, Ausgeglichenheit und Gelassenheit sind gerade im Privatkundengeschäft und im direkten Kundenverkehr von Vorteil. Verschiedene Leistungsdefizite sind im Private Banking nur von untergeordneter Bedeutung. Daraus kann geschlussfolgert werden, dass zumindest für das Privatkundengeschäft kein Anlass zur grundsätzlichen Annahme besteht, dass ältere Mitarbeiter aufgrund ihres biologischen Alters weniger geeignet seien, erfolgreich diese Aufgaben wahrzunehmen.

Wir als Deutsche Bank definieren ganz deutlich für die verschiedenen Aufgabenfelder bestimmte Kompetenzen. Im Zuge jährlicher Feedback- und Entwicklungsgespräche mit dem Vorgesetzten werden mit jedem einzelnen Mitarbeiter Übereinstimmungen und Abweichungen zwischen den erforderlichen Kompetenzen, den vorhandenen Kompetenzen und den anstehenden Anforderungen geklärt und daraus ableitend entsprechende betriebliche Qualifizierungspläne erstellt und Qualifizierungsmaßnahmen durchgeführt. Dieses Prinzip wenden wir schon seit einigen Jahren kontinuierlich und flächendeckend für alle Mitarbeiter an, so dass alle unsere Mitarbeiter (ältere und jüngere) vorhandene Defizite durch entsprechende Qualifizierungsveranstaltungen verbessern oder überwinden können. Alle Mitarbeiter erhalten bei uns regelmäßig und angelehnt an die individuellen Erfordernisse Weiterbildungsveranstaltungen. So führten wir beispielsweise vor kurzem so genannte Fresh-up-Veranstaltungen für alle Führungskräfte durch.

Qualifizierung und Lernen sind für uns ein fortlaufender Prozess und keine Frage des Alters, der Dauer oder Zugehörigkeit zu einer Position oder Abteilung. Diese Strategie führt auch dazu, dass ältere Kollegen in unserem Unternehmen nicht grundsätzlich höhere Fehlzeiten haben, eine geringere Bereitschaft zur Weiterbildung bzw. Entwicklungsfähigkeit zeigen oder eine eingeschränkte Motivation und geringere Anpassungsbereitschaft und Flexibilität für Neuerungen haben. Trotz der gegenwärtig positiven wirtschaftlichen Situation in unserem Unternehmen sind wir uns der Problematik des demografischen Wandels bewusst und beabsichtigen, unsere HR-

Instrumente zu ergänzen, auszuweiten oder neu zu definieren. Das nächste Kapitel beschreibt detailliert diese Schritte.

3   Ansätze und Maßnahmen

1. Analyse

Der erste Schritt, um sich dem Thema der demografischen Veränderungen anzunähern, bestand darin, verschiedene kritische Fragen aufzugreifen, um die Ausgangsposition unseres Unternehmens festzustellen. Daraus ableitend sollten die wichtigsten Handlungsfelder erkannt werden, um im Anschluss Maßnahmen abzuleiten und umzusetzen. Da unser Kerngeschäft in der Gewinnung und Pflege von Kundenbeziehungen liegt, wurden bei dieser Analyse auch immer die Kundenseite und der gesellschaftliche Kontext in Bezug zu unseren Strukturen mitberücksichtigt.

Die wichtigsten Fragen lauteten:

- Wie verteilt sich die Altersstruktur in unserem Unternehmen?

- Wie sind wir hinsichtlich der Variable Alter in verschiedenen Regionen und Bereichen aufgestellt?

- Wie passt die Altersstruktur unserer Belegschaft zur Altersstruktur unserer Kunden?

- Sind unsere Arbeitsplätze und Arbeitstätigkeiten so gestaltet, dass Mitarbeiter diese bis zum 65. Lebensjahr ausführen können?

- Beteiligen wir unsere Mitarbeiter aktiv bei der Gestaltung der Arbeitsbedingungen? Welchen Anteil müssen die Mitarbeiter selbständig erbringen?

- Können wir derzeit oder zukünftig unseren Bedarf an jungen Fachkräften decken (Ausbilden, Rekrutieren)?

- Erhalten bei uns alle Mitarbeiter – unabhängig vom Alter – die gleiche Chance, sich zu qualifizieren und ihre Kompetenzen zu erweitern?

- Fördern wir gezielt den Wissensaustausch zwischen älteren, erfahrenen Mitarbeitern und dem Nachwuchs?

- Bieten wir allen Mitarbeitern eine gerechte und berufliche Entwicklungsperspektive?

Diese Fragen wurden aufgegriffen, in verschiedenen Bereichen diskutiert und eine eingehende Analyse der Altersstruktur unserer Belegschaft in den verschiedenen Regionen und Geschäftsfeldern durchgeführt. Grundsätzlich konnten wir feststellen, dass wir im Moment eine im Durchschnitt junge Belegschaft haben. Gleichwohl sehen wir schon heute Handlungsbedarf, da zukünftig die demografischen Veränderungen und die daraus resultierenden Konsequenzen noch stärker ihre Wirkungen erkennen lassen werden. Bei unseren Untersuchungen konnten wir vier spezifische Problemfelder herausarbeiten:

- Der erste Punkt bezog sich auf den Sachverhalt, dass zukünftig qualifizierter Nachwuchs Mangelware sein wird und demnach Konzepte und Instrumente zur Deckung dieser Lücke entwickelt und bereitgestellt werden müssen.

- Der zweite wichtige Punkt konnte zeigen, dass die Anforderungen an Mitarbeiter weiter ansteigen werden, zunehmend komplexere und wechselnde Aufgaben zu bewältigen sind und auch belastende Arbeitssituationen und Arbeitsverdichtung stärker zum Alltag gehören werden. Aus dieser Erkenntnis erwachsen wiederum Überlegungen, in welcher Weise man Mitarbeiter, und dabei insbesondere ältere Mitarbeiter, auf diese Veränderungen und Herausforderungen vorbereitet und sie entsprechend qualifiziert, so dass die Leistungsfähigkeit, trotz der zunehmenden Belastungen, auch bis ins hohe Alter erhalten bleibt.

- Das dritte Problemfeld beschäftigt sich mit Themen der internen Kultur und der Frage nach Diskriminierung oder Vorurteilen hinsichtlich bestimmter Personengruppen. In diesem Themenfeld ging es unter anderem darum, ob ältere Mitarbeiter die gleichen Chancen wie jüngere Mitarbeiter haben. Dieser Themenkomplex gliedert sich in den Diversity-Ansatz ein, der bei uns auch im Rahmen anderer Analysen, beispielsweise Nationalitäten in unserem Unternehmen, behandelt wird. Dieses dritte Problemfeld ist insbesondere ein Führungs- und Managementthema, denn dieser Personenkreis nimmt zur Vorbeugung und Gestaltung einer intergenerativen Kultur eine Schlüsselposition ein.

- Der vierte Punkt ist die veränderte Kundenstruktur und daraus resultierend Überlegungen, was dies für die Mitarbeiterseite bedeutet. Dieses Thema ist aber kein reines Personal-, sondern in erster Linie ein Produktentwicklungs- und Marketingthema, weshalb wir den Punkt an dieser Stelle nicht ausführlich beschreiben wollen.

Die dargestellten Problemfelder wurden im zweiten Schritt entsprechend den Ergebnissen aufgearbeitet und konkrete Handlungsfelder bzw. Maßnahmenkataloge abgeleitet.

2. Zentrale Handlungsfelder und konkrete Maßnahmen

Auf Basis der durchgeführten Analysen ergaben sich die bereits im vorangegangenen Abschnitt dargestellten drei zentralen Handlungsfelder für unser Geschäftsfeld Private & Business Clients der Deutschen Bank. Dabei sollten kurz-, mittel- und langfristige Planungshorizonte im Personalmanagement berücksichtigt und Strategien entwickelt werden, die sich an altersstrukturellen Zielsetzungen (z. B. Kommunikation zwischen den Generationen, Herstellung und Aufrechterhaltung eines gesunden Alters-Mixes) orientieren. Die folgenden Ausführungen zeigen auf, welche Instrumente und Strategien wir als HR-Abteilung hinsichtlich der beschriebenen Problemfelder entwickeln und bereitstellen wollen und welche Besonderheiten dabei im Einzelnen zu beachten sind.

Handlungsfeld 1: Gestaltung der Altersstruktur unserer Belegschaft

Folgende Maßnahmen wurden im Zusammenhang mit diesem Handlungsfeld ausgearbeitet:

■ Gezielte Rekrutierung junger, motivierter und gut ausgebildeter Nachwuchskräfte

■ Verstärkte Rekrutierung von nicht ausreichend erschlossenen Personengruppen, dazu gehören beispielsweise ältere und erfahrene Finanzberater

■ Wiedereingliederungsmaßnahmen für Frauen nach der Familienphase

■ Erhöhung der Attraktivität als Arbeitgeber für alle Arbeitsgruppen

■ Vermeidung unerwünschter und innerer Kündigungen und hoher Fluktuation durch langfristige Mitarbeiterbindung („Retention")

■ Leichtere Rekrutierungsmöglichkeiten (dezentrale Regelungen)

Die Attraktivität und Bindung können durch eine altersgerechte Arbeitsgestaltung erhöht werden. Eine altersgerechte Arbeitsgestaltung bedeutet für uns, dass wir uns intensiv mit Erwerbsverläufen auseinander setzen müssen und werden (siehe auch Kapitel 11). Eine sinnvolle Möglichkeit der dauerhaften Förderung von Motivation und Leistungsfähigkeit auch bei älteren Mitarbeitern besteht darin, neue Modelle betriebsinterner Laufbahnen einzuführen. Neben der klassischen Führungslaufbahn sind in diesem Zusammenhang Modelle entwickelt worden, die eine Karriere auf einer rein fachlichen Ebene vorsehen (z. B. Direktor ohne Führungsaufgaben). Ein weiteres Modell in diesem Kontext sieht den Tätigkeitswechsel auf horizontaler Ebene vor. Zu dem Thema der leichteren Rekrutierungsmöglichkeiten hat sich gerade in unserem Bereich eine dezentrale Regelung als sehr vorteilhaft herausgestellt, da durch dieses Vorgehen regionale Besonderheiten besser berücksichtigt werden können.

Handlungsfeld 2: Erhaltung der Leistungs- und Innovationsfähigkeit (Veränderungsbereitschaft) aller Mitarbeiter

Folgende Ansätze wurden im Zusammenhang mit diesem Handlungsfeld ausgearbeitet:

■ Gezielte, kontinuierliche und altersgerechte Weiterbildung für alle Altersgruppen (Förderung der Job-Fitness und der beruflichen Kompetenz)

■ Leistungsfördernde Arbeitsbedingungen (Gesundheitsmanagement, Arbeitsplatz-gestaltung)

■ Innovative Arbeitszeitmodelle zur Motivation älterer Mitarbeiter (z. B. für den Übergang in den Ruhestand)

Im Kontext des Themas Weiterbildung hat für uns als Wirtschaftsunternehmen mit dem Schwerpunkt Dienstleistung die Verbesserung der Produktivität und Kundenori-entierung eine enorme Bedeutung. Eine aktive Förderung und eine kontinuierliche Weiterbildung zur Aufrechterhaltung und Ausweitung dieser Schlüsselkompetenzen auch bei älteren Beschäftigten sind daher von großer Wichtigkeit. Die altersgerechte Weiterbildung beinhaltet daher eine grundsätzlich lernförderliche Arbeitsgestaltung, z. B. durch das verstärkte Einführen von altersgemischten Teams (Mentoring). Stärken und Schwächen zwischen jüngeren und älteren Mitarbeitern sind oft komplementär und können sich somit gegenseitig bereichern.

Die Ausrichtung von Weiterbildungsveranstaltungen in Form von Präsenz-Seminaren, die bislang einen Schwerpunkt bildeten, verändert sich zu Gunsten einer stärkeren Integration der Lernprozesse in den Arbeitsprozess. Eine weitere Möglichkeit zur altersgerechten Weiterbildung besteht daher verstärkt im selbstorganisierten Lernen am Arbeitsplatz (learning on the job) durch dafür gezielt bereitgestellte Lernzeiten oder E-Learning. Diese Methoden ermöglichen, dass sich jeder Mitarbeiter ganz indi-viduell nach seinem eigenen Lernrhythmus, auch mit sehr komplexen oder sehr spezi-fischen Lerninhalten beschäftigen kann. Das Weiterbildungsverhalten älterer Mitarbei-ter kann durch diese Form der langfristigen Lernprozesse positiv beeinflusst werden, und es können Lernstrategien vermittelt werden, die dann in Folge auch immer eigen-ständiger angewandt werden können. Bei der Weiterbildung älterer Mitarbeiter sollte im besonderen Maße beachtet werden, dass die Lerninhalte in andere Zusammenhän-ge oder bereits vorhandenes Vorwissen bei dem Lernenden eingebunden werden können. Lerninhalte, die mit fall- und praxisorientierten Beispielen verknüpft werden können, sind leichter und schneller abspeicherbar und führen somit auch zügiger zu Erfolgserlebnissen bei den Lernleistungen, was wiederum die Motivation positiv be-einflusst. Lerninhalte und die einzelnen Lernschritte sollten eine hohe Nachvollzieh-barkeit und Praxisnähe haben, so dass der Lernende auch die Erfahrung machen kann, dass Lernen sich lohnt. Eine ausgeprägte Integration des Lernens in die alltägliche Arbeit und eine Verankerung des theoretisch Gelernten mit praktischen Übungen ist für ältere Lernende von größerer Wichtigkeit als bei jüngeren Mitarbeitern, da ältere Mitarbeiter stärker implizit lernen. Darüber hinaus sollten Unsicherheiten und Versagensängste bei älteren Mitarbeitern berücksichtigt und diesen entgegengewirkt werden. Wir empfehlen aber keine gesonderten Veranstaltungen für ältere Mitarbeiter, denn wir gehen davon aus, dass der Erfahrungsaustausch zwischen Jung und Alt sehr wichtig ist. Allerdings sollten Trainer und Vorgesetzte sehr sensibel und vorbereitet mit diesen möglichen Reaktionen umgehen.

Gerade in der Auseinandersetzung mit dem Thema alternde Belegschaften und Erhaltung der Leistungsfähigkeit bis ins hohe Alter spielen die Handlungsfelder Gesundheit und Arbeitsplatzgestaltung eine bedeutsame Rolle. Aus unseren Analysen wurden daher folgende Maßnahmen zur Gesundheitsförderung und Arbeitsplatzgestaltung im Unternehmen abgeleitet: Die Durchführung von regelmäßigen Gesundheitschecks, das Anbieten und auch Anwenden von Gesundheitsberatungen insbesondere zur Prävention (auch bei jüngeren Beschäftigten), die ergonomische Gestaltung von Arbeitsplatz und -umgebung im Rahmen des Arbeitsschutzes, die Förderung von Fitness und Wellness (z. B. Betriebssport) und die gesundheitliche psychosoziale Gestaltung der Arbeitsabläufe durch Erweiterung von Handlungs- und Zeitspielräumen bzw. durch den Abbau von stressauslösenden Faktoren.

Im Zusammenhang mit innovativen Arbeitszeitregelungen sind Ansätze zur Work-Life-Balance bzw. der lebensphasenorientierten Arbeitszeitgestaltung anzuführen. So wollen wir unseren Mitarbeitern langfristig Modelle anbieten, die es ermöglichen, Arbeitszeitbedingungen aufgrund individueller Gesundheits- oder Lebensumstände und/oder persönlicher Interessen anzupassen und zu gestalten. Grundsätzlich gilt es, die Beschäftigten stärker zur Eigenverantwortung zu bewegen und sie aber im Gegenzug auch stärker an der Organisationsentwicklung zu beteiligen. Insgesamt sollten sich sowohl das Personalmanagement als auch die Führungskräfte stärker für neue Arbeitsformen und neue Arbeitszeitmodelle öffnen. Im Zuge des Übergangs in das Rentenalter sollten auch immer wieder Schulungen, wie beispielsweise die Vorbereitung auf den dritten Lebensabschnitt, angeboten werden.

Handlungsfeld 3: Schaffung einer fairen und gerechten Unternehmenskultur und von entsprechendem Führungsverhalten

- Gerechte Arbeitsplatzgestaltung und gezielter Einsatz von gemischten Teams (Diversity-Ansatz)

- Wertschätzung gegenüber älteren Mitarbeitern und Nutzung ihrer speziellen Fähigkeiten

- Sensibilisierung der Führungskräfte und damit einhergehend Abbau von Vorurteilen

- Entwicklung und Umsetzung von Unternehmensgrundsätzen, die auf einen langfristigen Erhalt der Arbeitsfähigkeit setzen

Die Kultur eines Unternehmens prägt maßgeblich das Handeln der Beteiligten. Die Deutsche Bank versteht sich als offenes und internationales Unternehmen und begrüßt daher die Kultur der Vielfältigkeit und Gleichbehandlung (siehe auch Kapitel 5). Damit lässt sich das Thema der alternden Belegschaften bereits auf dieser Ebene einordnen. Im Kern geht es um die Verankerung einer altersgerechten Arbeits- und Personalpolitik im Unternehmensleitbild. Ein erster wichtiger Schritt ist daher die Sensibilisierung unserer Belegschaft. Der Abbau von Vorurteilen und das Einhalten von gerechten Entscheidungen und wertschätzenden Verhalten sind maßgeblich durch die Führungskräfte geprägt. Aus diesem Grund wird dieser Gruppe eine Schlüsselfunktion zugesprochen. Unsere derzeitigen Maßnahmen konzentrieren sich daher gezielt auf diesen Personenkreis. Führungskräfte werden zum Einstellungswandel in Bezug auf die Leistungsfähigkeit älterer Beschäftigter ermuntert, beispielsweise in Form eines Workshops zum Thema „Ältere Beschäftigte" (Age-Awareness-Workshop).

Führungskräfte sollen ein Bewusstsein entwickeln, dass zukünftige Beschäftigungsverhältnisse auf Langlebigkeit angelegt sind und eine wertschätzende und unterstützende Haltung gegenüber älteren Beschäftigten den Normalzustand charakterisiert. Im Rahmen von Mitarbeiter- und Zielvereinbarungsgesprächen sind Führungskräfte aufgefordert, wie bei allen Mitarbeitern, Leistungen älterer Mitarbeiter anzuerkennen, aber auch ggf. Leistungseinschränkungen zu thematisieren. Führungskräfte sollen unterstützend bei der Entwicklung von persönlichen Interessen, dem zielgerichteten Einsatz der eigenen Fähigkeiten und bei der Gestaltung und dem Aufzeigen möglicher Perspektiven und altersgerechter Erwerbsverläufe mitwirken (z. B. durch abteilungsinternen Tätigkeitswechsel zur Förderung von Motivation). Das Praktizieren eines kooperativen Führungsstils und das Zulassen einer individuellen Arbeitsplanung von älteren Mitarbeitern sind in diesem Kontext genauso einzuordnen wie die Förderung von einem informellen Dialog und Erfahrungsaustausch zwischen jüngeren und älteren Beschäftigten („Mentoring/Coaching/Paten"). So bieten sich Tandem-Modelle zwischen Erfahrungsträgern und Berufsanfängern an, indem sich beide Mitglieder sowohl als Lehrende wie auch als Lernende begreifen und voneinander profitieren können. Erfahrene Mitarbeiter haben häufig entscheidende Ideen, verfügen über fundiertes Wissen und kennen mögliche Risiken oder Problemfelder. Jüngere Mitarbeiter haben dagegen häufig unkonventionelle und neue Vorschläge, haben spezielle Fähigkeiten oder bringen frische Erkenntnisse aus ihrer Ausbildung mit. Altersgemischte Teams beinhalten ein großes Potenzial. Sie vereinen die schnelle Verfügbarkeit von Spezialwissen, verhindern Know-how-Verluste und ermöglichen den systematischen Wissens- und Erfahrungstransfer zwischen den Generationen.

Wir haben in PBC zum Thema Diversity bewusst keine speziellen Verantwortlichkeiten geschaffen. Wir erachten dieses Thema, wie bereits ausgeführt, als sehr wichtig, befinden uns aber aufgrund unserer vergangenen Aktivitäten und seit Jahren praktizierter Konzepte in einer vergleichsweise guten Ausgangsposition. Beispielsweise ist es bei uns, in Anlehnung an die europäische Antidiskriminierungsgesetzgebung, schon lange üblich, das wir bei Stellenausschreibungen bewusst auf Altersangaben verzichten, da bei der Besetzung von Stellen ausschließlich das Fähigkeits- bzw. Kompetenzprofil eines Bewerbers von Bedeutung sein sollte. Die Devise lautet daher right potentials und nicht ausschließlich young potentials. Selbst bei Talent- und Nachwuchsförderprogrammen werden hin und wieder ältere Mitarbeiter aufgenommen, was interessanterweise bei diesen Personen zu einem enormen Motivationsschub führt.

Die Förderung der Vielfalt und ein guter Mix zwischen älteren und jüngeren Mitarbeitern sind daher unsere Ziele. Diversity lässt sich nicht verordnen, sondern kann unseres Erachtens nur durch eine entsprechende kulturelle Gestaltung und durch tägliches Anwenden hergestellt werden. Daher ist unsere Strategie das Sensibilisieren und das sukzessive Umsetzen dieser Ansätze durch entsprechende Impulse im Unternehmensalltag.

4   Zukünftige Entwicklungen

Der nächste Schritt unserer Arbeitstätigkeiten wird darin bestehen, die einzelnen Maßnahmen und Möglichkeiten innerhalb der verschiedenen Handlungsfelder nach Prioritäten zu ordnen und entsprechend auszubauen oder umzusetzen. Teilweise sind einzelne Teilprojekte auch schon erfolgreich in Angriff genommen worden. So wurden unsere Führungskräfte bereits umfassend für das Thema Diversity sensibilisiert.

Neben den Themen Retention, Personalwesen, Qualifizierungs- und Schulungsfragen wird die demografische Veränderung, auch über das Personalwesen hinaus, in anderen Bereichen diskutiert. Zu nennen ist in diesem Zusammenhang das Geschäftsfeld Marketing (siehe Kapitel 19). Unsere Kunden werden zunehmend älter. Die Gruppe der über 65-Jährigen Kunden wächst stetig und Teile dieser Gruppe sind für uns sehr interessant. Im Kontext dieser Themen geht es beispielsweise darum, Konzepte oder Strategien zur verbesserten und zielgerichteten Ansprache der älteren Kundengruppe oder spezielle Produkte für diesen Personenkreis auszuarbeiten. Produkte, die ältere Kunden dabei unterstützen, ihren Lebensabend zu finanzieren, ohne dabei aus dem eigenen Haus ausziehen zu müssen, da zwar Grundbesitz, aber keine Liquidität vorhanden ist („reverse mortgages"), können in Zukunft als Modelle interessant werden. Darüber hinaus gibt es noch weitere, zum Teil sehr schwierige und sensible Aufgaben im Zusammenhang mit den demografischen Veränderungen. Beispielsweise geht es um Inhalte wie Erben- oder Nachfolgeangelegenheiten und daraus resultierend um Fragen, wie wir zukünftige Erben an unser Unternehmen binden oder sinnvoll und innovativ Unternehmer bei Nachfolgeregelungen begleiten können. Das Thema des demografischen Wandels ist keineswegs ein reines HR-Thema, sondern wird als ein strategisches Anliegen für das Gesamtunternehmen eingestuft.

Im Hinblick auf alternde Belegschaften muss zukünftig auch über alternative Beschäftigungsmodelle nachgedacht werden. Vorstellbar wären unter anderem Wirkungsfelder, in denen ältere Mitarbeiter oder sogar Ruheständler in Form von freiberuflichen Verträgen, eng angelehnt an das Ambassador-Prinzip, Aufgaben übernehmen, wie das Pflegen von Kundenbeziehungen oder das Durchführen von Imageprojekten für die Deutsche Bank. Der regionale Vernetzungsgedanke vor Ort leistet hierbei einen wichtigen Beitrag, da bestimmte ältere Mitarbeiter als Multiplikatoren eine bedeutungsvolle Schlüsselfunktion einnehmen können. Darüber hinaus wird es vermehrt notwendig sein, über neue Modelle der Übergangsregelungen für den Ruhestand nachzudenken. Interne Beratungs- oder Projektaufgaben sind sehr gut vorstellbar, insbesondere im Kontext der bereits ausgeführten Mentorenprogramme. Die Erfahrung wird uns zeigen, welche Kombinationen von Gruppenzusammenstellungen den größten Nutzen für alle Beteiligten bringen werden.

Aufgrund der momentanen Ausgangssituation des Bereichs Private & Business Clients der Deutschen Bank und der Intention, die bestehende und hoch qualifizierte Belegschaft im Unternehmen zu halten und zu fördern, wird der Altersdurchschnitt zwangsläufig ansteigen. Gleichzeitig wollen wir selbstverständlich auch nach wie vor engagierten Nachwuchs rekrutieren, was dieser Entwicklung entgegenwirkt und dazu führt, dass sich unser Altersdurchschnitt langfristig leicht erhöhen und dann auf einem bestimmten Niveau einpendeln wird. Aus diesen Überlegungen ergibt sich die wesentliche Aufgabe, noch stärker passende Konzepte und Instrumente zu entwickeln und bereitzustellen, um hoch qualifizierte Fachkräfte im Unternehmen zu halten. Darüber hinaus sind die Rahmenbedingungen so zu gestalten, dass dieser Personenkreis nicht abwandert.

Aus den hier vorgestellten Überlegungen kann folgendes Fazit gezogen werden. Um mit den Konsequenzen der demografischen Entwicklung für die betriebliche Praxis umgehen zu können, sollten Unternehmen einige zentrale Punkte beachten:

- Berücksichtigung der demografischen Aspekte in allen betrieblichen Handlungsfeldern

- Nutzung der vorhandenen Potenziale der „Ressource Mensch" im Allgemeinen und besonders der Potenziale älterer Mitarbeiter — dies gilt genauso auf der Kundenseite

- Prüfung der im Unternehmen vorhandenen Instrumente und Maßnahmen

Mit diesen Ansätzen kann gewährleistet werden, dass ein Unternehmen auch in der Zukunft erfolgreich handeln kann.

Dr. Dr. Daniel Wichelhaus, Michael Born und
Patrick Da-Cruz

13. Management alternder Belegschaften bei der medizinischen Hochschule Hannover

Ein Praxisbeispiel im Gesundheitswesen

1   Einleitung

Die Diskussionen um die demografischen Veränderungen innerhalb der deutschen Bevölkerung und die daraus resultierenden Konsequenzen für die sozialen Sicherungssysteme sowie die Arbeitnehmer haben in der jüngsten Vergangenheit an Schärfe gewonnen. Einschränkungen beim Rentenniveau oder die Ausgrenzung von Leistungen aus dem Leistungskatalog der Gesetzlichen Krankenversicherungen (GKV) werden mittlerweile vom Großteil der Bevölkerung als unvermeidlich angesehen.

Welche Konsequenzen sich aus der demografischen Veränderung für den Betriebs- und im Speziellen den künftigen Klinikalltag ergeben, spielt dabei bislang nur eine untergeordnete Rolle. Gerade im Gesundheitswesen mit seinen besonderen gesetzlichen Regelungen sind schon in den kommenden Jahren die Personalverantwortlichen und Mitarbeitervertreter gefordert, tragfähige Lösungen zu entwickeln, die allen Betroffenen (jüngeren/älteren Mitarbeitern, Patienten und Klinikmanagement) gerecht werden.

2   Ausgangssituation im Klinikbereich

Einrichtungen des Gesundheitswesens wie Kliniken oder Senioreneinrichtungen haben in zahlreichen Regionen Deutschlands schon seit Jahren mit Engpässen bei der Beschaffung von qualifiziertem Pflegepersonal zu kämpfen. Diesen Engpässen konnte bislang teilweise durch den Einsatz ausländischer Kräfte oder die „Reaktivierung" und Qualifizierung der stillen Reserve des Arbeitsmarktes begegnet werden.

Neben dem „Pflegenotstand" haben die Kliniken in der jüngsten Vergangenheit nun auch immer häufiger mit einer Ärzteknappheit zu kämpfen. Zahlreiche ausgebildete Mediziner bevorzugen mittlerweile einen Job in der Industrie oder wandern ins Ausland ab. Diese stehen dem deutschen Kliniksektor i. d. R. auch auf längere Sicht nicht mehr zur Verfügung. Auch die Anwerbung ausländischer Mediziner, die insbesondere im Osten Deutschlands eine gängige Praxis darstellt, wird dieses Problem nicht lösen können.

3   Zukünftige Entwicklungen

Obgleich im Rahmen der DRG-Einführung und der fortschreitenden Privatisierung der Kliniklandschaft von einem deutlichen Rückgang der Bettenkapazitäten im stationären Bereich ausgegangen wird, ist aus verschiedenen Gründen damit zu rechnen, dass das Thema Personalknappheit in ärztlichen, pflegerischen (und z. T. therapeutischen) Bereichen und die daraus resultierenden Herausforderungen auf der Management-Agenda weiter nach oben rutschen werden.

Der Kapazitätsabbau im stationären Bereich geht einher mit einem Ausbau des ambulanten Bereiches; seien es ambulante Kliniken, Ärztenetze, Gesundheitszentren oder Fitness-Studios. Hier werden nicht selten Ärzte und Pflegekräfte – und zwar zu humaneren Dienstzeiten als in der Klinik – eingesetzt. Die grundsätzliche Nachfrage nach medizinischen Dienstleistungen in einer alternden Gesellschaft wird weiter zunehmen. Die „neuen" Alten sind wesentlich anspruchsvoller als bisherige Generationen und möchten auch im hohen Alter ein hohes Gesundheits- und Fitnessniveau erhalten. Wenn, wie z. B. diskutiert, die Krankenkassen zukünftig bestimmte Leistungen nicht mehr erstatten werden, dann ist damit zu rechnen, dass große Teile dieser Nachfrage aus dem Privateinkommen und -vermögen der Patienten finanziert werden. Dem deutschen Gesundheitswesen gelingt es darüber hinaus zunehmend, medizinische Leistungen „made in Germany" auch international erfolgreich zu vermarkten und für anspruchsvolle medizinische Dienstleistungen Patienten nach Deutschland zu holen.

Ein Weg aus dem sich ankündigenden Dilemma „Personalengpässe", das sich bei den kommenden geburtenschwachen Jahrgängen noch verschärfen dürfte, liegt in der längeren Beschäftigung älterer Arbeitnehmer (wie im politischen Bereich bereits angedacht). Die Umsetzung dieses Weges ist in der Klinikpraxis naturgemäß mit zahlreichen Herausforderungen verbunden.

Dabei stehen den „negativen" Stereotypen, die üblicherweise mit älteren Mitarbeitern in Verbindung gebracht werden, auch zahlreiche „positive" Stereotypen gegenüber (siehe auch Kapitel 3).

Positive Stereotype

- Hohes Erfahrungswissen und entwickelte Führungsfähigkeit

- Zuverlässigkeit und Verantwortungsbewusstsein

- Identifikation mit dem Unternehmen und Loyalität

- Hohe Arbeitsmoral, Disziplin und psychische Belastbarkeit

- Positive Einstellung zur Notwendigkeit qualitativ hochwertiger Arbeit

Negative Stereotype

- Begrenzte Fähigkeit und Bereitschaft zum Erlernen neuer Arbeitstechniken

- Sinkender beruflicher Ehrgeiz

- Geringe körperliche Belastbarkeit

- Geringe Kreativität und Flexibilität

Dabei sind im Gesundheitswesen Aspekte wie Erfahrungswissen, Zuverlässigkeit oder Verantwortungsbewusstsein von besonderer Relevanz. Gerade im Umgang mit Schwerkranken ist das Thema psychische Belastbarkeit bedeutend.

Im Folgenden werden Instrumente beschrieben, wie die Kliniken mit einer alternden Belegschaft umgehen können und wie insbesondere Mitarbeiterinnen und Mitarbeiter jenseits von 60 Jahren noch wertschaffend und motiviert beschäftigt werden können.

4 Stärkung der Prävention

Es ist nur schwer verständlich, warum Kliniken, die Institutionen der Wiederherstellung bzw. der Verbesserung des Gesundheitszustandes für Patienten sein wollen und intern über ein enormes Wissen auch zur Prävention verfügen, mit diesem Thema bislang eher oberflächlich umgehen. Die moderne Arbeitsmedizin bietet zahlreiche Ansatzpunkte, wie eine gesunde Arbeitsorganisation, Arbeitsplatzgestaltung und altersgerechte Aufgabenverteilung unter Berücksichtigung der verschiedenen Berufsgruppen aussehen können. Wie Erfahrungen aus anderen Branchen zeigen, können hier mit vergleichsweise geringem Aufwand deutliche Reduktionen der Krankheitszeiten, insbesondere auch bei älteren Mitarbeitern, erzielt werden. Aktivitäten in diesem Bereich lohnen sich besonders, da ältere Mitarbeiter in der Regel wesentlich länger fehlen, nachdem sie einmal erkrankt sind.

4.1 Schulungen und Training für ältere Mitarbeiter

In zahlreichen Einrichtungen des Gesundheitswesens wird nach wie vor nur in die Weiterqualifikation jüngerer Mitarbeiter investiert. Konkret bedeutet dies, dass weniger als 5% der Beschäftigten zwischen 40 und 55 Jahren noch an Fort- und Weiterbildungsmaßnahmen teilnehmen und dass dieser Anteil bei den Beschäftigten über 55 Jahren auf unter 2% abrutscht.

Die Folgen dieser Politik liegen auf der Hand. Während in junge Mitarbeiter investiert wird und deren Qualifikationsprofil auch für externe Arbeitgeber interessanter wird, fühlen sich ältere Mitarbeiter als „nicht mehr investitionswürdige" Objekte. Dabei sind gerade bei den älteren Mitarbeitern in einzelnen Bereichen enorme Produktivitätssteigerungen erreichbar, z. B. wenn es gelingt, dass die elektronische Datenverarbeitung für die Beschleunigung von internen Prozessen genutzt wird. Das bei älteren Arbeitnehmern vorhandene Erfahrungswissen sollte vor allem durch Seminare in den Bereichen „Neue Technologien" (z. B. EDV) und „Personalführung" vertieft werden. 50- bis 60-Jährige, die eine Führungsposition innehaben, haben oftmals nur weniger Seminare zu Themen wie Führung, Mitarbeitermotivation oder Konfliktmanagement besucht und auch in ihrer beruflichen Laufbahn nicht notwendigerweise Vorgesetzte gehabt, die das Instrumentarium moderner Führungsmethoden beherrschen. Nicht zuletzt haben Weiterbildungen in der Regel einen nachhaltigen Motivationseffekt.

4.2   Neue Arbeitszeitmodelle

Ältere Mitarbeiter haben z. T., ähnlich wie junge Mütter, veränderte Wünsche an Arbeitszeitmodelle und lassen sich ungern in die oftmals vorzufindenden Standardschemata „pressen". Dafür gibt es verschiedene Ursachen; sei es, dass gewisse gesundheitliche Vorerkrankungen vorliegen, deren Therapierung/Behandlung eine gewisse Zeit erfordert; sei es, dass Kinder, Enkelkinder oder der Partner mitbetreut werden oder aus einfachen Freizeitpräferenzen heraus. Das Thema spielt insbesondere auch dann eine Rolle, wenn es um Vorruhestandsregelungen und Ähnliches geht. Trotz zahlreicher Bemühungen seitens der Klinikträger, mitarbeiterfreundliche Arbeitszeitmodelle in den Klinikalltag zu implementieren, muss die Gesamtsituation hier nach wie vor als unbefriedigend angesehen werden. Sofern es den Kliniken gelingt, entsprechende Lösungen zu entwickeln, die die zeitlichen Präferenzen älterer Mitarbeiter mit den zeitlichen Klinikabläufen in Einklang bringen, wäre hier schon viel gewonnen.

4.3   Leistungs- versus senioritätsorientierte Vergütung

Gerade bei freigemeinnützigen und öffentlichen Trägern macht die Anlehnung an das starre Korsett der dort eingesetzten Vergütungssysteme es zunehmend schwierig, ältere Mitarbeiter zu beschäftigen, insbesondere dann, wenn eine ähnliche Leistung von einem jüngeren Mitarbeiter für weniger Geld erbracht werden könnte. Verständlicherweise ist daher oftmals eine gewisse Ablehnung gegenüber älteren Bewerbern zu beobachten. Für viele ältere, arbeitslose Arbeitnehmer ist es jedoch durchaus denkbar und aus Finanzerwägungen heraus z. T. auch notwendig, eine überschaubare Gehaltsreduktion in Kauf zu nehmen, um wieder in ein Beschäftigungsverhältnis zu gelangen. Voraussetzung ist natürlich, dass der Mitarbeiter einen möglichst sicheren Arbeitsplatz erhält, in den er seine Erfahrungen einbringen kann. Kliniken müssen ihr Vergütungssystem hier, soweit möglich, flexibilisieren. Die leistungsorientierte Vergütung, bei Führungskräften gerne als Königsweg für die Vergütung gesehen, darf auch bei anderen Klinikmitarbeitern stärker zum Einsatz kommen.

4.4 Neue Berufsentwicklungsmöglichkeiten

Auch wenn in den letzten Jahren die ehemals starre Klinikhierarchie z. T. durch team- und projektorientierte Strukturen ersetzt wurde, gibt es für ältere Mitarbeiter, z. B. nach einem Wiedereinstieg im Anschluss an eine Erziehungspause, nur wenige Möglichkeiten einer mittel- und langfristigen Weiterentwicklung; wobei es nicht nur um die „klassische Karriere", d. h. einen Aufstieg in nächst höhere Hierarchieebenen, geht. Vielmehr kann hier auch über horizontale Ergänzungen des bestehenden Aufgabenspektrums oder „Job Rotation" nachgedacht werden.

In der Klinik wären dabei unterschiedliche Ansätze denkbar, die z. T. ja auch in den Personalentwicklungsmaßnahmen für jüngere Mitarbeiter vorgesehen sind. Ältere Mitarbeiter könnten z. B. gezielt in Richtung Projektleiter, Coach oder Patientenbetreuer weiterentwickelt werden. Nicht wenige der oftmals älteren Patienten schätzen es, wenn sie von erfahrenem Personal betreut werden. Genauso schätzen junge Nachwuchsführungskräfte, die in jüngeren Jahren bereits große Verantwortung übernehmen, das Coaching durch einen erfahrenen Mentor.

5 Fallbeispiel Medizinische Hochschule Hannover

An der Medizinischen Hochschule Hannover (MHH) haben das Präsidium und der Personalrat eine Vereinbarung über den so genannten „Internen Arbeitsmarkt" (IAM) erarbeitet.

5.1 Ziele

Der IAM verfolgt unter anderem das Ziel, langjährige Mitarbeiterinnen und Mitarbeiter an der MHH zu halten, wenn z. B. ganz konkret eine Pflegekraft über 60 Jahre aus gesundheitlichen Gründen den körperlichen Anforderungen auf der Station nicht mehr gewachsen ist oder der Arbeitsplatz einer 55-Jährigen MTA wegfällt, weil die Leistung in Zukunft von einem Laborroboter erbracht wird. Der Grund liegt darin, dass es sich hier um Mitarbeiter und Mitarbeiterinnen handelt, die die MHH mit ihren „Produktionsabläufen und -strukturen" bestens kennen und gerade deswegen auch in bestimmten Bereichen der Verwaltung sehr gut eingesetzt werden können, wie z. B. dem Qualitäts-, Risiko- und Beschwerdemanagement oder der Organisations-, Personal- und Unternehmensentwicklung.

Der IAM hat daher das Ziel, Mitarbeiterinnen und Mitarbeitern entsprechend ihren Fähigkeiten und Potenzialen innerhalb der MHH einzusetzen sowie zum Ausgleich von Personalüberhängen bzw. –unterdeckungen beizutragen. Er ist organisatorisch der Personalentwicklung zugeordnet und übernimmt eine aktive Rolle bei der Vermittlung von Mitarbeiterinnen und Mitarbeitern auf neue Arbeitsplätze. Er wird bei internen Ausschreibungen federführend tätig.

5.2 Verfahren bei der Stellenbesetzung

Sämtliche neu zu besetzenden Arbeitsplätze werden dem Internen Arbeitsmarkt von der Abteilungs-/Projektleitung, die den Arbeitsplatz besetzen möchte, mit dem Anforderungsprofil des Arbeitsplatzes gemeldet. Zu den neu zu besetzenden Arbeitsplätzen gehören auch neue und ggf. befristete Arbeitsplätze in Drittmittelprojekten. Der Interne Arbeitsmarkt veröffentlicht das Arbeitsplatzangebot/die Anforderungsprofile im Intranet der MHH und über Aushänge an den „Schwarzen Brettern". Darüber hinaus überprüft der IAM die Anforderungsprofile und nimmt den Abgleich mit den Bewerberprofilen vor. Gleichzeitig informiert er die Abteilungs-/Projektleitung über Anreize bei der Auswahl von Bewerberinnen und Bewerbern des IAM. Wenn ersichtlich ist, dass dieser Arbeitsplatz vom IAM nicht besetzt werden kann, erfolgt unverzüglich die Mitteilung an die Abteilungs-/Projektleitung. Anderenfalls erhält die Abteilungs-/Projektleitung die Unterlagen/Bewerberprofile potenziell geeigneter Bewerberinnen und Bewerber, die im IAM geführt werden spätestens nach einer Frist von 2 Wochen (Bewerbungsfrist). Geeignete Bewerber aus dem IAM werden dann im weiteren Auswahlverfahren durch den IAM betreut und begleitet, mit dem Ziel der Berücksichtigung bei der Besetzung.

Die Entscheidung, wie viele Arbeitsplätze z. B. im Rahmen einer Abteilungsumstrukturierung mit einem Vermerk „KW = künftig wegfallend" versehen werden, trifft die jeweilige Abteilung bzw. das Präsidium. Alle Stellen, die mit KW-Vermerken versehen sind, werden dann organisatorisch dem IAM zugeordnet. Das bedeutet, dass die Arbeitsplätze und die Personen, die diesen Stellen zugeordnet werden, aus der bisherigen Abteilung in den IAM verlagert werden. Allerdings gilt, dass die diesen Arbeitsplätzen zugeordneten Personen so lange in ihren Stammabteilungen weiterarbeiten können und müssen, bis sie vom IAM an einen neuen Arbeitsplatz vermittelt werden. Unbefristete Arbeitsverhältnisse von Bewerbern aus dem IAM werden in ihrem Bestand nicht negativ verändert. Das heißt, dass der Mitarbeiterin/dem Mitarbeiter nur ein neuer Arbeitsplatz zugewiesen wird und die sonstigen Rechte und Pflichten des Arbeitsverhältnisses unberührt bleiben.

Dabei trifft die Entscheidung, welche Personen den KW-Arbeitsplätzen zugeordnet werden, die abgebende Abteilung unter Beteiligung des IAM, des Personalrats und der sonstigen Stellen, die aufgrund anderer rechtlicher Vorschriften zu beteiligen sind (z. B. Schwerbehindertenvertretung, Gleichstellungsbeauftragte etc.). Es versteht sich, dass die Art und Weise, wie Personen den KW-Arbeitsplätzen zugeordnet werden, nach sachlichen Kriterien sowie mit großer Sensibilität erfolgen muss. Die Mitteilung, einem KW-Arbeitsplatz zugeordnet worden zu sein, kann für die betroffene Person eine außerordentliche psychische Belastung darstellen. Ebenso kann es für die Abteilung insgesamt zu einer Verschärfung von Konflikten und Problemen kommen. Um sicherzustellen, dass einzelne Personen und/oder betroffene Teams/Abteilungen in Krisensituationen zeitnah Hilfe bekommen können, ist es dringend ratsam den Personalrat, die Beratung für das Hochschulpersonal, den Betriebsärztlichen Dienst sowie ggf. die Schwerbehindertenvertretung über die Termine, an denen die Bekanntgabe an die Betroffenen erfolgt, frühzeitig zu informieren.

5.3   Auswahl der Bewerberinnen/Bewerber

In das Auswahlverfahren dürfen zunächst nur Bewerbungen von MHH-Beschäftigten einbezogen werden, die während der genannten Fristen eingegangen sind. KW-Bewerber aus dem IAM müssen in jedem Fall berücksichtigt werden. Fristgerechte externe Bewerbungen können nur dann berücksichtigt werden, wenn die externe Ausschreibung zulässig war. Am Auswahlverfahren sind der IAM, der Personalrat und ggf. die Gleichstellungsbeauftragte und ggf. die Schwerbehindertenvertretung beteiligt. Konkret heißt das, dass diese mitteilen, in welcher Form sie an dem bevorstehenden Einstellungsverfahren beteiligt werden möchten. Die Auswahl unter den Bewerberinnen und Bewerbern erfolgt durch die Ausschreibenden nach fachlicher Eignung, Leistung und Befähigung. Kommen mehrere Personen danach in Betracht, können soziale Kriterien und/oder geringfügige Leistungsunterschiede zur Feinauswahl herangezogen werden. Die ersten 3 Kandidaten der Bewerberliste sollten die Möglichkeit der Hospitation, z. B. für eine Woche, in der Abteilung nutzen, soweit es sich um KW-

Bewerber aus dem IAM handelt. Während der Hospitation erfolgt keine Belastung des Abteilungsbudgets. Die letztendliche Auswahlentscheidung ist seitens der Abteilungs-/Projektleitung zu begründen. Dabei ist darzulegen, warum die ausgewählte Bewerberin/der ausgewählte Bewerber dem Anforderungsprofil des ausgeschriebenen Arbeitsplatzes am besten entspricht. Bei KW-Bewerbern aus dem IAM ist zu prüfen und darzulegen, ob und inwieweit sie durch kurzfristige personalentwicklerische Maßnahmen besser qualifiziert werden können. Mit erfolgreicher Vermittlung erfolgt die Umsetzung in die neue Abteilung. Nach erfolgter Umsetzung sind die ersten 6 Monate für KW-Bewerberinnen und KW-Bewerber aus dem IAM Einarbeitungszeit. Innerhalb der Einarbeitungszeit muss eine qualifizierte Einarbeitung insbesondere durch die aufnehmende Abteilung gewährleistet sein. Bei auftretenden Problemen wird der IAM beteiligt. Wenn die Abteilungs-/Projektleitung und/oder die/der neue Mitarbeiter/in innerhalb der Einarbeitungszeit die neue Person/Aufgabe als nicht geeignet bewertet, muss ein Gespräch mit Beteiligung des IAM stattfinden. Ist es nicht möglich im Rahmen dieses Gesprächs die Probleme zu beseitigen, können beide Seiten von der Auswahlentscheidung zurücktreten.

5.4 Informationsrechte

Das Bewerberprofil der im IAM gemeldeten Beschäftigten wird im IAM gespeichert. Für diesen Zeitraum wird das Bewerberprofil mit allen neu hinzukommenden Anforderungsprofilen (d. h. zu besetzenden Stellen) automatisch abgeglichen. Die/der Bewerber/in wird vom IAM informiert, sobald ein in Betracht kommender Arbeitsplatz gefunden bzw. ihr/sein Bewerberprofil vom IAM an die/den Ausschreibenden weitergegeben worden ist. Die/der Bewerber/in wird bei der Bewerbung vom IAM unterstützt.

Die Abteilungs-/Projektleitungen erhalten vom Internen Arbeitsmarkt die Bewerberprofile von geeigneten KW-Bewerbern aus dem IAM automatisch übersandt. Bei anderen Mitarbeiterinnen und Mitarbeitern (freiwillige Bewerber) erfolgt die Weitergabe nur, wenn sie ihr vorher zugestimmt haben.

6 Ausblick

Die demografische Entwicklung in Deutschland, die mit einer Alterung der Gesellschaft und damit auch des Arbeitnehmerpotenzials einhergeht, ist eine Tatsache, d. h., es geht nicht mehr darum, ob sie kommt, sondern wie man damit umgehen möchte. Die oftmals vorzufindende Vorgehensweise, einen Mitarbeiter ab einem bestimmten

Alter in den Vorruhestand oder Ähnliches „zu verabschieden" und durch junge, vermeintlich leistungskräftigere und gut ausgebildete Mitarbeiter zu ersetzen, wird dabei schon in wenigen Jahren nicht mehr praktizierbar sein. Dafür hat nicht zuletzt der Gesetzgeber in seiner aktuellen Rentenreform gesorgt.

Für das Klinikmanagement geht es daher schon jetzt darum, sich auf alternde Belegschaften einzustellen und mit den Verantwortlichen (Arbeitnehmervertreter etc.) und Betroffenen zukunftsfähige Konzepte zu erarbeiten.

Dr. Gunther Bös

14. Strategisches Management alternder Belegschaften bei der Audi AG

1   Einleitung

Der demografische Wandel betrifft die Personalplanung eines Automobilherstellers in mehrfacher Hinsicht. Es geht darum, auch künftig genügend junge Nachwuchskräfte gewinnen zu können, gleichzeitig älteren Beschäftigten differenzierte Ausstiegsmöglichkeiten aus dem Unternehmen anzubieten und durch geeignete Maßnahmen die Leistungsfähigkeit der gesamten Belegschaft zu erhalten und auszubauen. In erster Linie muss sich ein Hersteller fragen, wie er mit der eigenen alternden Belegschaft langfristig auf einem hart umkämpften Markt erfolgreich sein kann, auf dem immer schnellere Innovationen gefragt sind, auf dem differenzierten Kundenwünschen Rechnung getragen werden muss (kaum ein Fahrzeug in einer Tagesproduktion gleicht einem anderen), und dies unter hohem Kostendruck bei steigender Produktivität. Die genannten Herausforderungen machen besondere Gestaltungsmaßnahmen zum Erhalt der Wettbewerbsfähigkeit des Unternehmens und der Beschäftigungsfähigkeit der Mitarbeiterinnen und Mitarbeiter erforderlich. Hierzu gehören u. a. Personalentwicklung, Arbeitsplatzgestaltung, Gesundheitsförderung, angepasste Leistungsbedingungen und innovative Arbeitszeitsysteme.

2   Ausgangslage bei Audi

Es sind die modernen, auf die Bedürfnisse alternder Belegschaften ausgerichteten Arbeitsbedingungen, die einen wesentlichen Faktor für die Attraktivität eines Unternehmens darstellen und somit gleichzeitig einen nicht zu unterschätzenden Vorteil im Wettbewerb um das beste Personal auf einem Arbeitsmarkt, auf dem die Zahl jüngerer Fach- und Führungskräfte deutlich abnehmen wird.

Audi verfügt in diesem Wettbewerb über eine gute Ausgangsbasis. Die Zahl der ausgelieferten Fahrzeuge ist in den letzten zehn Jahren kontinuierlich von 448.000 (1995) auf 829.000 (2005) gestiegen. 2006 hat das Unternehmen einen neuerlichen Auslieferungsrekord erreicht. (900.000) Parallel dazu hat sich die Zahl der Auszubildenden und der Beschäftigten entwickelt: Waren es 1995 noch 24.000 Belegschaftsmitglieder an den beiden deutschen Standorten Ingolstadt und Neckarsulm, so hat sich 2005 der Beschäftigtenstand bei 45.000 auf hohem Niveau stabilisiert. Es ist dabei nicht nur gelungen, im Inland Beschäftigung zu schaffen und zu sichern, sondern im genannten Zeitraum zusätzlich (!) über 5.000 neue Arbeitsplätze im ungarischen Györ einzurichten.

Audi will und kann sich aber auf dem Erreichten nicht ausruhen, sondern verfolgt im harten Wettbewerb ambitionierte Ziele:

■ Imageführerschaft in Emotion und Qualität der Produkte

■ Eine weiter steigende Ertragskraft des Unternehmens

■ Ein stetes Wachstum des Fahrzeugabsatzes bei weitgehend konstanter Mitarbeiterzahl

■ Einen Spitzenplatz als „attraktivster Arbeitgeber"

Aus Sicht des Unternehmens sind Wirtschaftlichkeit und attraktive Arbeitsbedingungen keine unauflöslichen Gegensätze. Ein Menschenbild, das sich in gelebten Werten wie Leistungsbereitschaft, Verantwortungsbewusstsein und gegenseitigem Respekt konkretisiert, bildet die Grundlage für strategische Zielsetzungen und für die Art und Weise der Umsetzung von Maßnahmen.

Dies spiegelt sich in den Ergebnissen regelmäßiger Befragungen aller Belegschaftsmitglieder in Form eines elektronischen „Stimmungsbarometers". Die hohe Beteiligungsquote und die Ergebnisse zeugen von großer Zufriedenheit mit dem Arbeitsinhalt und hoher Identifikation mit dem Unternehmen.

Voraussetzung dafür sind aus Sicht der Belegschaft sichere Arbeitsplätze und eine gute Aufenthaltsqualität. In der Vereinbarung „Zukunft Audi – Leistung, Erfolg, Beteiligung" wurden 2005 die notwendigen Rahmenbedingungen definiert, um die richtige Balance zwischen Wettbewerbsfähigkeit des Unternehmens und Beschäftigungssicherung bis zum Jahr 2012 zu finden. Die Kooperation der Betriebsparteien ist von gegenseitigem Vertrauen, Respekt und dem Wissen um die gemeinsame Verantwortung für das Unternehmen sowie für alle Belegschaftsmitglieder geprägt. Auf dieser Grundlage setzten die Betriebsparteien in enger projektorientierter Zusammenarbeit die Vorgaben dieser Vereinbarung um.

Im Projekt „Demographie und alternsgerechte Arbeitsgestaltung" analysierten Vertreter des Unternehmens gemeinsam mit dem Betriebsrat die Ausgangslage sowie zukünftige Entwicklungen und erarbeiteten Konzepte zum Erhalt von Leistungsfähigkeit und Leistungsbereitschaft der Belegschaft über die heute üblichen Austrittszeitpunkte hinaus. Im „Audi Demographiekonzept" wurden sowohl vorbeugende als auch kompensatorische Ansätze verfolgt. Dabei wurde die Notwendigkeit einer integrierten Gestaltung von Gesundheitsförderung und Prävention, Arbeitszeit, Leistungsbedingungen und Einsatzfeldern deutlich.

Aus personalpolitischer Sicht sind Probleme der gezielten Akquisition bei absehbarer Verknappung der Zahl jüngerer Fachkräfte zu lösen, es müssen aber auch Aspekte der Personalentwicklung für ältere Mitarbeiter, der Gesundheitsvorsorge und nicht zuletzt der rasant wachsenden Kosten der betrieblichen Altersversorgung bedacht werden. Das Durchschnittsalter der Mitarbeiterinnen und Mitarbeiter der AUDI AG steigt seit 2000 im Vergleich zum jeweiligen Vorjahr stetig um 0,5 Jahre und betrug im Jahr 2005 bereits 40 Jahre. Damit wächst für integrations- und behandlungsbedürftige Mitarbeiter die Einsatzproblematik aufgrund von Einschränkungen. Audi rechnet durch die veränderte Altersstruktur mit einer Zunahme „einsatzkritischer Leistungswandlungen" bei Mitarbeitern im direkten Bereich um 60% bis 2015. Gleichzeitig vermehren sich die Anforderungen an Flexibilität und Qualifikation der Belegschaft.

In den Unternehmen müssen jetzt schon die Weichen gestellt werden, um in Zukunft noch handlungsfähig zu bleiben.

3 Handlungsfelder für die Zukunft

3.1 Gesundheitsförderung und Prävention

Audi kann in der Gesundheitsförderung auf einer soliden Ausgangsbasis aufbauen. So soll der bereits erreichte hohe Gesundheitsstand von 97% erhalten und weiter ausgebaut werden.

Gemäß der Vereinbarung „Zukunft Audi – Leistung, Erfolg, Beteiligung" wird die gesamte Belegschaft – auf freiwilliger Basis – schrittweise und altersspezifisch in ein Diagnose- und Präventionsprogramm auf dem neuesten Stand der Medizin, intern „Audi Checkup" genannt, einbezogen. Der Audi Checkup wurde im April 2006 in Pilotbereichen umgesetzt. Wichtigste Zielrichtung waren die individuelle Ermittlung gesundheitlicher Risiken und die Vermittlung geeigneter Präventionsmaßnahmen.

Die Audi Mitarbeiter erhalten ein exzellentes Untersuchungs- und Beratungsangebot, das ihrer persönlichen und beruflichen Vorsorge dient. Durch den Audi Checkup werden sie auf Faktoren hingewiesen, die unmittelbar vom Gesundheitsverhalten abhängen: die körperliche/sportliche Aktivität, den „Body Mass – Index" als Maß des Körpergewichts, das Rauchen sowie Kraft und Beweglichkeit der Wirbelsäule. Darüber hinaus werden Werte des Stoffwechsels, der Funktion innerer Organe und des Blutdrucks erfasst.

Abbildung 3-1: *Förderung von Fitness und Gesundheit*

Wesentlich für eine nachhaltige Wirkung des Audi Checkups sind die Sicherstellung des Datenschutzes durch eine gesonderte Datenerfassung, die verständliche Erläuterung aller Untersuchungsergebnisse durch den Betriebsarzt und die ausführliche Beratung zur persönlichen Gesundheitsförderung, bis hin zur individuellen Vermittlung attraktiver Gesundheitsförderungsprogramme. Auch das Wohlbefinden der Mitarbeiter und ihre psychische Gesundheit werden einbezogen und im persönlichen Gespräch mit dem Arzt thematisiert. Für die Beschäftigten ist die Zugangsschwelle niedrig, schließlich entfallen die beim Besuch des Allgemeinarztes entstehende Praxisgebühr und der Organisationsaufwand für die Terminvereinbarung.

Abbildung 3-2: *Herz-Kreislauf-Risiko-Index*

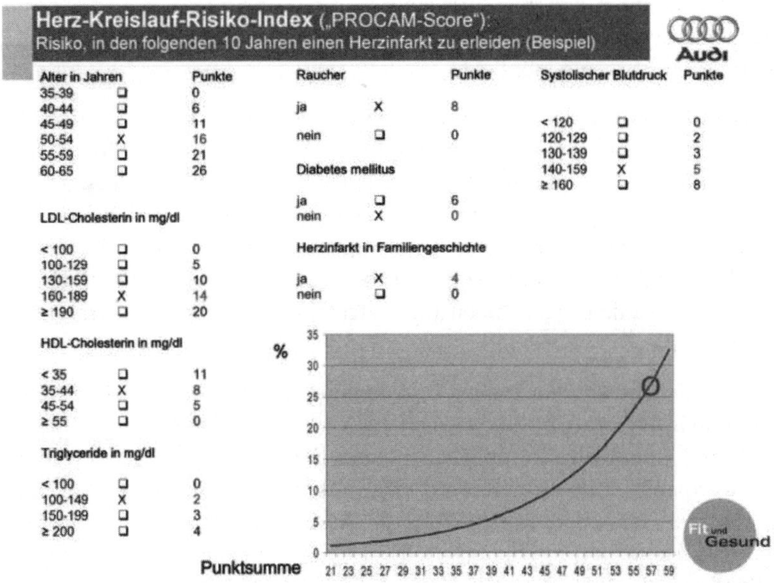
Herz-Kreislauf-Risiko-Index („PROCAM-Score"):
Risiko, in den folgenden 10 Jahren einen Herzinfarkt zu erleiden (Beispiel)
Audi
Alter in Jahren
Punkte
35-39 ❑ 0
40-44 ❑ 6
45-49 ❑ 11
50-54 X 16
55-59 ❑ 21
60-65 ❑ 26
LDL-Cholesterin in mg/dl
< 100 ❑ 0
100-129 ❑ 5
130-159 ❑ 10
160-189 X 14
≥ 190 ❑ 20
HDL-Cholesterin in mg/dl
< 35 ❑ 11
35-44 X 8
45-54 ❑ 5
≥ 55 ❑ 0
Triglyceride in mg/dl
< 100 ❑ 0
100-149 X 2
150-199 ❑ 3
≥ 200 ❑ 4
Raucher
Punkte
ja X 8
nein ❑ 0
Diabetes mellitus
ja ❑ 6
nein X 0
Herzinfarkt in Familiengeschichte
ja X 4
nein ❑ 0
Systolischer Blutdruck
Punkte
< 120 ❑ 0
120-129 ❑ 2
130-139 ❑ 3
140-159 X 5
≥ 160 ❑ 8
%
35
30
25
20
15
10
5
0
Punktsumme
21 23 25 27 29 31 33 35 37 39 41 43 45 47 49 51 53 55 57 59
Fit und Gesund

Das Unternehmen investiert mit dem Audi Checkup in eine Verbesserung des Gesundheitsstands und der Leistungsfähigkeit der Belegschaft. Über die Auswertung von Gesundheitsdaten erhält das Unternehmen die Möglichkeit, alle präventiven Maßnahmen im Unternehmen gezielt umzusetzen.

Einem eigenen Projekt „Gesundheitsförderung bei Audi" dienten die Ergebnisse zur Weiterentwicklung der Gesundheitsförderungsprogramme für die wichtigsten Risikokonstellationen. Künftige Schwerpunkte sind die nachhaltige und kontinuierliche Förderung der Eigenverantwortlichkeit der Mitarbeiter für ihre eigene Gesundheit und die Erarbeitung ergänzender „Audi – Gesundheitsziele" neben dem Erreichen eines hohen Gesundheitsstandes.

3.2 Arbeitszeit

Neben der variablen Festlegung von Regelarbeitszeiten und der Gestaltung kollektiver Arbeitszeitregelungen erfordert der demografische Wandel zunehmend individuellere

Maßnahmen einer altersgerechten Arbeitszeitgestaltung. Vorstellbar sind belastungs-reduzierende Arbeitszeitmodelle, aber auch Möglichkeiten eines vorzeitigen Austritts aus dem Berufsleben. Gefragt sind eine stärkere Differenzierung und Individualisierung der Arbeitszeiten einschließlich einer „Lebensarbeitszeit", die eine flexible Anpassung der individuellen Arbeitszeit an Belastungsschwankungen, persönliche Belange und Lebensphasen ermöglicht.

Flexible Arbeitszeitformen sollen dazu beitragen, die Arbeitsfähigkeit einer alternden Belegschaft mittel- und langfristig zu erhalten. Dabei muss es Optionen für Belegschaftsmitglieder geben, die bis zum Rentenalter erwerbstätig bleiben können und wollen, und auch für jene, die angesichts ihrer gesundheitlichen Situation und Lebensumstände aus dem Berufsleben vorzeitig aussteigen müssen. Flexible Arbeitszeitmodelle ermöglichen es darüber hinaus, berufliche und private Verpflichtungen zu bewältigen, und stellen damit einen unverzichtbaren Beitrag zur Attraktivität eines Unternehmens dar.

Bei Audi existiert bereits ein breites Instrumentarium der Arbeitszeitgestaltung. Arbeitszeitmodelle wie variable Arbeitszeit oder versetzte Ausbildungszeiten werden ergänzt durch eine Vielzahl von Teilzeitkonstellationen, Sabbatical-Angeboten und dem Zeitwertpapier zum früheren Ausstieg aus der Erwerbsphase. Angesichts der demografischen Herausforderungen für die Audi Belegschaft ist es allerdings notwendig, die bestehenden Instrumente teilweise einer breiteren Anwendung zuzuführen und andererseits weiterzuentwickeln.

In einem eigenen Projekt wurden daher bei Audi Maßnahmen zur Erhöhung der Inanspruchnahme von belastungsreduzierenden Arbeitszeitregelungen wie Teilzeit und Sabbatical definiert. Wichtige Bausteine sind dabei die Information der Mitarbeiter über die angebotenen Möglichkeiten, die Einrichtung einer Datenbank zur besseren internen Zuweisung von Teilzeitstellen durch die betreuenden Personalreferate, die enge Einbindung der Vorgesetzten und die Anpassung bestehender Regelungen, z. B. für die Wahrnehmung einer Schicht durch zwei Teilzeitmitarbeiter oder die Ausweitung der Länge der Freistellungsphase bei Sabbaticals.

Die Sabbatical-Regelung bei Audi wird derzeit kaum von älteren Mitarbeitern genutzt. Daher soll auch über sie verstärkt informiert werden. Das Modell beinhaltet einen Teilzeitvertrag für interessierte Vollzeitbeschäftigte über einen bestimmten Zeitraum. Innerhalb dieses Zeitraums arbeitet der Mitarbeiter zunächst in Vollzeit („Arbeitsphase"), in der anschließenden Sabbatical-Phase ist er freigestellt. Die Entlohnung erfolgt während der gesamten Dauer des Teilzeitvertrages entsprechend dem Teilzeitfaktor. Am Ende des Sabbaticals erhält der Mitarbeiter wieder den ursprünglichen Vollzeitstatus.

Abbildung 3-3:   Audi Sabbatical

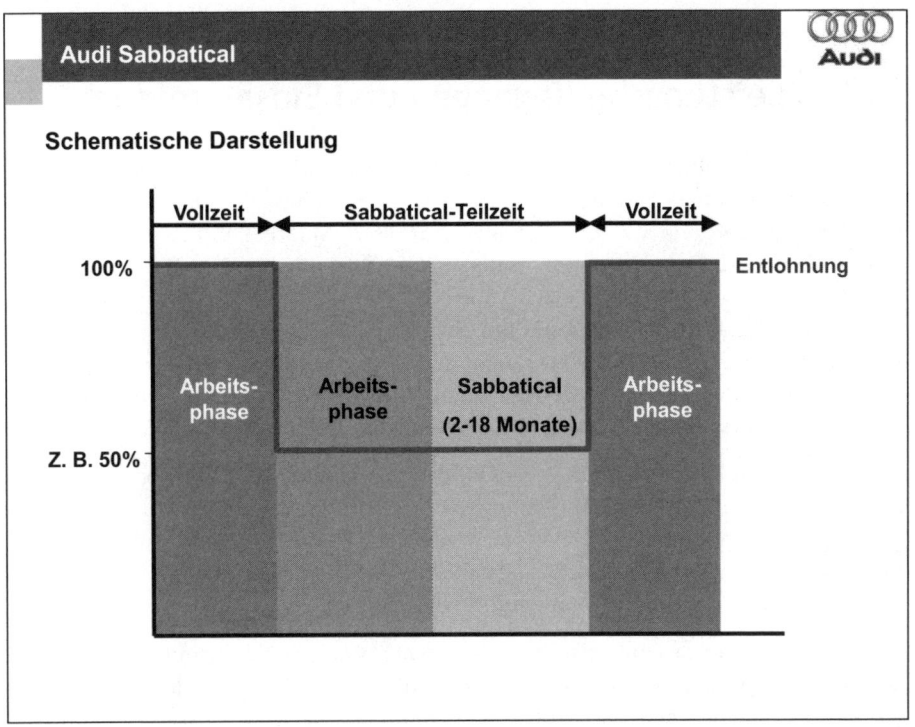

Das Auslaufen der gesetzlichen Altersteilzeit ab 2010 für die Geburtsjahrgänge ab 1952 und die künftige Neuregelung der gesetzlichen Rente (insbesondere das Rentenzugangsalter) machen es für Audi notwendig, das Konzept einer betrieblichen Altersteilzeitregelung und ein Langzeitkonto als Erfassungsinstrument von Lebensarbeitszeit zu entwickeln.

In der Vereinbarung „Zukunft Audi – Leistung, Erfolg, Beteiligung" wurde bereits das Angebot einer „Audi Altersteilzeit" zugesagt. Eine Audi Altersteilzeit muss nachhaltig finanzierbar sein. Da sie sich als unternehmensinterne Lösung nicht auf einen staatlichen Finanzierungsbeitrag wie die heutige gesetzliche Altersteilzeit stützen kann, wird eine deutlich stärkere Beteiligung der Belegschaftsmitglieder an den Kosten unvermeidbar sein. Erworbene Zeit- und Zeitwert-Guthaben sollen im Rahmen der Audi Altersteilzeit zur bezahlten Freistellung verwendet werden können. Dies wird als gleitender Übergang in den Ruhestand oder als Verkürzung der Arbeitsphase durch Block-Altersteilzeit erfolgen. Die Modalitäten zur Ansammlung von langfristig geplanten Zeitguthaben für Sabbatical oder Altersteilzeit in Form eines Langzeitkontos bei Audi sind noch zu definieren.

3.3   Leistungsbedingungen und Einsatzfelder

Eine weitere wesentliche Herausforderung für das betriebliche Management alternder Belegschaften ist die demographieorientierte Gestaltung aktueller und künftiger Leistungsbedingungen und von Einsatzfeldern für ältere Mitarbeiter. Beispielhaft ausgewählte Zahlen aus verschiedenen Untersuchungen verdeutlichen die Dringlichkeit dieser Maßnahmen: ohne gegensteuernde Maßnahmen (Individualprävention) wäre im „direkten Bereich" der Fertigung mit einer Zunahme „einsatzkritischer Leistungswandlungen" durch chronische Erkrankungen von 5% auf 8% zu rechnen. 2015 wären in der Fertigung bestimmter Modelle voraussichtlich 64% der Mitarbeiter über 50 Jahre alt und/oder wegen chronischer Erkrankungen „leistungsgewandelt".

Umgekehrt zeigt sich auch, dass gegenläufige Maßnahmen, die der besonderen Situation und der Leistungsfähigkeit älterer Mitarbeiter Rechnung tragen, durchaus messbare Ergebnisse hervorbringen: Beispielsweise kann in der Fertigung durch den Einsatz der Mitarbeiter auf „besonders gestalteten" Arbeitsplätzen die Leistung deutlich an den geforderten Standard herangeführt werden.

Zur Anpassung der Leistungsbedingungen dient vorrangig die Optimierung der „Arbeitsplatzstrukturanalyse (APSA)", d. h. quantifizierbare Analysen der Arbeitsplätze vor Ort. Im Rahmen eines ganzheitlichen Produktionssystems müssen des weiteren Bereiche wie Produktentwicklung und Fertigungsplanung über ergonomische Defizite informiert werden.

In einem Projekt der Fertigungsplanung wurde das Modul einer umfassenden Ergonomiebewertung untersucht, mit dem eine ganzheitliche Bewertung ergonomischer Belastungsfälle möglich ist:

- Körperhaltung (Oberkörper, Armhaltung, Beinstellung)

- Körperkräfte und Gelenkstellungen (Ganzkörperkräfte, Fingerkräfte, Arm- u. Handgelenkstellung)

- Lastenhandhabung (Heben und Tragen als auch Ziehen und Schieben)

Die Bewertung der Einzelkriterien fließt in die ergonomische Gesamtbewertung ein, aus der Aussagen zu Gestaltungserfordernissen und der Einsatzsteuerung der Mitarbeiter resultieren. Die Ergebnisse ermöglichen auch Ansatzpunkte zum punktgenauen Abstellen der Belastungsfaktoren am bewerteten Arbeitsplatz.

Abbildung 3-3: Arbeitsplatzgestaltung

Arbeitsplatzgestaltung

Sitzarbeitsplatz in der Cockpit-Vormontage

Der Anpassung von Leistungsbedingungen dienen auch verhaltensergonomische Vorgaben. Von besonderer Bedeutung ist dabei, dass vorgegebene Arbeitsabläufe exakt eingehalten werden. So kann die Vermeidung von Belastungen den physischen Verschleiß der Mitarbeiter verzögern. In Schulungsmaßnahmen zur Haltung und Lastenhebung erfahren die Mitarbeiter, wie Belastungen durch die richtige Ausführung verringert werden können. In diesem Zusammenhang soll für die Mitarbeiter auch transparent werden, dass die Einhaltung der vorgegebenen Arbeitsabläufe nicht nur Kostenersparnis für das Unternehmen bedeutet, sondern auch auf den Erhalt der Leistungsfähigkeit abzielt.

Mit den Leistungsbedingungen hängen Personalentwicklung und Laufbahngestaltung zusammen. Die Vereinbarung „Zukunft Audi – Leistung, Erfolg, Beteiligung" sieht vor, dass die Personalentwicklung alle Belegschaftsmitglieder einbezieht und die Entwicklungswege im Tarif transparenter und durchlässiger gestaltet werden. Ziel ist es, alle Belegschaftsmitglieder entsprechend ihrem fachlichen Können und ihrem Engagement zu fördern. Mit Hilfe von „Entwicklungskreisen" soll den Besten ein Aufstieg über formale Bildungsbarrieren hinweg ermöglicht werden.

Horizontale Laufbahnpfade und alternsgerechte Erwerbsbiografien können dazu beitragen, den Problemen des demografischen Wandels zu begegnen. Voraussetzung für den Nutzen dieser Maßnahmen ist die Bereitschaft aller Belegschaftsmitglieder zum lebenslangen Lernen.

Die Leistungsbedingungen können durch die Steuerung der internen Fluktuation und gezielten Entwicklung älterer und leistungsgewandelter Mitarbeiter aus getakteten in nicht getaktete Bereiche, wie z. B. automatisierte Bereiche („von der Montage in Karosseriebau"), indirekte Produktionsbereiche und Instandhaltungsbereiche positiv beeinflusst werden. Gleichzeitig kann damit auf eine ausgeglichene Altersstruktur im direkten, gewerblichen Bereich hingewirkt werden.

Um ein ausreichendes Arbeitsplatzangebot für ältere und leistungsgewandelte Mitarbeiter zur Verfügung stellen zu können, muss die quantitative und qualitative Arbeitsplatz- und Personaleinsatzplanung in den Produkt- und Strukturprojekten konsequent berücksichtigt werden. Dies beinhaltet Zielvereinbarungen zur Schaffung einer ausreichenden Anzahl und Qualität an Arbeitsplätzen für ältere und leistungsgewandelte Mitarbeiter innerhalb der jeweiligen Projekte. Auch bei Entscheidungen bezüglich Fertigungs- und Dienstleistungstiefen sind die Personalstrukturen und die daraus resultierenden Erfordernisse einzubeziehen.

Die künftige Altersentwicklung im Unternehmen lässt mittelfristig einen zunehmenden Bedarf an „altersgerechten" Arbeitsplätzen in der Fahrzeug-Endmontage erkennen. Daher ist geplant, eine Systematik zur Arbeitsgestaltung in getakteten Endmontagebereichen zu erarbeiten, die den speziellen Anforderungen älterer Mitarbeiter gerecht wird (Projekt „Einsatz Älterer – silver line").

Ein weiteres personalpolitisches Instrument ist die Versetzung leistungsgewandelter Mitarbeiter in wenig oder nicht getaktete Bereiche. Im Gegenzug wären dafür in diesem Kontext z. B. längere Arbeitszeiten für diese Mitarbeiter denkbar.

4 Resümee und Ausblick

Audi verfügt heute bereits über eine Vielzahl personalpolitischer Möglichkeiten, die angesichts der demografischen Veränderungen jedoch verstärkt zum Einsatz kommen und durch neue Instrumente ergänzt werden müssen.

Es können konkrete Faktoren am Beispiel der genannten Handlungsfelder benannt werden, die wesentlich zum Erfolg der bisher schon umgesetzten Maßnahmen beitrugen:

- Einbettung in den Kontext der strategischen Unternehmensziele („attraktivster Arbeitgeber" als ein Ziel des gesamten Unternehmens);

- Positive Bedeutung der Maßnahmen für Unternehmen und Mitarbeiter: Die Vereinbarung Zukunft Audi sieht einerseits die Senkung der Personalkosten vor, andererseits Beschäftigungssicherung und Investitionen in Arbeitsbedingungen; Gesundheitsziele z. B. umfassen sowohl die beeinflussbaren Anteile individueller Gesundheit als auch die Leistungsbedingungen im Unternehmen;

- Die enge Zusammenarbeit von Unternehmen und Betriebsrat schon bei der Entwicklung der Maßnahmen;

- Erprobung der Maßnahmen in Pilotprojekten;

- Konsequentes Verfolgen der einmal eingeschlagenen Richtung, zum Beispiel bei der weiteren Verbesserung des Gesundheitsstandes (Zielsetzungen des gesamten Unternehmens und Umsetzung wirksamer Maßnahmen zur Zielerreichung; der kollektive Gesundheitsstand ist eine Zielkennzahl für die Ermittlung der Mitarbeitererfolgsbeteiligung);

- Kommunikation unter Einbeziehung aller Ebenen des Unternehmens: Jeder Vorgesetzte hat z. B. Informationen über den aktuellen Gesundheitsstand in seiner Organisationseinheit, gleichzeitig erfolgen Aufklärung und Kampagnen für die gesamte Belegschaft z. B. in der Mitarbeiterzeitschrift und im Intranet. Die Kommunikation erfolgt nicht einseitig nur durch das Unternehmen, sondern durch umfassende Mitarbeiterbefragungen und regelmäßige Mitarbeitergespräche in beide Richtungen.

Voraussetzungen für die Wirksamkeit der Maßnahmen aus diesen Handlungsfeldern sind die Förderung der Eigenverantwortung der Mitarbeiter für den Erhalt der eigenen Gesundheit und Leistungsfähigkeit sowie für die Erweiterung der Qualifikation und Kompetenz. Durch die Vereinbarung einer Personaldrehscheibe und ihrer Umsetzung z. B. durch den Einsatz von Mitarbeitern aus Neckarsulm in Ingolstadt oder die Drehscheibe zwischen A3- und A4-Fertigung sind erste Schritte zur Förderung der Personalentwicklung und Laufbahngestaltung im Sinne des „Lebenslangen Lernens" bereits eingeleitet.

Weitere „Anstöße" für die Mitarbeiter als Motivation zum eigenverantwortlichen und aktiven Handeln zur Abdeckung der Handlungserfordernisse z. B. für Qualifizierung und Gesundheitsvorsorge sind noch zu definieren.

Erkenntnisse aus einer mehrjährigen Verlaufsstudie[12] zeigten, dass ein verbessertes und insbesondere altersgerechtes Führungsverhalten die Arbeitsfähigkeit von älteren Mitarbeitern deutlich positiv beeinflusst. Wichtige Voraussetzungen für die Wirksamkeit der Demographiemaßnahmen sind eine den älteren Mitarbeitern gegenüber wert-

---

12   Ilmarinen, J. und Tempel, J. (2002): Arbeitsfähigkeit 2010. Hamburg.

schätzende Unternehmenskultur und ein entsprechendes Führungsverhalten. Deshalb sind die Führungskräfte aller Ebenen dafür zu sensibilisieren, insbesondere Faktoren wie Einstellung/Haltung, Kooperation, Arbeitsplanung/Arbeitsabläufe, Kommunikation und Motivation zu berücksichtigen.

Im Mittelpunkt eines notwendigen Bewusstseinswandels im Unternehmen steht ein erweitertes Verständnis des Entwicklungspotenzials unserer Mitarbeiter. Personalentwicklung und -förderung müssen veränderten Altersstrukturen gerecht und an wieder verlängerte Lebensarbeitszeiten angepasst werden. Mitarbeiter werden sich aber nicht nur auf das Angebot des Förderns einstellen können, sondern auch mit Forderungen nach der Bereitschaft zur selbstverantwortlichen Entwicklung jedes Einzelnen zu konfrontieren sein.

Nicht zuletzt wird auch die Entwicklung der tariflichen und gesetzlichen Rahmenbedingungen für das erfolgreiche Management alternder Belegschaften maßgebend sein.

5 Literaturhinweise

Audi AG (2005): Zukunft Audi – Erfolg, Leistung, Beteiligung. Vereinbarung zwischen dem Gesamtbetriebsrat und der Unternehmensleitung der Audi AG unter Zustimmung der Tarifvertragsparteien vom 8. April 2005. Ingolstadt.

Widuckel, W. (2006): Gestaltung des demographischen Wandels als unternehmerische Aufgabe. In: Prager, J. U.; Schleiter, A. (Hrsg.): Länger leben, arbeiten und sich engagieren. Chancen werteschaffender Beschäftigung bis ins Alter. S. 117-132. Gütersloh.

Otmar Fahrion

15. Ältere Mitarbeiter in mittelständigen Unternehmen erfolgreich beschäftigen

1 Einleitung und Ausgangssituation

Aufgrund drastischen Personalabbaus sind viele ältere Arbeitnehmer in der deutschen Industrie arbeitslos oder im Ruhestand. Ein großes Potenzial liegt brach und veraltet buchstäblich. Das Beispiel eines mittelständischen Unternehmens zeigt, wie ältere Mitarbeiter über 50 mit Gewinn und beiderseitigem Erfolg reaktiviert werden können. Dabei liegt der Fokus bei diesem Beitrag auf der Berufsgruppe der älteren Ingenieure.

Die Fahrion Engineering GmbH plant und realisiert Veränderungen an Produktionsstätten und Produktionsanlagen bei Industriekunden. Anlässe sind Hoch- oder Rückläufe, Verlagerungen, Fusionen oder Aufspaltungen, Änderungen im Produkte-Mix, neue Produkte, Änderung der Fertigungstiefe, Rationalisierungen usw. Schwerpunkte sind metall- und kunstoffverarbeitende Unternehmen. Fahrion Engineering beschäftigt 85 fest angestellte Ingenieure verschiedener Fachrichtungen, auch einige Architekten und Ausbauplaner.

Die Arbeiten werden in Projektteams durchgeführt. In der Regel besteht ein Team aus einem Projektleiter, einem Projektingenieur, einem Prozess-Spezialisten, einem Betriebswirt und einem CAD-Fachmann. Die vielseitigen und ständig wechselnden Aufgaben erfordern generalistisches Wissen und Standhaftigkeit bei der Umsetzung. Dazu werden Ingenieure in drei bis sechs Jahren zum Projektingenieur und in zehn bis zwölf Jahren zum Projektleiter ausgebildet.

Leider sind nur wenige junge Leute gewillt, diesen langen, steinigen Weg der Arbeit an einer Fabrikplanung durchzustehen oder nach Abschluss des Projekts weiterzumachen. Von zehn „Startern" verbleiben auf Dauer nur fünf bis sechs bei Fahrion. Die dadurch entstehenden ständigen Personalverluste und die zwischenzeitlich sehr kurzfristigen Beauftragungen waren Anlass, einen neuen Weg der Personalrekrutierung zu suchen. Dazu standen drei Fragen im Vordergrund:

- Welche Aufgaben werden uns zukünftig übertragen?

- Welchen Typus „Ingenieur" brauchen wir dazu?

- Welche Mitarbeiter sind dazu besser geeignet — jüngere oder ältere, oder ein Mix?

2 Neuausrichtung gemäß Anforderungen

Einschneidende Veränderungen in der Zusammenarbeit mit unseren drei Kundenbereichen der Fahrzeugindustrie, nämlich „Fahrzeughersteller", „Zulieferer" und „Logistiker", ergaben durch kürzere Dauer der Modellzyklen, Begrenzung auf Kernbereiche und andere Einflussfaktoren auch einschneidende Veränderungen in unserer Auftragsstruktur, wie z. B. extrem kurzfristige Starttermine, Reduzierung der Planungsdauer, Vorgabe zu flexiblen, wieder verwendbaren Anlagen, permanente und gezielte Betreuung von Lieferanten und ständig neue Prozesse mit unterschiedlichsten Materialverwendungen (siehe Abbildung 2-1).

Abbildung 2-1: *Hin zur Produktkette*

HIN ZUR PRODUKT - KETTE

REVOLUTION BEI ANFORDERUNGEN	EVOLUTION BEI PERSONAL-ANPASSUNG	
MODELL-ZYKLEN GEKÜRZT	MEHR MEHR MEHR	MARKETING DESIGN F + E
GLOBALISIERTE PRODUKTION F + E AN SYSTEM-LIEFERANTEN	ANDERE MEHR MEHR	PRODUKTION KOORDINATION PARTNER
NETZWERKE FÜR SUB–LIEFERANTEN LOGISTIK AN DIENSTLEISTER	MEHR MEHR	KOORDINATION REGELUNG
HIGH-TECH PROZESSE • LASER, VERKLEBEN • VERFORMUNG	ANDERES	WISSEN
ANDERE WERKSTOFFE • HOCHFEST-STÄHLE • LEICHTMETALLE • KUNSTSTOFFE RECYCLING	ANDERES NEUES	WISSEN PROZESSWISSEN
PRODUKTHAFTUNG	ANDERES	WISSEN

Daraus resultierten deutlich andere Qualifikationen als Einstellungsbasis für zukünftige Mitarbeiter wie bisher, nämlich:

■ hohe Prozesskompetenz

■ Realisierungs- und Managementfähigkeit

■ Motivation, Loyalität und Bereitschaft zur Arbeit mit modernen Methoden und Geräten, somit zur ständigen Weiterbildung

■ Reisebereitschaft und -fähigkeit, Sprachen, interkulturelle Kompetenz

■ kurzfristiger Arbeitsantritt

■ verlässlich planbare Dauer der Zusammenarbeit

■ Wirtschaftlichkeit der Anstellung für beide Seiten

Diese Vorgaben sind im Block meist nur von älteren Mitarbeitern erfüllbar (siehe Abbildung 2-2).

Das obligate fachliche Defizit im Vergleich zu jüngeren Mitarbeitern, fehlende CAD-Kenntnisse, wird durch eine interne Pflichtschulung in der Einarbeitungsphase kompensiert.

Abbildung 2-2:   *Anstellungsmerkmale für Projektleiter*

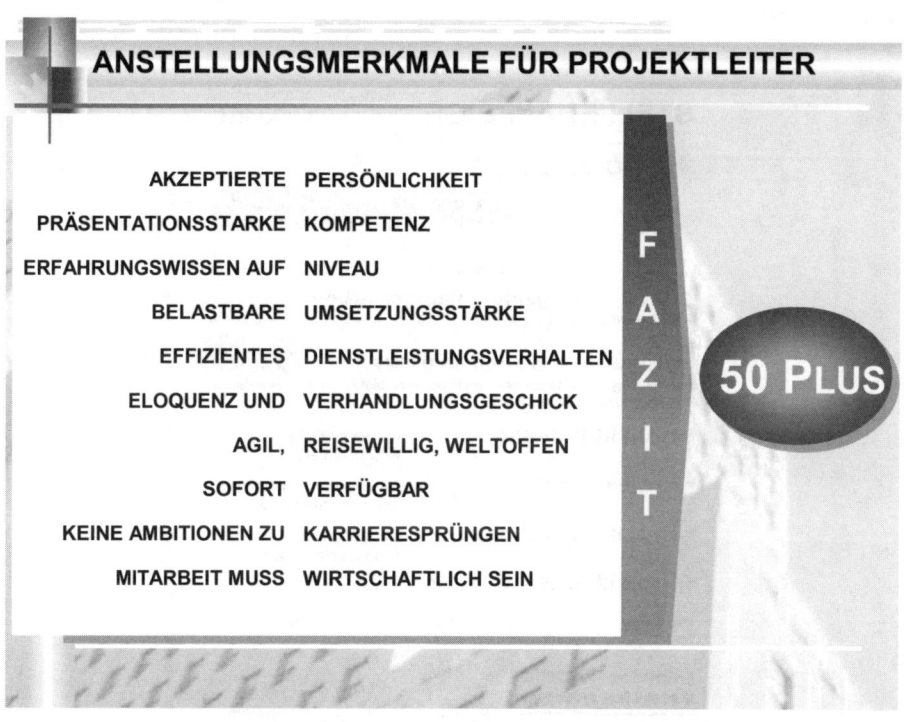

ANSTELLUNGSMERKMALE FÜR PROJEKTLEITER

AKZEPTIERTE	PERSÖNLICHKEIT
PRÄSENTATIONSSTARKE	KOMPETENZ
ERFAHRUNGSWISSEN AUF	NIVEAU
BELASTBARE	UMSETZUNGSSTÄRKE
EFFIZIENTES	DIENSTLEISTUNGSVERHALTEN
ELOQUENZ UND	VERHANDLUNGSGESCHICK
AGIL,	REISEWILLIG, WELTOFFEN
SOFORT	VERFÜGBAR
KEINE AMBITIONEN ZU	KARRIERESPRÜNGEN
MITARBEIT MUSS	WIRTSCHAFTLICH SEIN

FAZIT

50 PLUS

---

3 Die Reaktivierung von über 50-Jährigen

Nach Schließung von Betrieben konnten wir 1998 die dort freigesetzten Planungschefs anstellen. Die Leistungen dieser über 50-Jährigen waren so beeindruckend, dass wir uns in 2000 entschlossen, gezielt weitere ältere Mitarbeiter anzustellen.

Mit einer üblichen Stellenanzeige hatten wir keinen Erfolg. Wir stellten fest, dass die meisten arbeitslosen Ingenieure über 50 durch ständige Absagen und Brüskierungen resigniert hatten und sich auf herkömmliche Anzeigen nicht mehr bewarben. Darum schalteten wir eine neuartige Anzeige mit der provokanten Überschrift „Mit 45 zu alt, mit 55 überflüssig" (siehe Abbildung 3-1).

Abbildung 3-1:   *Stellenanzeige*

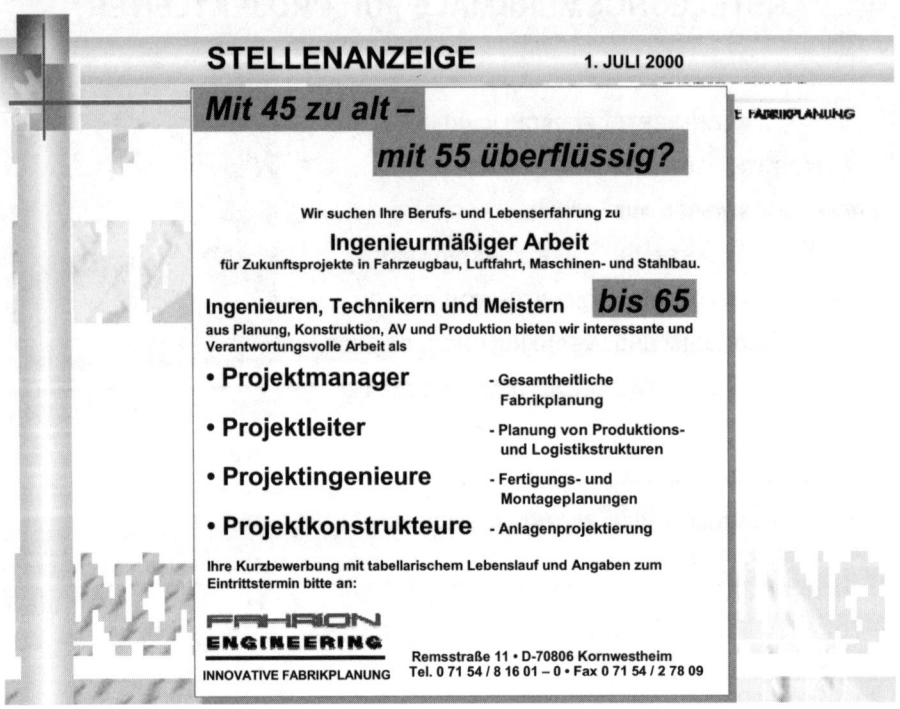

Wir erhielten 523 Bewerbungen. Daraus hätten wir etwa 280 geeignete Kandidaten auswählen können. Wir entschieden uns, statt der vorgesehenen vier neuen Mitarbeiter 19 Ingenieure einzustellen, davon 15 älter als 50 Jahre. Mit dieser neuen Mannschaft konnten wir unseren Kunden neue Geschäftsfelder und Aufnahmekapazitäten anbieten. Wir erhielten Aufträge aus Südafrika, USA, Venezuela, Mexiko, Brasilien, China sowie West- und Osteuropa.

Diese Situation hat sich nachhaltig positiv entwickelt und stabilisiert, so dass wir 2002 nochmals sieben Mitarbeiter im Alter zwischen 40 und 55 Jahren einstellen konnten.

4 Vorurteile gegen Ältere abbauen

Ältere Mitarbeiter werden oft nicht eingestellt, weil sie angeblich unflexibel und langsam, kränklich und ohne Leistungswillen sowie beruflich nicht auf dem aktuellen Stand sind. Tatsache ist aber, dass jüngere Mitarbeiter durch Familie, Kinder, Ausbildung, Sport und Freizeitverpflichtungen sowie Bau von Eigenheimen permanent größeren Ablenkungen ausgesetzt sind. Das führt zu einer wesentlichen Einschränkung ihrer betrieblichen Verfügbarkeit und Flexibilität. Auch der Krankenstand ist bei jüngeren Mitarbeitern oft höher, weil sie glauben, sich häufigere Fehlzeiten eher erlauben zu können. Ältere Mitarbeiter sind dagegen bestrebt, ihre Leistungsfähigkeit unter Beweis zu stellen.

Aktivität und Initiative sind bei Mitarbeitern keine Frage des Alters, sondern der individuellen Eignung und Mentalität. Mitarbeiter, denen eine zweite berufliche Chance gegeben wird, sind meist sehr loyal und motiviert. Für eine halbjährige Projektleitung in den USA und in Mexico meldeten sich leider keine jüngeren, nur sechs ältere Mitarbeiter. Ein 62-Jähriger Mitarbeiter hat dann mit Begeisterung diese Aufgabe übernommen.

Wir halten eine gesunde Mischung zwischen jüngeren und älteren Mitarbeitern für ideal, weil sie in unserer Branche für den optimalen Know-how-Transfer sorgt.

Inzwischen wurde bei Fahrion die angestrebte Altersstruktur erreicht:

- 30% unter 35 Jahren
- 40% unter 50 Jahren
- 30% über 50 Jahren

Daraus werden gezielt nach Alter und Kenntnissen gemischte Arbeitsgruppen gebildet, in denen aktuelles Wissen und moderne Arbeitsmethoden mit Erfahrung und Stehvermögen kombiniert sind, um gemeinsam die besten Ergebnisse zu erzielen (siehe Abbildung 4-1).

Abbildung 4-1:   *Altersvermischte, Interdisziplinäre Teams*

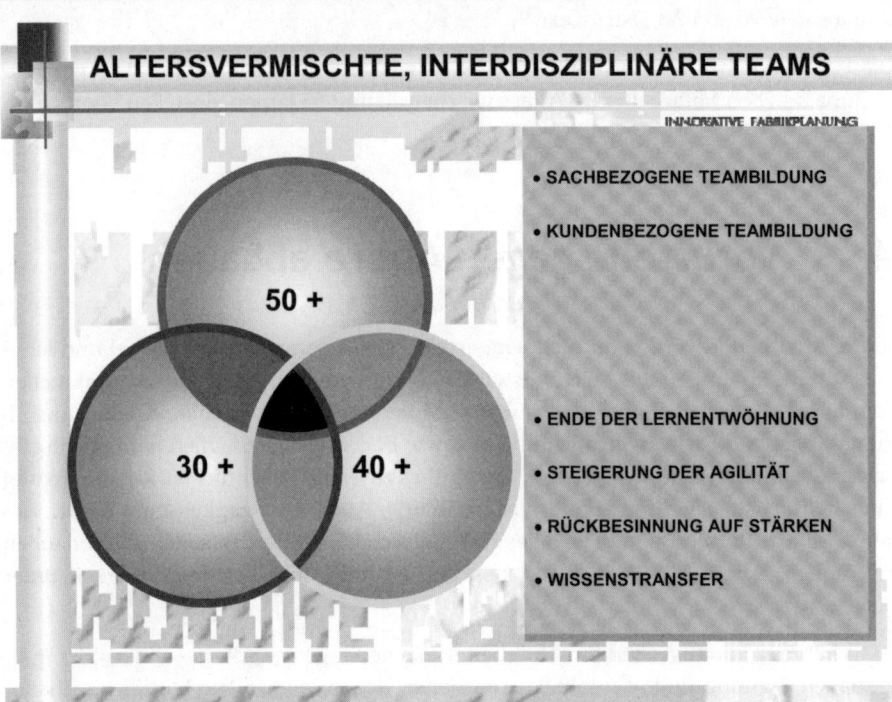

5   Marktvorteile erzielbar

Unsere Vorgehensweise ist für uns hoch wirtschaftlich. Mit jedem Mitarbeiter über 50 können wir nach wenigen Monaten, oftmals auch sofort, Aufträge mit schwierigem Inhalt zusätzlich annehmen. Dieser Stellhebel zur Personalrekrutierung sichert uns enorme Marktvorteile. Zudem sind wir nicht mehr gezwungen, uns mit überhöhten Honoraren und anderen Lockmitteln am dicht gedrängten Arbeitsmarkt Stuttgarts zu beteiligen (siehe Abbildung 5-1).

Abbildung 5-1:   *Wirtschaftlichkeit*

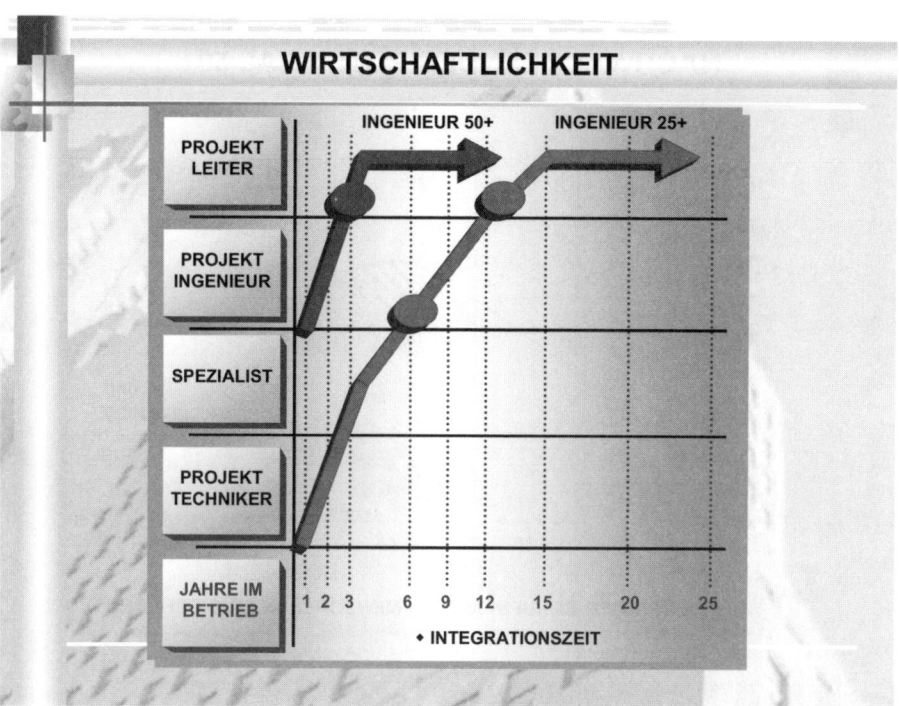

6   Nachwachsendes Potenzial und Karrieremodelle

Noch viele Jahre wird der Arbeitsmarkt Ingenieure im Alter von über 50 anbieten. Unter den Arbeitslosen befinden sich fast 10% Ingenieure, davon 50% älter als 50 Jahre. Außerdem steigt der Anteil älterer Arbeitnehmer demografisch ständig an. Viele Unternehmen werden weiterhin ältere Mitarbeiter vorzeitig freistellen. Damit bleibt ein großes Reservoir an älteren Arbeitnehmern, das genutzt werden kann (siehe Abbildung 6-1).

Abbildung 6-1:   *Nachwachsendes Potenzial 50+*

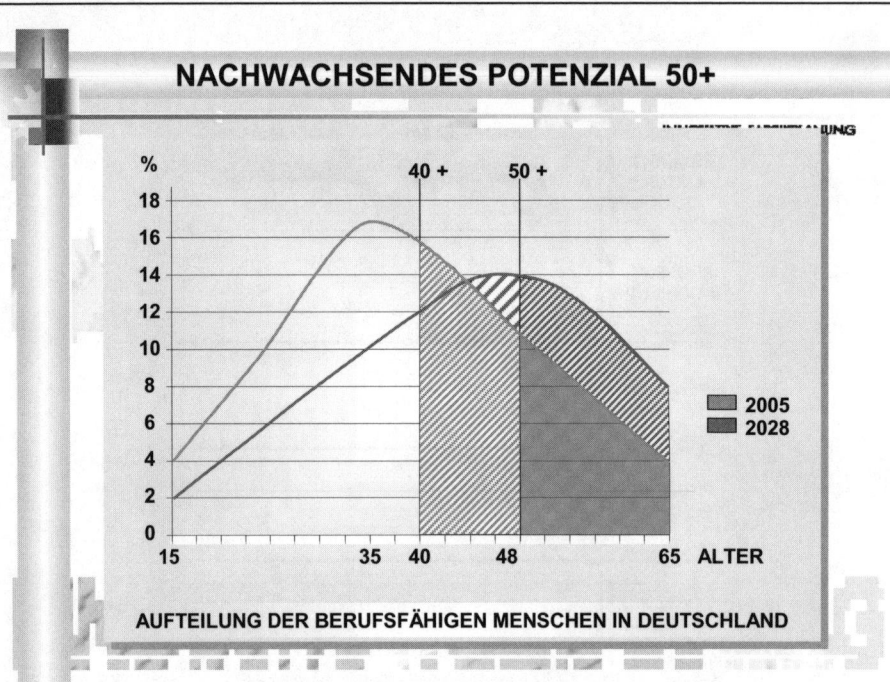

Unsere Mitarbeiter werden durch verschiedene Maßnahmen und Instrumente gezielt unterstützt. Agilität und Leistungsfreude unserer Mitarbeiter unterstützen wir mit einem permanenten Verhaltensprogramm:

- Körper (Ernährung, Ergonomie, Gesundheit)

- Geist (Fortbildung, Kulturelles, Persönlichkeit)

- Seele (Betriebskultur, Beratung, Altersvorsorge)

Eine so genannte Bogenkarriere beinhaltet gegenüber einer klassisch horizontalen Karriere, dass die Karriere und das damit verbundene Gehalt nicht bis zum Ende der Erwerbstätigkeit ansteigen, sondern ab einem gewissen Alter ein stufenweiser Rückgang erfolgt. Mittel- und Langfristziel ist daher die individuell ausgerichtete Bogenkarriere für Mitarbeiter, mit der logischen Basis, dass Leistungsreduzierung mit synchroner Vergütungsreduzierung einhergeht (siehe Abbildung 7-1), was bei Fahrion als Modell eingesetzt und von den Mitarbeitern auch akzeptiert wird.

Abbildung 6-2:   *Entlastung in den Ruhestand*

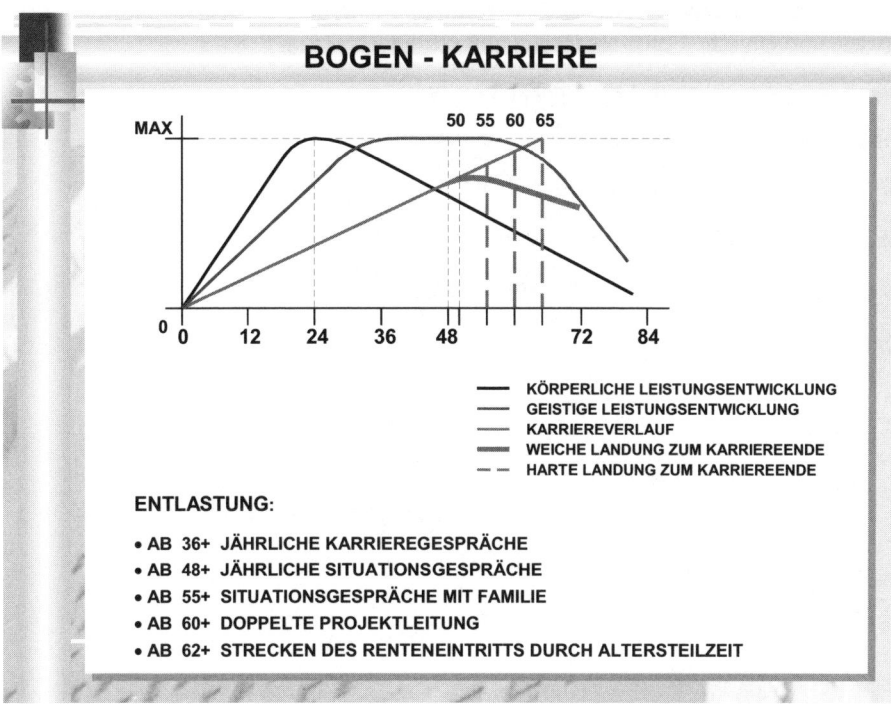

7   Fazit

Für Arbeiten mit großer körperlicher Belastung und Akkordarbeiten sind ältere Mitarbeiter nicht geeignet, dafür umso mehr für Berufe, in denen Erfahrung und mentale Leistung verlangt wird, z. B. als Projektmanager, Konstrukteure und Planer.

Wir werden dieses Reservoir nutzen und damit unsere Geschäftsprozesse optimieren. Die Beschäftigung älterer Arbeitnehmer ist bei richtigem Einsatz hoch wirtschaftlich. Gerade kleine und mittelgroße Unternehmen sollten sich deshalb mit der Frage auseinander setzen, ob es sich nicht auszahlt, ältere Mitarbeiter zu reaktivieren.

Auch für andere Unternehmen, Behörden und Verwaltungen muss wieder Normalität werden, dass arbeitsfähige und arbeitswillige Menschen bis zum Eintritt ins Rentenalter beschäftigt und bei Verlust des Arbeitsplatzes neu eingestellt werden. Ein grundsätzlicher Paradigmenwechsel ist daher unumgänglich. Unternehmen, Politik und Gesellschaft müssen die Beschäftigung älterer Menschen wieder als wirtschaftliche, soziale und ethische Pflicht verstehen und erfüllen.

Dabei lässt sich Folgendes abschließend festhalten:

Ältere Menschen vorsätzlich nicht zu beschäftigen ist:

- betriebswirtschaftlich eine Dummheit
- volkswirtschaftlich eine Vergeudung
- gesellschaftspolitisch eine Diskriminierung

Reinhold Gütebier

16. Von älteren Mitarbeitern profitieren – ein Beispiel des Möbelhauses Segmüller

1 Einleitung

Immer stärker wird gefordert, auch seitens der Politik, dass Unternehmen ältere Mitarbeiter beschäftigen. Segmüller, eines der größten und marktführenden Möbelhäuser Deutschlands, setzt diesen Anspruch schon seit längerem und mit großem Erfolg um. Das Unternehmen Segmüller unterhält derzeit acht Filialen an mehreren Standorten in Süddeutschland und dem Rhein-Main-Gebiet mit mehr als 4.000 Mitarbeitern, davon 300 in der eigenen Polstermöbelfabrik.

Der folgende Beitrag beschreibt die Ansätze und Erfahrungen mit dem Thema ältere Mitarbeiter im Unternehmen Segmüller und enthält Anregungen für die Personalpolitik eines mittelständischen Dienstleistungsunternehmens. Darüber hinaus wird über ein Projekt berichtet, bei dem Segmüller bewusst ältere Langzeitarbeitslose für den Verkauf rekrutiert und eingestellt wurden.

2 Die Philosophie des Unternehmens

Die Firma Segmüller beschäftigt schon seit mehreren Jahren gezielt Mitarbeiter, die über 50 Jahre alt sind. Bereits in den 90er Jahren erkannte Segmüller das Potenzial dieser Gruppe. Gerade der Dienstleistungsbereich und dabei insbesondere die Einrichtungsbranche sind nach unserer Auffassung in besonderem Maße dazu prädestiniert, ältere Mitarbeiter im Verkauf einzusetzen. Folgende Gründe sind dafür anzubringen: Möbel sind Güter des Investitionsbedarfs. Der Endverbraucher spart oft mehrere Jahre, verzichtet auf das eine oder andere, um letztendlich eine größere Anschaffung, wie ein neues Wohnzimmer, zu tätigen. Solch eine Investition wird gut überlegt und in der Regel gemeinsam in der Familie und mit Sorgfalt entschieden. Dies bedeutet, dass eine gute, persönliche und intensive Beratung beim Möbelkauf gerne angenommen wird. Man möchte ja schließlich keine Fehlinvestition tätigen. Ältere Mitarbeiter haben oft schon aus ihrer eigenen Lebensbiografie heraus mehrfach das Eigenheim ausgestattet, kennen die kleinen Tücken beim Einrichten und können diesen Erfahrungsschatz dem Kunden glaubhaft vermitteln. Ein Möbelstück im Verkaufsraum wirkt oft kleiner und letztendlich ganz anders als in den eigenen vier Wänden. Räumliches Denken und das Vorstellungsvermögen dafür, wie letztendlich das eigene Wohnzimmer später aussehen wird, sind für manche Kunden nach wie vor ein Problem.

Ein weiterer Punkt ergibt sich daraus, dass Designermöbel und moderne, jugendliche Einrichtungen nur einen geringen Anteil des Umsatzes, sowohl bei Segmüller als auch am gesamten Markt, ausmachen (ca. 20%). Der größte Teil der Kunden konsumiert dagegen eher konservativ. Durch das zunehmende Alter in unserer Gesellschaft werden die Kunden immer älter, verfügen aber über eine immer höhere Kaufkraft. Die wichtigste Segmüller-Kundengruppe ist bereits heute mittleren und höheren Alters. Eine 20-jährige Verkäuferin wird deshalb trotz erfolgreich abgeschlossener Ausbildung dem Kunden gegenüber nur schwer und glaubhaft eine gute Beratung über beispielsweise „Gelsenkirchener Barockeinrichtungen" vermitteln können.

Segmüller besetzt schon seit mehreren Jahren sein Verkaufspersonal mit älteren Mitarbeitern, wobei sich die Besetzung stark nach den Produkten richtet. In einem unserer stark auf Jugend ausgerichteten Trendshops ist der Anteil von jüngeren Mitarbeitern größer. In anderen Abteilungen setzt man gezielt auf den Einsatz von Älteren. Wir haben so etwas wie Quoten und Erfahrungswerte, die je nach Abteilung bzw. Produktlinie festlegen, an welchen Stellen ältere Mitarbeiter besonders sinnvoll eingesetzt werden können. Diese Regelungen wenden wir auch bei anderen Merkmalen, wie beim Geschlecht an. Bestimmte Bereiche, beispielsweise Babyeinrichtungen werden stärker mit Frauen besetzt. Im gesamten Unternehmen sind im Verkauf 24% über 50 Jahre, in manchen Abteilungen sind sogar 50% der Mitarbeiter über 50 Jahre.

Wir pflegen aber insgesamt einen gesunden Mix aus Jung und Alt, da wir der Überzeugung sind, dass beide Gruppen sich positiv ergänzen. Unsere Erfahrung bestätigt, dass jüngere Mitarbeiter oft dynamischer, schneller und flexibler sind. Die Älteren sind dagegen gelassener, ruhiger und bedachter. Zusammen erreichen aber beide Gruppen eine gute Durchschnittsleistung.

Die dargestellte Personalpolitik bezieht sich aber, wie ausgeführt, insbesondere auf den Verkauf. Im Bereich des Lagers wird beispielsweise im hohen Maß schwere körperliche Arbeit verrichtet. Bei einer Auslieferung müssen oft ohne Aufzug schwere Möbel bis in den vierten Stock transportiert werden. In diesen Bereichen setzen wir daher kaum ältere Mitarbeiter ein.

Zwischen verschiedenen Altersgruppen in unserem Unternehmen gibt es keinen Unterschied in der Bezahlung. Wir haben ein Grundgehalt und eine Umsatzprovision. Das Gehalt regelt sich somit über die Provision und nicht über das Alter, wobei selbstverständlich kein Mitarbeiter bei diesem System unter die Tarifgrenze rutscht. Das Argument, dass ältere Mitarbeiter teurer als jüngere sind, ist daher zumindest für unsere Branche nicht haltbar. Die Erfahrung hat bisher gezeigt, dass jüngere und ältere Mitarbeiter sich hinsichtlich des Verkaufserfolges nicht unterscheiden. Dies gilt auch für den Kündigungsschutz. Der Kündigungsschutz bei einem 50-jährigen ist bei einer Neueinstellung auch nicht anders zu bewerten als bei einem 25-jährigen, da Probezeit oder befristete Verträge hier ausreichende Instrumentarien bilden, um sich von „unproduktiven" Mitarbeitern oder „Fehlbesetzungen" wieder zu trennen.

Selbst bei unseren Lernprogrammen, in denen unsere Mitarbeiter zunächst bei der Neueinstellung und später in regelmäßigen Schulungen unternehmensbezogene, fachliche und andere Themen (z. B. Holzarten, Stoffarten, Verkaufspsychologie oder Produktschulung) vermittelt bekommen, unterscheiden sich die Jüngeren nicht von den Älteren. Eine Ausnahme bilden Themen mit technischem Schwerpunkt (z. B. Computerschulungen), in denen die jüngeren Teilnehmer in der Regel schneller das nötige Wissen erlangen. Trotzdem trennen wir unsere Lerngruppen aber nicht nach dem Alter. Wir haben eine eigene Schulungsabteilung im Haus. Bei der Neueinstellung wird jeder Mitarbeiter erst einmal drei Wochen theoretisch über das Unternehmen, die Abläufe, Produktlinien, organisatorische Belange usw. geschult. Danach kommen diese Mitarbeiter in die entsprechenden Abteilungen und werden dort fünf bis sechs Wochen von einem Paten weiter betreut, wo sie dann das Erlernte im Echtbetrieb anwenden und vertiefen können. Auch hier stellen wir keine Unterschiede zwischen den Altersgruppen fest.

Viele ältere Mitarbeiter, die in den Ruhestand gehen, beklagen, dass dieser Wechsel oft auch einen Verlust darstellt, denn mit der Rente gehen auch wertvolle Erfahrungen und soziale Beziehungen aus dem Arbeitsleben abrupt verloren. Vielen Ruheständlern fehlt die Arbeit und sie wünschen sich, hin und wieder zu arbeiten.

Segmüller hat demgegenüber das Problem, dass insbesondere einzelne Tage (Samstag oder Freitagnachmittag) so stark frequentiert werden, dass dies mit einem festen Mitarbeiterstamm kaum aufgefangen werden kann. Dazu kommen manchmal Perioden, wo es beispielsweise zahlreiche Krankmeldungen gibt. Für diese Spitzen haben wir mit einigen früheren Mitarbeitern unseres Hauses, die mittlerweile im Ruhestand sind, flexible Vereinbarungen, die es ermöglichen, diese auf Abruf einzusetzen. Eine unserer ältesten Mitarbeiterinnen im Ruhestand ist 76 Jahre alt und äußert erfolgreich in der Jugendzimmerabteilung tätig. Von diesem Konzept profitieren beide Seiten, denn viele Menschen im Ruhestand zählen noch lange nicht zum „alten Eisen" und haben Freude, aber auch Geschick in der Beratung und im Verkauf sowie alte Kundenkontakte.

3 Die Eröffnung des Möbelhauses in Weiterstadt

Im Hause Segmüller werden beträchtliche Ressourcen dafür aufgewandt, gute und qualifizierte Mitarbeiter zu gewinnen und einzustellen. Unsere soziale und betriebswirtschaftliche Verantwortung besteht vor allem darin, dass wir „die richtigen Personen" für die zu besetzenden Stellen finden und diese Mitarbeiter dann auch möglichst langfristig dem Unternehmen erhalten bleiben.

Im Verkauf sind die essenziellen Anforderungen ein freundliches Wesen, ein gutes Ausdrucksverhalten, kommunikative Stärken, Zuverlässigkeit und Sensibilität. Diese Eigenschaften sind schwer in einem schriftlichen Lebenslauf oder Anschreiben festzustellen. Wir bevorzugen daher das persönliche Vorstellungsgespräch als Hauptkriterium bei der Auswahl von Mitarbeitern. Wir nehmen uns viel Zeit, führen in der Regel mehrere Gespräche und versuchen, die Persönlichkeit, den Charakter eines potenziellen Bewerbers, sozusagen das „Innere eines Menschen", kennen zu lernen. Viele unserer Bewerber sind branchenfremd und haben vorher nicht in der Einrichtungsbranche gearbeitet. Dies stellt für uns aber kein Hindernis dar. Von 460 Verkäufern, die wir an einem Standort eingestellt haben, waren 97% vorher nicht in der Einrichtungsbranche tätig. Wir suchen Mitarbeiter, die motiviert sind und Freude daran haben, im Verkauf zu arbeiten.

Im Jahre 2004 wurde in Weiterstadt, südlich von Frankfurt, eines der größten Möbelhäuser Deutschlands neu eröffnet. Fast 1.000 Mitarbeiter wurden dafür eingestellt. Im September 2003 überlegten wir innerhalb der Geschäftsführung, ein Projekt zusammen mit der Bundesagentur für Arbeit durchzuführen, um gezielt ältere und langzeitarbeitslose Menschen für dieses Haus zu rekrutieren.

Folgende Schritte wurden im Rahmen dieses Programms dafür durchgeführt:

1. Zunächst hospitierten sechs Mitarbeiter von der Bundesagentur für Arbeit in unserem Hauptsitz in Friedberg, um unser Unternehmen, unsere Strukturen und unsere Anforderungen besser kennen zu lernen.

2. Auf Basis dieser Erfahrung wurden im Anschluss die Karteien der Arbeitslosen durchgegangen und potenzielle Bewerber ausgewählt, angesprochen und zu einer Vortragsveranstaltung auf freiwilliger Basis im Hause Weiterstadt eingeladen.

3. Insgesamt kamen fast 6.500 potenzielle Bewerber zu dieser Informationsveranstaltung, in der wir (zehn Personalfachkräfte) jeweils 120 Personen in einem Vortragsraum unser Unternehmen vorstellten, die Anforderungen erläuterten und das Prozedere der Bewerberauswahl beschrieben.

4. Interessierte Bewerber bekamen dann die Möglichkeit, sich in eine Liste einzutragen, um ein persönliches Gespräch mit uns zu führen. In diesem Gespräch konnten wir eine erste Vorauswahl treffen, so dass wir am Ende mehrere Personen in der engeren Auswahl hatten.

5. Diesen Kandidaten wurde angeboten, an einer einwöchigen Schulung teilzunehmen. Diese Schulung ähnelte unserer Einarbeitungsschulung, so dass wir die Kandidaten in dieser Woche beobachten und noch besser kennen lernen konnten. Dieser Ansatz ist somit mit einem Assessment Center vergleichbar. Nach dieser Woche konnten wir in unserem Auswahlprozess noch einmal selektieren.

6. Im letzten Schritt wurde den verbleibenden, potenziellen Bewerbern in Zusammenarbeit mit der Bundesagentur für Arbeit angeboten, dass jeder, der an einer sechsmonatigen Ausbildung teilnimmt und diese erfolgreich abschließt, definitiv eine Festanstellung in unserem Haus erhält. Diesen Punkt erachten wir als ausgesprochen wichtig, denn viele der sonstigen Schulungsmaßnahmen für Langzeitar-

beitslose sind oft unverbindlich. Unser Versprechen weckte dagegen großen Ehrgeiz bei den Teilnehmern und wir hatten lediglich 10% an Ausfällen zu vermerken.

Von den fast 1.000 neuen Arbeitsplätzen an dem Standort Weiterstadt wurden fast 50% mit ehemaligen Arbeitslosen aus diesem Programm besetzt. Bei der Eröffnung waren 26% aller Verkaufsmitarbeiter über 50 Jahre. Dieses Projekt war zwar sehr aufwändig, aber eine momentane Integrationsquote von 84% (Prozentsatz der eingestellten Langzeitarbeitslosen, die nach wie vor im Berufsleben sind) lässt erkennen, dass dieser Ansatz ein Erfolg versprechendes Konzept ist. Sowohl wir als Unternehmen hatten einen entsprechenden Nutzen, indem wir sehr gute Mitarbeiter gewinnen konnten, als auch die Arbeitsagentur, die durch diese Maßnahme einen sehr guten „Return on Investment" ihrer Aktivitäten vorweisen kann. Investitionen dieser Art lohnen sich in vielerlei Hinsicht, wie das nächste Kapitel noch einmal ausführt.

4 Erfahrungen mit diesem Ansatz

Unsere Erfahrungen haben gezeigt, dass ältere Mitarbeiter im Allgemeinen genauso leistungsfähig wie jüngere und in manchen Bereichen den jüngeren Kollegen sogar überlegen sind. Wir erleben, dass ältere Mitarbeiter häufig besser mit Autoritäten zurechtkommen und es gegenüber Vorgesetzten, Kunden, aber auch untereinander zu weniger Konflikten und Streitigkeiten kommt. Ältere haben, oft auch bedingt durch eine andere Erziehung, eher Verständnis für eine andere Position und regen sich weniger schnell auf („Die Suppe wird nicht so heiß gegessen, wie sie gekocht wird"). Ältere sind eher bereit etwas anzunehmen, was man sich persönlich doch vielleicht etwas anders vorgestellt hat. Jüngere Kollegen erleben häufiger und in größerem Ausmaß einen „Praxisschock" und sind dementsprechend auch schneller zu einem Wechsel bereit. Die Fluktuation bei älteren Mitarbeitern ist im Gegensatz dazu geringer. Auch hinsichtlich der Krankheitstage stellen wir fest, dass ältere Mitarbeiter einen geringeren Krankenstand bei den Kurzkrankmeldungen haben. Wir können daher zusammenfassend für den Verkauf keinerlei Leistungsunterschiede zwischen älteren und jüngeren Mitarbeitern feststellen.

Die Reaktionen der Kunden sind durchweg positiv. Wir bekommen ständig E-Mails, Briefe oder auch direkt im Verkauf Feedback von unseren Kunden, dass sie dieses Vorgehen als sehr positiv bewerten und dies auch ihre Kaufentscheidung zu Gunsten unseres Hauses beeinflusst hat.

Auch unsere Mitarbeiter wissen unsere Strategie sehr zu schätzen und danken es mit großem Engagement. Ältere Mitarbeiter und hier insbesondere Langzeitarbeitslose wissen es sehr zu würdigen, eine Chance und eine Perspektive bekommen zu haben. Wir weisen mit Stolz darauf hin, dass unser Haus in Weiterstadt 2004 mit einer großen

Anzahl an älteren Mitarbeitern und Langzeitarbeitslosen eröffnet wurde und wir bereits nach einem Jahr mit unserem Haus zu dem umsatzstärksten Möbelhaus an einem Standort in ganz Deutschland innerhalb der gesamten Branche zählen.[13] Unsere Personalpolitik ist somit aufgegangen, und wir dürfen für unsere Branche und etwas weiter gefasst den Bereich der verkaufsnahen Dienstleistungen die Empfehlung aussprechen, ältere Mitarbeiter einzustellen und zu fördern.

Ich persönlich empfinde es als eine große Ressourcenverschwendung, das Know-how der älteren Arbeitnehmer nicht zu berücksichtigen. Um diesen Punkt mit einem Beispiel zu unterlegen: Segmüller hat einen fast 60-Jährigen Herren eingestellt, der zuvor fast zwei Jahrzehnte selbständig ein Küchenstudio betrieben hat. Dieser Mitarbeiter hatte die Hoffnung auf eine Anstellung fast schon aufgegeben. Wir können nur dankbar für das Know-how dieses Mitarbeiters sein, der als Fachmann mittlerweile sehr viel Wissen und Erfahrung in unser Unternehmen eingebracht hat.

Wir bekommen nach wie vor zahlreiche Initiativbewerbungen und freuen uns über diese Resonanz. Bei einem Mitarbeiterstamm von fast 4.000 Personen müssen wir, schon bedingt durch die natürliche Fluktuation, somit weniger häufig Anzeigen schalten, um unseren Personalstand aufrechtzuerhalten. Segmüller schätzt die Lebenserfahrung, die Seriosität und Zuverlässigkeit von älteren Mitarbeitern.

Meines Erachtens ist das Einstellen von älteren Mitarbeitern insbesondere bei Unternehmen der Investitionsgüterbranche lohnenswert. Längerfristige Anschaffungen mit hochpreisiger Ware (ausgenommen bestimmte Trend- und Jugendprodukte) sind in der Regel sehr beratungsintensiv. Ältere Mitarbeiter können diese Dienstleistungen sehr gut erbringen, da bei der Beratung kaum körperliche Leistungen erforderlich sind, sondern Fähigkeiten wie freundlich zu sein, sich auf andere Menschen und deren Bedürfnisse einzustellen, zuzuhören oder aufmerksam zu sein. Diese Eigenschaften findet man im hohen Maße auch bei älteren Menschen. Insofern besteht hier eine große Chance für ältere Mitarbeiter und Unternehmen, die deren Potenzial erkennen und für sich nutzen.

---

[13] Vgl. Fachzeitschrift Möbelkultur, Ferdinand Holzmann Verlag.

Teil 4

Regionaler Exkurs und

Strategisches Management

Stefanie Wahl

17. Alterung der Erwerbsbevölkerung – eine asiatische Perspektive

1   Einleitung

Die Alterung der Erwerbs- und Wohnbevölkerung beschränkt sich keineswegs auf Deutschland. Auch in vielen Ländern Asiens ist sie zu beobachten. Während Japan die am schnellsten alternde Bevölkerung der Welt hat, sind die beiden bevölkerungsreichsten Nationen der Erde, China und Indien, erst in absehbarer Zeit mit diesem Phänomen konfrontiert. Die Wirkungen dürften jedoch gerade im Fall Chinas umso heftiger sein.

Der folgende Beitrag gibt einen kurzen Überblick über die demografischen Veränderungen in Japan, China und Indien sowie über eine Reihe von Maßnahmen, die Wirtschaft und Politik in Japan zur Bewältigung der demografischen Herausforderung ergriffen haben. Für die erfolgreiche Erschließung des Silbermarktes, das heißt des Marktes der Generation 50plus, kann Deutschland von Japan einiges lernen. Bei der Anpassung der Wirtschaft an alternde Belegschaften steht Japan — wie Deutschland — dagegen erst am Anfang.

2   Japan

Japan hat die älteste Bevölkerung aller frühindustrialisierten Länder. 26% der Bevölkerung sind derzeit über 60, 20% über 65 und 5% über 80 Jahre alt. Mit 43 Jahren ist das Medianalter, das heißt der Altersscheitelpunkt, ein Jahr höher als in Deutschland.

Ursächlich für den hohen Altenanteil sind Geburtenraten, die seit Anfang der 60er Jahre — also zehn Jahre früher als in Deutschland — unterhalb des bestandserhaltenden Niveaus liegen. Mit 1,3 Kindern pro gebärfähiger Frau ist derzeit in Japan — wie in Deutschland — jede Kindergeneration ein Drittel kleiner als die Elterngeneration. Verstärkt wird der Alterungstrend durch eine der höchsten Lebenserwartungen der Welt. Derzeit werden Neugeborene in Japan im Durchschnitt 82 Jahre alt. Dies sind fast 3,5 Jahre mehr als in Deutschland.

2.1   Vorreiter bei der Alterung

Bei unveränderten Geburtenraten und weiter steigender Lebenserwartung wird sich die Alterung der Bevölkerung künftig weiter beschleunigen. 2025 ist die Hälfte der Bevölkerung 50 Jahre alt. Der Anteil der über 60-Jährigen wird bei 35%, derjenige der über 65-Jährigen bei 29% liegen. 11% werden älter als 79 Jahre sein. Zugleich nimmt die Bevölkerungszahl beschleunigt ab. Von 2005 bis 2025 verringert sie sich insgesamt um knapp vier Millionen. Besonders betroffen hiervon sind die Erwerbsfähigen, das heißt die 15- bis 64-Jährigen. Ihre Zahl geht sogar um zwölf Millionen von etwa 85 Millionen im Jahr 2005 auf etwa 73 Millionen im Jahr 2025 zurück. Dabei findet dieser Rückgang im Wesentlichen bei den 15- bis 45-Jährigen statt. Entsprechend erhöht sich das Durchschnittsalter der Erwerbsfähigen insgesamt.

Abbildung 2-1:   *Altersstruktur der erwerbsfähigen Bevölkerung (15 – 64) in Japan 2005 – 2025*

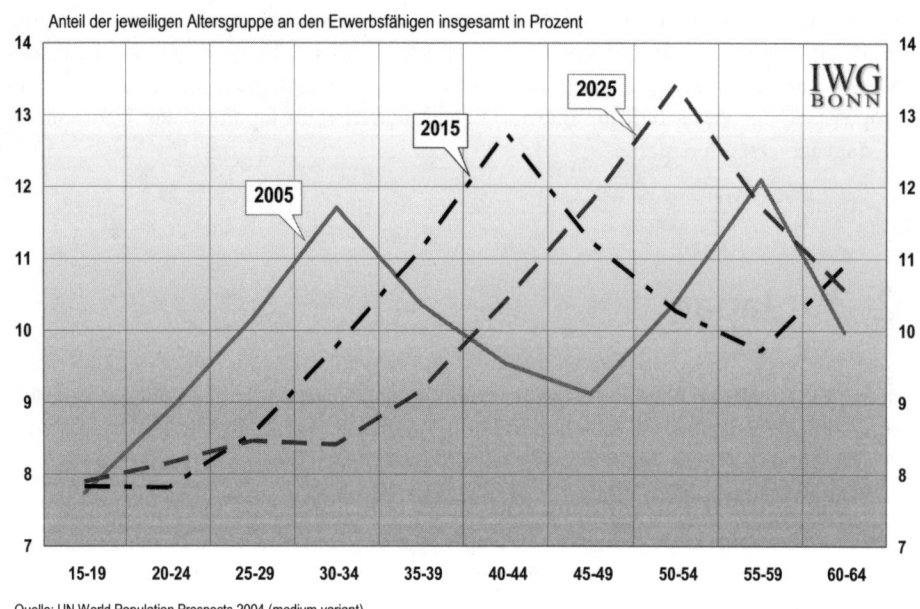

Quelle: UN World Population Prospects 2004 (medium variant)

Dies hat erhebliche Auswirkungen auf Umfang und Altersstruktur der Erwerbsbevölkerung, das heißt denjenigen, die auf dem Arbeitsmarkt effektiv Arbeit nachfragen. Bereits heute ist Japans Erwerbsbevölkerung im internationalen Vergleich überdurchschnittlich alt. Die Hälfte der Erwerbspersonen ist älter als 42 Jahre. Reichlich ein Viertel hat das 55. Lebensjahr überschritten (in Deutschland ist es dagegen nur ein Siebtel). Wie bei den Erwerbsfähigen stellen die 55- bis 59-Jährigen zusammen mit den 30- bis 34-Jährigen die stärkste Altersgruppe der Erwerbspersonen.

Abbildung 2-2: *Erwerbsfähige und Erwerbspersonen nach Altersgruppen in Japan 2005*

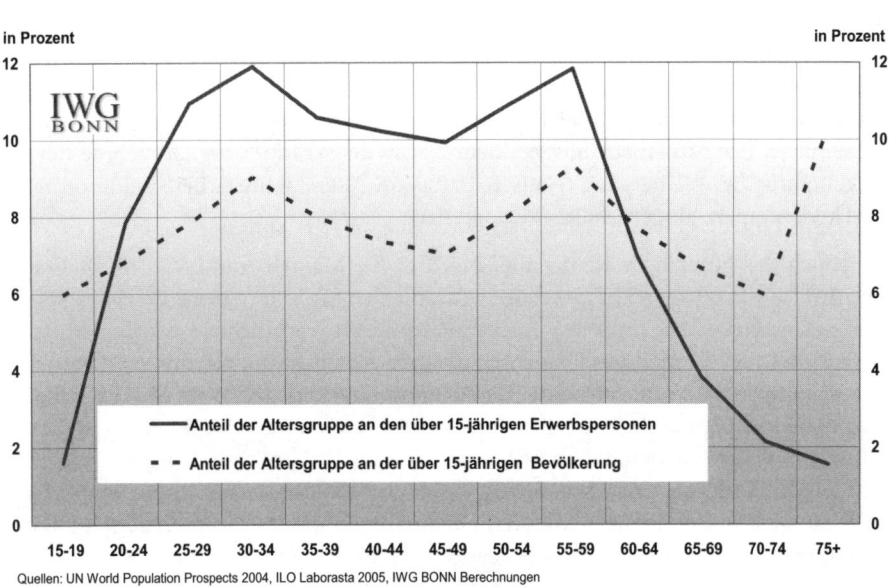

Quellen: UN World Population Prospects 2004, ILO Laborasta 2005, IWG BONN Berechnungen

Dies ist ganz wesentlich auf die Baby-Boom Jahrgänge zwischen 1945 und 1950 sowie 1970 und 1975 zurückzuführen.

Um den demographiebedingten Rückgang der Erwerbsfähigen zu kompensieren, muss die Erwerbsbeteiligung älterer Erwerbspersonen weiter zunehmen. Die Ausgangsbedingungen auf Seiten der älteren Arbeitskräfte sind hierfür günstig. Denn anders als in den meisten frühindustrialisierten Ländern ist die Erwerbsneigung Älterer in Japan hoch. Das hat weniger materielle als vielmehr immaterielle Gründe. Für viele Ältere ist Erwerbsarbeit auch jenseits des sechzigsten Lebensjahres Voraussetzung für ein sinnvolles und gesundes Leben sowie für gesellschaftliche Integration. Folglich liegt die Erwerbsbeteiligung der 55- bis 64-Jährigen bei zwei Dritteln und damit zusammen mit der schweizerischen an der Spitze der frühindustrialisierten Länder. Von den 65- bis 69-Jährigen ist reichlich ein Drittel und von den 70- bis 74-Jährigen noch reichlich ein Fünftel am Erwerbsprozess beteiligt. Selbst bei den über 75-Jährigen ist es noch knapp ein Zehntel.[14]

---

[14] ILO, Laborasta 2005, unter http://laborsta.ilo.org/.

2.2 Beschäftigungshemmnis Senioritätsprinzip

Hemmnisse für eine substanziell höhere Erwerbsbeteiligung Älterer bestehen dagegen auf der Arbeitskräftenachfrageseite. Bisher endete in den meisten Unternehmen die Beschäftigung mit Vollendung des 60. Lebensjahres. Bis zu diesem Zeitpunkt war eine attraktive Beschäftigung Älterer gewährleistet. Mit Erreichen der Altersgrenze räumten sie ihren Platz für frisch ausgebildete Nachwuchskräfte. Über Jahrzehnte hinweg funktionierte dieser Übergang relativ reibungslos. Ältere, teure Arbeitskräfte verließen das Unternehmen, jüngere, billige rückten nach.

Da jedoch das gesetzliche Rentenalter bis 2013 für Männer und bis 2018 für Frauen schrittweise von 60 auf 65 Jahre erhöht wird, tut sich für immer mehr Beschäftigte eine Versorgungslücke auf. Um diese Lücke zu schließen, verpflichtete die Regierung im April 2006 Unternehmen per Gesetz dazu, ältere Arbeitskräfte bis zum 65. Lebensjahr zu beschäftigen, indem sie entweder die betriebliche Altersgrenze auf 65 Jahre erhöhen oder diese komplett aufheben. Allerdings sah die Regierung keine Sanktionen für den Fall vor, dass Unternehmen dem nicht Folge leisten. Bisher haben lediglich knapp ein Zehntel der Unternehmen ihre Altersgrenze auf 65 Jahre erhöht oder abgeschafft. Zwar ist auch in den meisten anderen Unternehmen die Weiterbeschäftigung älterer Arbeitskräfte grundsätzlich möglich, jedoch in der Regel nur zu Löhnen, die 50% oder weniger dessen betragen, was die Beschäftigten vor Erreichen der betrieblichen Altersgrenze verdient hatten.

Wichtigste Ursache für die geringe Neigung von Unternehmen, die betriebliche Altersgrenze zu erhöhen bzw. ganz abzuschaffen, ist das Senioritätsprinzip, das in Japan besonders ausgeprägt ist. Das Lohnniveau steigt mit dem Lebensalter, bis es mit Mitte fünfzig seinen Höhepunkt erreicht. Auf diesem Stand verharrt es fast unverändert bis zum Erreichen der betrieblichen Altersgrenze. Folglich nehmen in den Unternehmen Lohn- und Arbeitskosten mit wachsendem Durchschnittsalter der Beschäftigten zu. Die Abschaffung des Senioritätsprinzips ist deshalb nach Auffassung vieler eine wesentliche Voraussetzung dafür, dass die Beschäftigung Älterer ausgeweitet werden kann. Einige Unternehmen haben ihre Entlohnungssysteme bereits umgestellt. So hat McDonald's Holdings Japan Ltd. die betriebliche Altersgrenze abgeschafft und entlohnt ältere wie jüngere Arbeitskräfte nur noch entsprechend ihrer Leistung. Die Askul Corporation hat ihre Altersgrenze auf 65 erhöht und ihre Entlohnung ebenfalls an Leistungskriterien gebunden.

2.3 Hilfe bei der demografischen Sensibilisierung von Unternehmen und Arbeitskräften

Die Abschaffung des Senioritätsprinzips allein reicht jedoch nicht aus, um die Beschäftigung Älterer zu erhöhen. Gleichzeitig müssen die Weiterbildung verstärkt, die Gesundheitsvorsorge ausgebaut und die Arbeitszeit flexibilisiert werden. Zahlreiche Firmen wie die Matsushita Electric Industrial Co. Ltd., die Yokogawa Electric Co. oder die Akiba Die-cast Co. Ltd. haben schon Anfang dieses Jahrzehnts umfangreiche Maßnahmen zur Verbesserung der Produktivität älterer Arbeitskräfte eingeführt.[15] Bei vielen Unternehmen besteht allerdings noch Handlungsbedarf. Deshalb hilft die Japanische Organisation für die Beschäftigung Älterer und Behinderter (Japan Organization for Employment of the Elderly and Persons with Disabilities – JEED) Unternehmen, die Einsatzfähigkeit ihrer älteren Arbeitskräfte zu verbessern und dadurch mit alternden Belegschaften produktiv und innovativ zu bleiben. JEED schickt unter anderem Berater in die Unternehmen und führt Trainingsseminare für Unternehmer und Führungskräfte durch, um sie für den demografischen Wandel zu sensibilisieren.

Jobs für Ältere bieten gezielt auch die kommunalen Silver Human Resources Centers (SHRC) an. Die angebotenen Tätigkeiten sind oft zeitlich befristet und umfassen hauptsächlich haushaltswirtschaftliche oder kaufmännische Dienstleistungen. Das Gehaltsniveau beträgt 60% bis 70% des Marktniveaus. 2002 gab es 3.730 SHRCs mit circa 730.000 Mitgliedern. Ferner vermittelt die Human Resources Bank mit Niederlassungen in allen größeren Städten Japans insbesondere mittelalte und ältere Arbeitskräfte an kleine und mittlere Unternehmen. Darüber hinaus können sich Ältere bei der Career Exchange Plaza über das für sie vorhandene Stellenangebot informieren.

Gezielter Ausbau des Silbermarktes

Während die japanische Wirtschaft bei der Anpassung an die Alterung der Erwerbsbevölkerung vielerorts noch erheblichen Nachholbedarf hat, hat sie das Marktpotenzial der älteren Bevölkerung frühzeitig erkannt und sich in Teilen auf die veränderten Produkt- und Dienstleistungsbedürfnisse der Älteren eingestellt. Das Spektrum reicht von innovativen Medizinprodukten über unterstützende Roboter bis hin zu seniorengerechter Unterhaltungselektronik. Auch die weltweit erfolgreiche Automobilindustrie hat den Trend erkannt und entwickelt Fahrzeuge für Betagte und Gebrechliche. Sie wird darin aktiv unterstützt vom METI (Ministry of Economy, Trade and Industry, früher MITI), das die Bevölkerungsalterung gezielt zu einer „Wachstumsmaschine" der Wirtschaft machen will.[16]

Die Maßnahmen des METI konzentrieren sich vor allem auf den Ausbau des Silbermarktes und hier vor allem auf

---

[15] Vgl. Iwata (2002), S. 50 ff.
[16] Vgl. Gerling/Conrad (2004), S. 18.

- die Entwicklung von Maschinen und Geräten (vor allem in den Bereichen personenbezogene Pflege, Fortbewegungshilfen, Sport/Erholung, Kommunikation und Schlafen);
  Über jährliche Ausschreibungen können sich Unternehmen um eine Unterstützung von bis zu zwei Dritteln der Entwicklungskosten für technische Produkte für Ältere bewerben. Die geförderten Produkte werden in einer Broschüre des METI bekannt gemacht. Bei den geförderten Produkten handelt es sich u. a. um elektronische Güter, die sprechen können, Getränkedosen mit Blindenschrift, technische Hilfsmittel für beinamputierte Menschen oder spezialisierte Rollstühle.

- die Erleichterung der Nutzung neuer Medien durch Ältere und die gezielte Entwicklung von auf die Bedürfnisse von Älteren ausgerichteten Neuen Medien; Projekte in diesem Bereich, der Älteren oft besondere Schwierigkeiten bereitet, werden mit bis zu 100% gefördert. Beispiele geförderter Produkte sind u. a. Computer, die per Stimme oder Augenbewegung gesteuert werden können.

- die Unterstützung von Unternehmensgründungen von Älteren sowie

- die stärkere Bekanntmachung/Marketing von Common-Goods-Produkten (Kyôyohin), das heißt von Produkten, die für den nutzerfreundlichen Gebrauch aller Bevölkerungsgruppen bestimmt sind.

Die Sensibilisierung der japanischen Wirtschaft für die veränderten Bedürfnisse älterer Menschen wird ferner durch eine Unterorganisation des Gesundheitsministeriums, die Elderly Service Providers Association (ESPA) vorangetrieben. Sie ist gemeinnützig und stellt die Verbindung zwischen Unternehmen und Endverbrauchern her. Ferner verbreitet sie Forschungsergebnisse, veranstaltet Seminare zur Entwicklung des Silbermarktes und informiert über Marketing- und sonstige Aktivitäten im Bereich der so genannten Silberindustrie. Darüber hinaus unterstützt sie die Qualitätssicherung durch die Vergabe eines Gütesiegels, die Silberplakette der ESPA. Die Vergabekriterien sind Nutzerfreundlichkeit für Ältere, Sicherheit und Komfort. Ein weiteres Gütesiegel in Form eines Silbersterns wird vom Verband der Berufsgenossenschaften Hotel und Sanitär für altengerechte Hotels vergeben. Um einen Stern zu erlangen, müssen sowohl Einrichtung als auch Service einem bestimmten altengerechten Standard entsprechen.[17]

Allerdings ist die Entwicklung des Silbermarktes kein Selbstläufer. Die Bedürfnisse der Älteren sind relativ komplex und heterogen, so dass eine kostengünstige Massenproduktion von Produkten bisher kaum möglich war. Da die meisten Unternehmen im Silbermarkt relativ klein sind, sind der Ausweitung der Kundenbasis oder der Verbesserung des Vertriebs enge Grenzen gesetzt. Zudem führen bisher viele Produkte ein Nischendasein. Dies erschwert die Entwicklung neuer Produkte. Ferner sind viele Güter und Dienste des Silbermarktes aufgrund der kostenintensiven Produktion rela-

---

[17] Vgl. Gerling/Conrad (2002), S. 21.

tiv teuer. Vor allem aber haben Produkte und Dienstleistungen für Ältere noch immer mit einem negativen Image zu kämpfen. Dies wird noch dadurch gefördert, dass die japanische Alltagskultur nach wie vor stark auf Junge ausgerichtet ist und Ältere weitgehend ausblendet. Vor diesem Hintergrund ist das Marketing für Ältere schwierig. Schließlich ist auch die Zusammenarbeit zwischen staatlichen Akteuren und der privaten Wirtschaft verbesserungsbedürftig.

2.4 Lehren für Deutschland

Trotz aller Unzulänglichkeiten hat sich Japan im internationalen Silbermarkt inzwischen einen beachtlichen Entwicklungs- und Vermarktungsvorsprung aufgebaut, den es künftig immer stärker ausspielen kann. Denn kein Markt in den frühindustrialisierten Ländern wächst so stark wie der Silbermarkt bzw. der Markt für die Generation 50plus. Allein bis 2020 wird die Zahl der über 49-Jährigen in Europa, Nordamerika und Japan zusammen genommen um 84 Millionen zunehmen. Dies entspricht sehr genau der Bevölkerung Deutschlands. Wie das japanische Beispiel zeigt, müssen für eine erfolgreiche Entwicklung des Silbermarktes mehrere Faktoren zusammenkommen:

- enge Kooperation von Industrie, Forschung und öffentlicher Verwaltung

- staatliche Anreize zur Förderung von gemeinsam nutzbaren Produkten (Universal Design)

- Bekanntmachung vorhandener Produkte u. a. durch die Vergabe von Gütesiegeln

- Sensibilisierung der Unternehmen für die Alterung der Bevölkerung und die damit verbundenen unternehmerischen Herausforderungen

- Intensivierung der Marktforschung

- Entwicklung ausgefallener, nicht seniorenbezogener Marketingansätze sowie

- Ausrichtung der Produkte und Dienstleistungen auf die verschiedenen Teilgruppen der 50plus Generation.

Ansätze hierzu gibt es auch in Deutschland. Aber sie sind häufig zu gering dimensioniert und zersplittert. Vor allem aber fehlt bisher eine übergreifende Strategie von Wirtschaft, Forschung und Politik bzw. öffentlicher Verwaltung. Außerdem dominiert noch immer ein defizit- statt eines kompetenzorientierten Denkens. Ältere werden vorwiegend als hilfsbedürftige Personen angesehen, die staatlicher Versorgung bedürfen. Hierfür spricht, dass die Federführung für Silbermarkt und Silberindustrie auf Bund- und Länderebene bisher bei den Sozial- und Familienministerien und nicht vorrangig bei den Wirtschaftsministerien liegt. Hier muss Deutschland umdenken. Es kann den Wachstumsmarkt 50plus nur erschließen, wenn es die Älteren als eine expandierende, zahlungskräftige, heterogene Konsumgruppe begreift, die solange wie möglich ein eigenständiges Leben in Gesundheit und Würde führen will.

Weniger beispielhaft hat sich die japanische Wirtschaft dagegen bisher auf die Alterung der Erwerbsbevölkerung eingestellt. Die Abneigung, mehr Zuwanderer ins Land zu lassen, ist nach wie vor ausgeprägt. Mit netto etwa 56.000 Zuwanderern[18] jährlich hat Japan eine der niedrigsten Zuwanderungsraten aller frühindustrialisierten Länder. Zugleich werden erst vereinzelt Vorkehrungen getroffen, auch mit alternden Belegschaften innovativ und produktiv und damit wettbewerbsfähig zu bleiben.

3   China

China hat zwar noch eine deutlich jüngere Bevölkerung als Japan. Das Medianalter liegt derzeit bei knapp 33 Jahren und damit zehn Jahre unter dem der japanischen Bevölkerung. Doch die Bevölkerungsalterung schreitet nicht zuletzt aufgrund der seit den 70er Jahren praktizierten Ein-Kind-Politik zügig voran. Mittlerweile werden nur noch 1,7 Kinder pro Frau geboren. Damit ersetzt sich die chinesische Bevölkerung derzeit nur noch zu drei Vierteln. Entsprechend steigt das Medianalter bis 2025 auf etwa 40 Jahre.

Besonders ausgeprägt sind die Altersverschiebungen bei den Erwerbsfähigen, das heißt den 15- bis 64-Jährigen.

---

[18] Vgl. UN, World Population Prospects: The 2004 Revision.

Abbildung 3-1: *Altersstruktur der erwerbsfähigen Bevölkerung (15 - 64) in China 2005 - 2025*

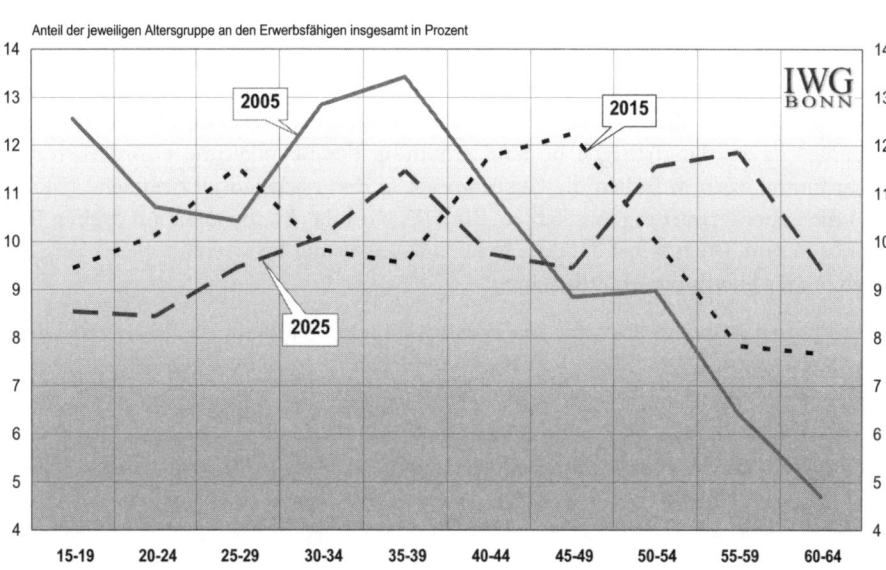

Anteil der jeweiligen Altersgruppe an den Erwerbsfähigen insgesamt in Prozent

Quelle: UN World Population Prospects 2004 (medium variant)

Während heute die 30- bis 39-Jährigen die dominierende Altersgruppe stellen, werden es in zwanzig Jahren die 35- bis 39-Jährigen, vor allem aber die 50- bis 69-Jährigen sein. Ursächlich hierfür sind die zahlenmäßig besonders starken Jahrgänge, die zwischen 1965 und 1975 geboren wurden und zwischen 1984 und 1995 einen weiteren Geburtenboom auslösten. Sie schieben sich wie zwei Wellen durch den Altersaufbau.

Bisher wurde Chinas wirtschaftlicher Erfolg vor allem im Produktions- und Bausektor entscheidend vom wachsenden Angebot 20- bis 39-Jähriger Arbeitskräfte getragen. Wenn China auch in zwanzig Jahren ein erfolgreicher Standort sein will, muss es wie Deutschland und Japan verstärkt das Potenzial älterer Arbeitskräfte erschließen. Damit sich der bereits bestehende Mangel an gut ausgebildeten Nachwuchskräften nicht bedrohlich verschärft, müssen vor allem Weiterbildungsanstrengungen verstärkt werden.

Bis vor kurzem wurde die demografische Zeitbombe weitgehend verdrängt, nicht zuletzt um Investitionen nicht zu gefährden. Inzwischen ist sich die chinesische Führung des demografischen Problems jedoch zunehmend bewusst. Aufmerksam verfolgt sie, wie sich die Vorreiter des demografischen Wandels, Japan und Deutschland, hierauf vorbereiten.

Stefanie Wahl

4 Indien

Indiens Bevölkerung ist im Gegensatz zu der Japans und Deutschlands, aber auch
Chinas ausgesprochen jung. Ihre Alterszusammensetzung entspricht derjenigen
Deutschlands Anfang des 20. Jahrhunderts und derjenigen Chinas in den 80er Jahren.
Ihr Medianalter liegt derzeit bei 24 Jahren. Lediglich knapp 8% haben das 59. Lebensjahr überschritten. Mit 2,8 Kindern pro Frau werden noch immer deutlich mehr Kinder
geboren, als zur langfristigen Bestandserhaltung der Bevölkerung erforderlich sind.
Zwar nimmt auch in Indien die Geburtenrate in den nächsten Jahrzehnten weiter ab
und die Lebenserwartung deutlich zu. Bis 2025 wird das Medianalter auf dreißig Jahre
gestiegen sein. Doch selbst dann ist Indiens Bevölkerung im internationalen Vergleich
noch immer überdurchschnittlich jung.

Dies gilt insbesondere auch für die Erwerbsfähigen, das heißt die 15- bis 64-Jährige
Bevölkerung.

Abbildung 4-1: *Altersstruktur der erwerbsfähigen Bevölkerung (15 - 64) in Indien 2005 -
2025*

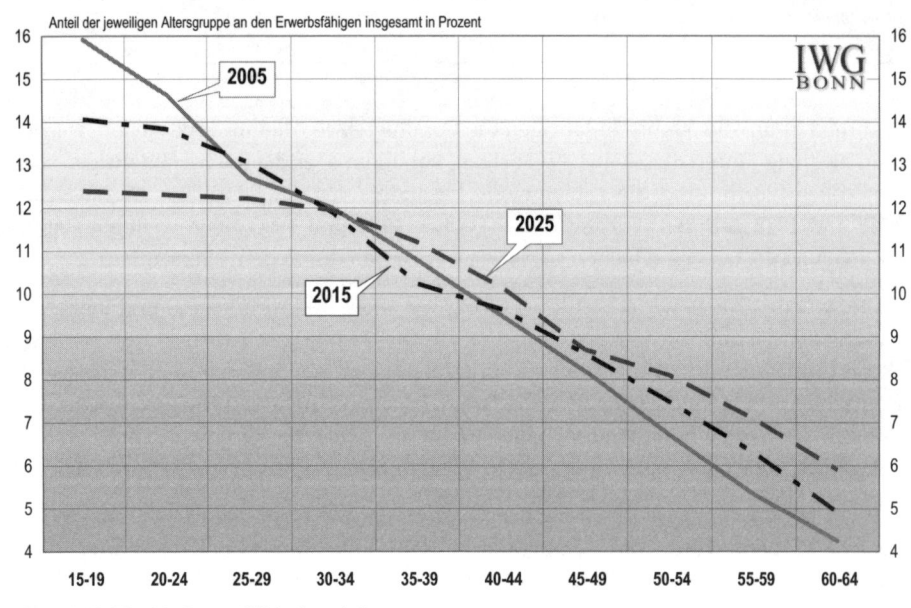

Quelle: UN World Population Prospects 2004 (medium variant)

Je jünger die Jahrgänge sind, desto stärker sind sie zahlenmäßig besetzt. Sowohl heute, als auch in zwanzig Jahren bilden die 15- bis 29-Jährigen die stärkste Gruppe der Erwerbsfähigen. Das Reservoir an jungen Nachwuchskräften wächst ständig und ist schier unerschöpflich. Die meisten von ihnen sind qualifiziert, ein Teil ist des Englischen mächtig. Setzt sich der Trend zur Höherqualifizierung fort, wird Indien weltweit zu den Ländern mit dem jüngsten und bestqualifizierten Humankapital der Welt gehören.

5 Ausblick

Die Alterung der Erwerbsbevölkerung wird Wirtschaft, Gesellschaft und Politik in frühindustrialisierten Ländern wie Deutschland und Japan vor gewaltige Herausforderungen stellen. Wenn diese im internationalen Standortwettbewerb nicht weiter an Boden verlieren wollen, müssen in und außerhalb der Unternehmen Rahmenbedingungen verändert werden. Voraussetzung hierfür ist eine Bewusstseinsänderung. Ein solcher Bewusstseinswandel ist nur langfristig zu erreichen. Deshalb sind alle Verantwortlichen aufgerufen, jeder an seinem Platz, dazu beizutragen, dass sich der Bewusstseinswandel so schnell wie möglich vollzieht.

China hat dagegen noch etwas Zeit, um sich auf eine alternde Erwerbsbevölkerung vorzubereiten. Dabei profitiert es davon, dass es auf Erfahrungen aus Deutschland und Japan zurückgreifen kann. Ob es diesen Vorteil nutzen kann, hängt davon ab, ob sich Wirtschaft und Politik in China der Wirkungen bewusst sind, die die demografische Entwicklung auf die Standortqualität ihres Landes hat.

Indien hat dagegen aufgrund seiner überdurchschnittlich jungen Erwerbsbevölkerung bis Mitte dieses Jahrhunderts einen deutlichen Standortvorteil. Zusammen mit der guten Qualifikation und den verbreiteten Englischkenntnissen könnte es deshalb ab 2020 in zahlreichen Bereichen auch China den Rang ablaufen.

6 Literaturhinweise

Falksohn, R., Lorenz, A., Rao, P. (2005): Asien: Die Armee der Alten. In Der Spiegel, 28/2005, S. 120-122.

Gerling, V., Harald, C. (2002): Wirtschaftskraft Alter in Japan: Handlungsfelder und Strategien, Expertise im Auftrag des Bundesministeriums für Familie, Senioren, Frauen und Jugend. (BMFSF) Dortmund.

Hewitt, P. S. (2002): Depopulation and Ageing in Europe and Japan: The Hazardous Transition to a Labor Shortage Economy, unter: http://fesportal.fes.de/pls/portal30/docs/FOLDER/IPG/IPG1_2002/ARTHEWITT.htm, Zugriff 21.11.2006

Iwata, K. (2002): Employment and Policy Development Relating to Older People in Japan, Ninth EU-Japan Symposium, Improving Employment Opportunities for Older Workers, 21 -22 March, Brussels, unter: http://ec.europa.eu/employment_social/international_cooperation/docs/eu_japan_symposium9/doc_iwata_en.pdf , Zugriff 21.11.2006

Japan Organization for Employment of the Elderly and Persons with Disabilities (JEED) (2006): Support for Employers Concerning the Employment of Older Persons, unter: http://www.jeed.or.jp/english/b-2.html, Zugriff 21.11.2006

Matsubara, H. (2005): Firms Urged to Hire More Women and Elderly, unter: http://www.globalaging.org/elderrights/world/2005/laborforce.htm; Zugriff 21.11.2006.

Takeda, R. (2006): Workforce gears up to take in growing number of seniors — Firms looking to drop or extend retirement age as population falls, in: The Japan Times, Aug 2, unter: http://search.japantimes.co.jp/print/nn20060802f2.html, Zugriff 21.11.2006

UN, United Nations Populations Division (2004): World Population Prospects: The 2004 Revision, http://esa.un.org/unpp/index.asp?panel=1.

Dr. Stephan Cappallo und Patrick Da-Cruz

18. Reife Belegschaften und Kernkompetenzen

1 Einleitung und Hintergrund

In den 50er und 60er Jahren wurden Aktivitäten zur langfristigen Positionierung von Unternehmen (dem heutigen strategischen Management) im Wesentlichen durch langfristige Planungsaktivitäten dominiert. Die Kernaufgabe der Unternehmensleitung bestand, so die damals herrschende Meinung, im Strategiebereich häufig in der Ausnutzung von Wachstumschancen und der entsprechenden Ausrichtung des Unternehmens auf dieses Wachstum. In den 70er und 80er Jahren sind, Ideen aus der Industrieökonomik aufgreifend, verstärkt externe Marktchancen in den Mittelpunkt der Diskussion im strategischen Management gerückt. Ikonen dieser Epoche sind die Portfoliomethode der Boston Consulting Group oder die auch heute noch bedeutsamen Arbeiten des Harvard-Professors M. Porter. Kernthemen waren hier etwa Marktattraktivitäts- und Marktanteilsbetrachtungen, Wettbewerbsvorteile oder Diversifikation. In den 90er Jahren bewegte sich der Fokus von Teilen der Diskussion im strategischen Management weg von der externen Unternehmensumwelt hin zu den Fähigkeiten des Unternehmens selbst. Hier gingen Forscher Fragen nach wie: Warum gibt es Unternehmen? Was macht Unternehmen einzigartig? Welche internen Merkmale von Unternehmen erlauben es ihnen, bestimmte Wettbewerbspositionen zu erobern oder erfolgreich zu verteidigen? Eine Antwort auf diese Frage lieferte der heute neben der Industrieökonomik dominierende Ressourcenansatz. Genauer gesagt muss man hier von Ressourcenansätzen sprechen, da sich mittlerweile verschiedene Strömungen innerhalb dieser Forschungsrichtung herausgebildet haben. Eine dieser Forschungsrichtungen ist der in diesem Beitrag behandelte Kernkompetenzansatz.[19]

Der folgende Beitrag stellt zunächst die theoretischen Grundlagen des Kernkompetenzansatzes dar. Darauf aufbauend wird beschrieben, welche grundsätzliche Rolle und Bedeutung ältere Belegschaften für die Ausprägung von Kernkompetenzen einnehmen können. Schließlich wird ein vierphasiges Vorgehen vorgestellt, anhand dessen sich Kernkompetenzen im Kontext alternder Belegschaften identifizieren und operationalisieren lassen.

---

[19] Mit Blick auf die Entwicklung des strategischen Denkens kennzeichnen modernere Sichtweisen, etwa die von Bamberger/Wrona (2005), eine integrative Perspektive. Diese begründet stichhaltig die schon seit langem in der Praxis vorhandene Sichtweise, dass es im Rahmen des Strategieentwicklungsprozesses externe und interne Perspektiven zu verknüpfen gilt, um zu einer gesamthaften Einschätzung der jeweiligen Ausgangssituation zu kommen und damit die richtigen Weichenstellungen im Rahmen strategischer Entscheidungsprobleme vorzunehmen.

2 Grundlagen: Ressourcen und Kernkompetenzen

Wie bereits erwähnt, haben der Ressourcenansatz und mit ihm der Kernkompetenzenansatz einen weit reichenden Einfluss auf modernes strategisches Denken. Der Ressourcenansatz geht von der grundlegenden Annahme aus, dass Unternehmen über eine unterschiedliche Ausstattung mit Ressourcen verfügen. Diese Ausstattung mit Ressourcen kann ein Erfolgspotenzial darstellen. Wettbewerbsrelevante Erfolgspotenziale ermöglichen die Erlangung von Wettbewerbsvorteilen und diese wiederum öffnen die Tür zu nachhaltigen, überdurchschnittlichen Gewinnen.

Man kann aber nicht mit jeder Ressource über längere Zeit hinweg einen überdurchschnittlichen Gewinn erwirtschaften. Die Ressourcen eines Unternehmens müssen vielmehr bestimmte Eigenschaften haben, damit der durch sie erzielte Wettbewerbsvorteil nicht von der Konkurrenz zunichte gemacht wird und somit nachhaltig ist:

- Sie sind umso wertvoller, desto weniger abnutzbar sie sind;
- Es sollte möglichst wenige Möglichkeiten des Transfers der Ressourcen zu anderen Wettbewerbern geben;
- Ressourcen sollten nicht oder nur schwierig imitierbar sein;
- Man sollte eine Ressource nicht durch eine andere, leichter zugängliche Ressource ersetzen können.

Was ist aber nun eine Ressource? In der einschlägigen Literatur wird der Begriff sehr weit gefasst und umschließt alle Arten von (materiellen und immateriellen) Gütern und Praktiken von Unternehmen. Eine etwas präzisere Beschreibung von Ressourcen liefern verschiedene Kataloge von Ressourcenarten. Bamberger/Wrona etwa unterscheiden folgende Ressourcenarten:

- *Physische* Ressourcen sind die physischen, kapazitätsmäßig begrenzten Anlagen des Unternehmens.
- *Intangible* Ressourcen lassen sich in immaterielles Vermögen sowie die Fähigkeiten der Unternehmung (s. u.) gliedern. Wissen von Mitarbeitern zählt ebenfalls hierzu.
- *Finanzielle* Ressourcen sind zum einen interne Mittel (z. B. Liquidität, Kreditlinien) und zum anderen externe Mittel von Kapitalgebern.
- *Organisationale* Ressourcen schließlich betreffen die Führungssysteme und -prozesse, die Organisationsstruktur, aber auch die Unternehmenskultur sowie Netzwerke innerhalb und außerhalb der Unternehmung.

Heute haben sich im Rahmen der Strategieforschung verschiedene Strömungen und Weiterentwicklungen des Ressourcenansatzes etabliert. Eine dieser Strömungen ist die wissensorientierte Perspektive im Rahmen des Ressourcenansatzes. Diese lässt sich untergliedern in Ansätze des organisationalen Lernens, in Arbeiten zum Wissen als intangibler Ressource sowie in den Kernkompetenzansatz.

Das Konzept der Kernkompetenzen hat seinen Ursprung in den 90er Jahren und wurde u. a. von C. K. Prahalad und G. Hamel propagiert. Ihr Aufsatz „The Core Competence of the Corporation" bildet einen der am häufigsten zitierten Artikel zum Thema. Einen Ansatzpunkt der Überlegungen hat die Analyse der Strategien japanischer Konzerne aus den Sektoren Automobil und Elektronik geliefert — Branchen, in denen japanische Konzerne den etablierten amerikanischen und westeuropäischen Unternehmen innerhalb kürzester Zeit signifikante Marktanteile abnehmen konnten. Kernkompetenzen (oder auch core competencies, core capabilities, invisible assets) ergeben sich dabei aus der Kombination unterschiedlicher Ressourcen. Dies sind im Kern unterschiedlich tief verankerte Wissensstrukturen, aber auch damit verbundene oder verbindbare physische, organisationale oder finanzielle Ressourcen. Es ist also nicht eine einzelne Ressource, sondern ein Komplex an unternehmensinternen Faktoren, der hier gemeint ist. Eine andere, treffende Bezeichnung hierfür ist auch die der Fähigkeit. Obwohl genau genommen die Begriffe der „Fähigkeiten" und der „Kernkompetenzen" oft unterschiedlich definiert werden, lassen sich hier eine Reihe von weiteren Kernmerkmalen ausmachen:

- Kernkompetenzen stiften Nutzen für Kunden,

- Kernkompetenzen sind unternehmensspezifisch und bilden sich im Laufe der Zeit in permanent ablaufenden evolutionären Prozessen heraus,

- sie sind schwer zu imitieren, und

- Kernkompetenzen können in unterschiedlicher Beziehung zueinander stehen (d. h. komplementär, konfliktär oder neutral).

Nach dem Kernkompetenzansatz ist nun, so die grundlegende Idee, ein Unternehmen nicht mehr ausschließlich als Zusammenfassung verschiedener Geschäftseinheiten (Strategic Business Units) zu begreifen, sondern als ein Portfolio an *Kernkompetenzen*. Diese Kernkompetenzen können grundsätzlich von einem in ein anderes Geschäftsfeld übertragen werden.

Beispielhaft kann hier das Thema Markenführung genannt werden. Ein Unternehmen wie bspw. Procter & Gamble, das Dutzende von Marken im Bereich Konsumgüter erfolgreich führt und hier entsprechende Kundendatenbanken, Methoden der Marktforschung oder Kommunikationsinstrumente aufgebaut hat, kann diese Kompetenz, so die Annahme, auch auf andere Bereiche übertragen. Denkbar wäre zum Beispiel eine Ausweitung des Know-hows im Bereich Markenführung auf Arzneimittel und Medizinprodukte. In diesen Bereichen sind Vermarktungsaktivitäten aufgrund der

Verordnungen im Heilmittelwerbegesetz bislang weitestgehend reglementiert. Mit der Lockerung dieser Reglementierungen wird es auch für Pharma- und Medizinprodukteunternehmen immer wichtiger, ihre Produkte nicht mehr nur noch beim Arzt, sondern beim Endkunden entsprechend zu bewerben. Arzneimittel- und Medizinproduktemarken sind auf- und auszubauen. Pharma- und Medizinprodukteunternehmen, die diese Kernkompetenzen nicht besitzen, werben daher teilweise auch erfahrene Manager aus der Konsumgüterindustrie ab, um hier entsprechende Kompetenzen aufzubauen.

Kernkompetenzen finden sich in den verschiedensten Ausprägungen. Sie können von einzelnen Wertschöpfungsstufen über bestimmte Systeme bis hin zu einzelnen Kundengruppen gehen. Unternehmen wie Nike oder Adidas beispielsweise haben das Design und die Vermarktung von Sportartikeln als Kernkompetenz ausbilden können. Die Wertschöpfungsstufe Produktion wird hingegen bewusst ausgelagert, da man offensichtlich der Meinung ist, dass es hier Unternehmen gibt, bei denen die Produktion eher zur Kernkompetenz gehört. In der Pharmaindustrie sind aus Wertschöpfungsüberlegungen heraus teilweise weitergehende Veränderungen erkennbar – besonders bei klein- und mittelständischen Unternehmen. Die Grundlagenforschung und frühe Phasen der Arzneimittelentwicklung werden mittlerweile immer häufiger universitären Instituten oder Biotechnologieunternehmen überlassen. Die Kernkompetenzen der Pharmaunternehmen hingegen liegen in späteren Entwicklungsphasen, der Vermarktung von Arzneimitteln oder aber bei krankheitsspezifischem Know-how, das im Rahmen der von Kassen und Gesetzgebern geförderten Disease-Management Programmen von zentraler Bedeutung ist.

Kernkompetenzen können also, das machen die voranstehenden Beispiele deutlich, als komplexe Verhaltensstrukturen beschrieben werden, die sich im Laufe der Zeit herausbilden und kennzeichnend für Unternehmen, oder allgemeiner, für soziale Systeme sind. Damit ähneln sie dem, was in manchen Zweigen der neueren Organisationstheorie als „Praktik" bezeichnet wird (siehe hierzu auch Cappallo 2006.): Unternehmen sind Bündel von Praktiken, von denen einige die Merkmale von Kernkompetenzen aufweisen. Bedeutsam dabei ist, dass Praktiken Wissen und physische Ressourcen auf komplexe Art und Weise verknüpfen. Diese Sichtweise ist nützlich, wenn man Personal im Zusammenhang mit Kernkompetenzen betrachten will.

Es liegt auf der Hand, dass das Personal, oder besser sein Wissen und Können, zu dem Bestand an Ressourcen einer Unternehmung zählen dürfte. Ferner kann Wissen den dauerhaften Schutz von Erfolgspotenzialen sichern, wenn es nach Al-Laham

- unternehmungsspezifisch ist,

- Wertschöpfungspotenzial hat,

- nicht transparent, artikulierbar und dokumentierbar ist und

- sich in unternehmensspezifischen, schwer nachvollziehbaren Prozessen herausbildet.

Auf viele der im Unternehmensalltag eingebrachten Wissensstrukturen trifft dies zu und sie sind deshalb nicht-imitierbar, nicht-substituierbar, nicht-transferierbar und nicht handelbar.

Allerdings wäre es eine vereinfachende Sichtweise, wenn man das Wissen von Mitarbeitern nicht nur als eine Ressource, sondern auch als eine Kernkompetenz darstellen würde. Wie oben beschrieben sind Kernkompetenzen nämlich Kombinationen von Ressourcen. Wissen ist eine davon, reicht aber zum Begründung einer Kernkompetenz nicht aus. Damit Wissen zur Kernkompetenz wird, muss es angewandt, praktiziert werden. In diesem Praktizieren wird es mit anderen Ressourcen kombiniert. Die Möglichkeit dies zu tun, kann dann sinnvollerweise als Fähigkeit bezeichnet werden.

3 Die Rolle und Bedeutung älterer Belegschaften für Kernkompetenzen

Aus dem Vorangegangenen wird klar, dass ältere Belegschaften für sich genommen noch keine Kompetenz darstellen. Es ist vielmehr die Art und Weise, wie sie ihr Wissen in ihre Handlungen einfließen lassen und dabei verschiedene Ressourcen verknüpfen, die eine Kernkompetenz entstehen oder „praktizieren" lassen. Welchen Input können hier aber speziell ältere Belegschaftsmitglieder leisten?

Ältere Mitarbeiter sind, bei einer relativ langen Unternehmenszugehörigkeit, oft besser mit Kollegen *vernetzt* als jüngere. Da Kernkompetenzen im Sinne von Praktiken verschiedene Ressourcen miteinander verknüpfen, kann diese Vernetzung dabei eine wichtige Rolle spielen. So kennen ältere Mitarbeiter die Fähigkeiten von mehr Kollegen und wissen, wie sich über Beziehungen benötigte Ressourcen beschaffen lassen. Dies gilt grundsätzlich auch für Beziehungen nach außen zu Lieferanten, Kunden, Konkurrenten und Kooperationspartnern. Diese Aktoren können wichtige Ressourcen beisteuern, die den Aufbau oder die Aufrechterhaltung einer Kernkompetenz ermöglichen. Ältere Belegschaftsmitglieder als „Netzwerker" können hier von zentraler Bedeutung sein. Dies gilt auch für Netzwerke zu Außenstehenden. So wird beispielsweise der Wert von Kundenbeziehungen insbesondere im Marketing im Rahmen des Customer Relationship Managements untersucht. Oder der aus Schweden stammende Netzwerkansatz zeigt die zentrale Bedeutung persönlicher Netzwerke für die Entwicklung und das Überleben von Unternehmen auf. Im interkulturellen Management zeigen Analysen fernöstlicher Managementkonzepte die Wichtigkeit von Beziehungen auf. Damit können auch Beziehungen zum politischen Raum, zu Medien oder anderen

Stakeholdergruppen gemeint sein. Diese können wiederum die Grundlage eines Früh-
aufklärungssystems darstellen, das die Fähigkeit begründet, frühzeitig und effizient
auf schwache Signale und Diskontinuitäten zu reagieren.

Es liegt auf der Hand, dass ältere Mitarbeiter aufgrund ihrer Erfahrungen relativ viel
Wissen in den Aufbau oder die Nutzung von Kernkompetenzen einbringen können.
So kann im Rahmen der Kernkompetenz „Innovationsfähigkeit" die Erfahrung älterer
Mitarbeiter bei der Beurteilung der Umsetzbarkeit von organisationalen Verände-
rungsprozessen oder Produkt- oder Prozessinnovationen sinnvoll eingebracht werden.
Man denke in diesem Zusammenhang etwa an den Internet-Hype Anfang 2000, wo in
kürzester Zeit hunderte von Unternehmensgründern in der Altergruppe 25 bis 35 mit
scheinbar revolutionären Konzepten auf den Markt kamen, von denen nur die wenigs-
ten nachhaltige Erfolge verzeichnen konnten. Ein Großteil der nachhaltig erfolgreichen
Unternehmen dieser Episode hat im Management einen Mix aus jüngeren und älteren
Managern, z. B. Firmen wie Ebay oder Amazon. Gerade in Branchen mit kurzen Inno-
vationszyklen können ältere Mitarbeiter mit ihrer Erfahrung einen Erfolgsfaktor für
das Innovationsmanagement darstellen, falls sie sinnvoll eingebunden werden (siehe
auch Kapitel 9).

Im Kontext der Innovationsfähigkeit ist auch darauf hinzuweisen, dass eine Belegschaft mit unterschiedlichen Altersklassen ein Kennzeichen von Diversity ist. Diversity
kann unter bestimmten Bedingungen kreative Prozesse, etwa in Innovationsprojekten,
fördern. Dort wirkt Diversity auch den Defekten von Gruppenentscheidungsprozes-
sen (Gruppendenken, Überheblichkeit, Abschottung, Unterdrückung abweichender
Meinungen etc.), oft als „group think" bezeichnet, entgegen. Ferner stimuliert eine
Belegschaft mit unterschiedlichen Altersklassen die Kommunikation, da Unterschiede
in den Sichtweisen und Erfahrungen der Mitarbeiter oftmals zur Koordination offen
angesprochen werden müssen. Diese Kommunikation wiederum kann Vernetzungsef-
fekte hervorrufen, die die Bildung von neuen Kernkompetenzen fördern (vgl. zum
Diversity-Ansatz auch Kapitel 5).

Schließlich helfen ältere Mitarbeiter im Marketing bei der Erschließung und Bearbeitung von Märkten. Dies gilt zum einen in inhaltlicher Weise, etwa bei der Konzeption
von Produkten. Zum anderen können ältere Mitarbeiter ihr Wissen zu bewährten
Vorgehensweisen in komplexe Marketingprozesse einbringen. Ersteres lässt sich im
Zusammenhang mit dem *Senioren-Marketing* aufzeigen (vgl. hierzu auch Kapitel 19).
Die Entwicklung, Herstellung/Erbringung und erfolgreiche Vermarktung seniorengerechter Produkte und Dienstleistungen stellt für Anbieter nahezu sämtlicher Branchen
immer noch eine große Herausforderung dar. Ein Blick auf einige Zahlen zeigt große
und lukrative, weitgehend unerschlossene Märkte speziell im Konsumgüterbereich
auf: So gehören bereits heute mehr als 30 Millionen Menschen in Deutschland der
Altergruppe > 50 Jahre an und verfügen über eine Kaufkraft von rund 100 Milliarden
Euro. Die Altersgruppe der 50 bis 59-Jährigen hat eine jährliche Kaufkraft von rd.
24.000 Euro p. a. und damit unwesentlich weniger als die Altersgruppe der Spitzen-

verdiener (40 bis 49-Jährige mit 24.880 Euro p. a.). Auch die Gruppe der über 65-Jährigen verfügt mit fast 20.000 Euro über deutlich mehr Kaufkraft als junge Familien mit Kindern (vgl. Lammoth 2006).

Beispielsweise sind an zahlreiche Produkte und Dienstleistungen aus Sicht älterer Zielgruppen andere Anforderungen zu stellen, als dies bei Betrachtung ausschließlich jüngerer Anwender der Fall wäre. In der Marktforschung werden Senioren erst seit einiger Zeit als interessante Kundengruppe wahrgenommen. Der Aufbau von Know-how über interessante Seniorenmärkte und entsprechende Segmentierungsansätze für die heterogene Struktur dieser Zielgruppe könnte daher zu einer Kernkompetenz für Unternehmen avancieren. Zur Erschließung und Nutzbarmachung dieses Know-hows können ältere Mitarbeiter einen wesentlichen Beitrag leisten. Sie sind eher in der Lage, sich in die Kundenperspektive zu versetzen, deren Motive zu verstehen und daraus entsprechende Handlungsempfehlungen abzuleiten.

Auch die Ansprache von Senioren stellt eine besondere Herausforderung im Rahmen des Marketing-Mix dar. Senioren erfordern etwa typischerweise eine spezifische Form der Ansprache, in der sie sich ungern als Senioren bezeichnen lassen. Es gibt zahlreiche Beispiele aus der Werbewirtschaft, wo vermeintlich geeignete Seniorenprodukte und -dienstleistungen durch ungeeignete Maßnahmen der Verkaufsförderung und Kommunikation scheiterten. Ein Beispiel ist der Brei eines Herstellers von Kindernahrung für Senioren. Leider wird die Zielgruppe Senioren oftmals nur unzureichend differenziert betrachtet. Diese differenzierte Betrachtung können ältere Belegschaftsmitglieder aufgrund ihrer lebensweltlichen Nähe zu den Kunden herstellen.

4 Vorgehen zur Identifikation, Analyse und Bewertung von Kernkompetenzen

Da bereits die Identifizierung von Kernkompetenzen nicht ganz einfach ist, wirft die spezifischere Frage der Analyse des Beitrags älterer Belegschaften mindestens genauso viele Schwierigkeiten auf. Unsere Kernthese hierzu ist, dass dieser spezielle Beitrag nur im Rahmen einer gründlichen, systematischen Analyse von Kernkompetenzen festgestellt werden kann. Dabei werden die speziellen Wissensressourcen älterer Belegschaften (wie sie oben beispielhaft genannt wurden) mit denselben Aktivitäten, Methoden und Informationsquellen identifiziert und analysiert wie andere Ressourcen auch.

In der einschlägigen Literatur werden zur Identifikation, Analyse und Bewertung von Kernkompetenzen eine Reihe von Vorschlägen unterbreitet. In den Literaturangaben zu diesem Beitrag werden exemplarisch einige solcher Arbeiten aufgeführt. Stellt man die einzelnen Vorschläge einander gegenüber, so lässt sich auf dieser Grundlage, im Sinne eines gemeinsamen Nenners, ein allgemeines Vorgehensmodell bilden. Dieses soll im Folgenden kurz vorgestellt und um typische Analysemethoden und Informationsquellen ergänzt werden.

4.1 Phase 1: Schaffung des Projektsystems

Zu Beginn der Identifikation, Analyse und Bewertung von Kernkompetenzen sind die Rahmenbedingungen für ein solches Vorhaben zu schaffen. Wie auch bei anderen Projekten zählt dazu die Schaffung des Projektsystems: Zusammensetzung des Kernteams bestimmen, Berater beauftragen, Beiräte und Ausschüsse einrichten usw. In diesem Zusammenhang ist auch um Unterstützung für das Projekt zu werben. Gründe hierfür sind zum einen die strategische und daher als sensibel geltende Prägung solcher Projekte. Zum anderen ist das Team zur Deckung des Informationsbedarfs für seine Analyse auf die Kooperation mit den Fachabteilungen angewiesen. Ferner ist in der ersten Phase die organisatorische Verankerung des Teams in der Unternehmung zu klären. Hierzu zählen Fragen, wie hoch das Projekt aufgehängt ist, wie viel Autonomie der Projektleiter über seine Mitarbeiter hat oder wie hoch der Grad an Eigenständigkeit gegenüber der bestehenden Organisation ist. Ferner sind in dieser Phase die Ziele des Projektes zu bestimmen. Diese sind zum einen für den Projektgegenstand festzulegen: Was soll wann in welcher Qualität erreicht werden? Zum anderen sind Vorgaben an das Vorgehen zu entwickeln und zu autorisieren. Dies betrifft etwa den Mitteleinsatz während des Projektes, den Einsatz von Methoden oder die Verabschiedung eines Milestoneplans. Viele dieser Fragestellungen werden auf Kick-off-Meetings oder in entsprechenden Workshops geklärt.

4.2 Phase 2: Identifikation der Kernkompetenzen

In diesem substanziellen Schritt werden die Kernkompetenzen im Unternehmen benannt und näher beschrieben. Das Benennen von Kernkompetenzen ist im Kern das Ergebnis eines kreativen und teilweise kollektiven Prozesses. Mitglieder des Projektteams „machen sich auf die Suche" nach Kernkompetenzen. Dabei können grundsätzlich eine ganze Reihe von Erhebungsinstrumenten eingesetzt werden, die von stark strukturierten Fragebögen bis hin zu offenen Expertengesprächen reichen.

Informationsquellen können beispielsweise Schlüsselpersonen und -bereiche sein, die auch selber die Grundlage einer Kernkompetenz darstellen können: etwa der F&E-Vorstand oder die F&E-Organisation eines hochinnovativen Unternehmens oder bestimmte Außendienstmitarbeiter mit besonders guten lokalen Kundenkontakten. Auch die Wahrnehmung von Kunden und Lieferanten kann Hinweise auf Kernkompeten-zen geben. Hier würde im Wesentlichen auf entsprechende Umfragen zurückgegriffen werden. Anhand standardisierter Umfragen, in denen das eigene Unternehmen ande-ren Unternehmen gegenübergestellt wird, lassen sich gegebenenfalls Ansatzpunkte für Kernkompetenzen identifizieren. Schließlich bietet sich auch die systematische Analy-se von erfolgreichen Produkten/Dienstleistungen sowie Flops an. In der Praxis scheint diese Form des Feedback-Zyklus allerdings vergleichsweise selten eingesetzt zu wer-den.

Ergänzend zu den genannten Möglichkeiten der Informationserhebung können in dieser Phase auch Kreativitätsmethoden, wie etwa das Brainstorming, aber auch kom-plexere Methoden, wie die Delphi-Befragung, zum Zuge kommen.

In einem zweiten Schritt ist darüber übereinzukommen, ob ein Vorschlag für eine Kernkompetenz angenommen werden soll. Dies ist durch die Teammitglieder und/oder externe Experten (aus den Fachabteilungen oder Beiräten) zu bestimmen. Die dabei festgehaltenen Kernkompetenzen werden anschließend näher unter Bezug-nahme auf die besonderen Merkmale von Ressourcen und Kernkompetenzen be-schrieben. Zu diesen Merkmalen können zählen: gestifteter Kundennutzen, Nicht-Imitierbarkeit, Unternehmensspezifität, interne oder externe Stimmigkeit usw. Aus den Kriterien wird klar, dass dieser Analyseschritt sehr umfassend ausfällt. Schließlich sind interne (z. B. Stärken-Schwächen-Analysen) und externe (z. B. Kundennutzen oder -zufriedenheit) Analysen damit verbunden.

Grundsätzlich kann diese Analyse erweitert werden durch die Zuordnung von Zah-lenwerten zu den Kriterienausprägungen der einzelnen Kernkompetenzen. Zudem können auch die Merkmale der Kernkompetenzen entsprechend ihrer Bedeutung mit Gewichten versehen werden. Damit wäre es dann möglich, einen quantitativen Nutz-wert für jede Kernkompetenz festzulegen. Ob diese Form der Bewertung sinnvoll ist, hängt jedoch von den Zielen und den anderen Rahmenbedingungen der Analyse ab.

4.3 Phase 3: Zukunftsbezogene Analyse der Kernkompetenzen

Im Rahmen der zukunftsbezogenen Analyse der Kernkompetenzen wird der Blick ausgehend von der Bestandsaufnahme der aktuellen Kernkompetenzen nach vorne gerichtet. Dazu ist erstens die Entwicklung der Merkmale der Kernkompetenzen in der Zukunft zu prognostizieren. Beispielsweise würde gefragt, ob die Kernkompetenz in fünf Jahren immer noch denselben Nutzen stiftet, wie sie es heute tut. Zweitens werden wichtige Einflussgrößen auf die Merkmale der Kernkompetenzen analysiert. Deren zukünftige Entwicklung und die Auswirkungen auf die Kernkompetenz wer-den dabei untersucht. Ein Beispiel aus dem Konsumgüterbereich wäre etwa eine zunehmende Individualisierung von Kundenwünschen in bestimmten Segmenten. Diese wäre zu prognostizieren und deren Auswirkungen auf das Potenzial der Nutzenstiftung der Kernkompetenz wäre zu untersuchen. Grundsätzlich kann in diesem Schritt eine ganze Reihe von Prognosemethoden verwendet werden. Allerdings bieten sich aufgrund der Natur der Prognosegegenstände und der Vielschichtigkeit der Analyse komplexere Techniken wie etwa die Szenarioanalyse an, die eine hohe Anzahl an Variablen in unterschiedlichen Formaten (qualitativ und quantitativ) zu aussagefähigen Zukunftsbildern verarbeiten kann. Diese müssten, um auf den vorliegenden Kontext Bezug zu nehmen, auch die Dynamik des Personalbestandes berücksichtigen. Ein besonderes Problem ist dabei das Ausscheiden älterer Wissensträger aus dem aktiven Berufsleben.

4.4 Phase 4: Wettbewerbsbezogene Analyse der Kernkompetenzen

Im letzten Schritt erhält die Betrachtung der Kernkompetenzen einen Wettbewerbsbezug: Die ermittelten Kernkompetenzen werden mit denen von Wettbewerbern, aber auch von (scheinbar) branchenfremden Unternehmen verglichen. Vor allem ein Benchmarking mit Spitzenunternehmen kann zur Entwicklung eines Gefühls für den strategischen Wert der eigenen Kernkompetenzen beitragen. Von besonderer Relevanz ist hier das branchenübergreifende Prozessbenchmarking. Wenn es beispielsweise einer Klinik gelingen würde, durch Methoden des Prozessmanagements aus der Flugzeug- oder Atomindustrie eine ähnliche Fehlerquote zu erzielen wie die Top-Unternehmen in diesen Bereichen, dann wäre dies mit hoher Wahrscheinlichkeit eine Kernkompetenz, die das Klinikunternehmen sinnvoll auf andere Standorte ausweiten könnte.

Ein Kompetenzbenchmarking kann auch Hinweise für die Auswahl von Kernkompetenzen geben, deren Weiterentwicklung ein Alleinstellungsmerkmal aufbaut, konsolidiert oder ausbaut. So sind Fälle denkbar, in denen nicht alle in den vorangegangenen Phasen identifizierten Kernkompetenzen mit der gleichen Konsequenz und einem entsprechenden Einsatz von Ressourcen weitergepflegt werden können.

Grundsätzlich muss bei dieser abschließenden Phase auch auf die sich ergebenden Probleme bei der Informationsbeschaffung hingewiesen werden. Hier erweist sich nicht nur die Suche nach geeigneten Vergleichskandidaten als schwierig. Oft werden die für eine solche Analyse relevanten Informationen einfach nicht vorliegen oder, wenn ja, dann erweisen sie sich als hochgradig sensibel. Ferner sollte auch bei den informationssuchenden Unternehmen aus Gründen des wechselseitigen Vertrauens und Nutzens eine Bereitschaft zur Weitergabe relevanter Informationen bestehen, was sicherlich keine Selbstverständlichkeit ist.

5 Ausblick

Im vorliegenden Buch werden die Herausforderungen, die sich im Zusammenhang mit alternden Belegschaften stellen, aus unterschiedlichen Perspektiven betrachtet sowie erste Lösungsansätze vorgestellt. Dabei wird auch deutlich, dass sich zahlreiche der gängigen Vorurteile, z. B. eine durchgängig verminderte Leistungsfähigkeit älterer Mitarbeiter, in dieser Form nicht aufrechterhalten lassen (siehe Kapitel 3). Innovative Beispiele aus der Unternehmenspraxis und theoretische Überlegungen zeigen, dass eine alternde Belegschaft grundsätzlich nicht per se ein Risiko oder eine Schwäche, sondern auch eine Chance und eine Stärke darstellen kann. Sie kann Teil einer Kernkompetenz und damit ein Potenzial für nachhaltigen überdurchschnittlichen Gewinn sein.

Dazu muss das Unternehmen zunächst einmal erkennen, dass sich mit älteren Mitarbeitern möglicherweise Wettbewerbsvorteile erzielen lassen. Diese Erkenntnis muss dann in strategische Initiativen umgesetzt und innerhalb der Organisation entsprechend kommuniziert werden. Damit ältere Mitarbeiter einen Beitrag leisten können, um die beschriebene Ausbildung von Kernkompetenzen zu unterstützen, müssen verschiedene Voraussetzungen erfüllt sein. Zunächst einmal gilt es, die älteren Mitarbeiter explizit in den oben beschriebenen Aufgabenfeldern einzusetzen und ihnen entsprechenden Raum zur Einbringung ihres Wissens zu gewähren. Dies kann über die Leitung wichtiger Projekte bis hin zur systematischen Personalentwicklung älterer Mitarbeiter in relevante Führungsfunktionen, z. B. Key Account Manager für „Best Ager", reichen. Die älteren Mitarbeiter müssen im Gegenzug in ihrer Qualifikation auf den neusten Stand gebracht werden (etwa in Bezug auf strategisches Management, Marktforschung, IT-Nutzung oder Projektmanagement). Gerade in Märkten, indenen die reife Bevölkerung zu den heutigen oder zukünftigen Top-Kunden des Unternehmens zählt, können erfahrene Mitarbeiter mit ihrem spezifischen Know-how oder Kundenbindungen zum Bestandteil einer Kernkompetenz des Unternehmens werden.

6 Literaturhinweise

Al-Laham, A. (2003): Organisationales Wissensmanagement. München.

Bamberger, I., Wrona, T. (2004): Strategische Unternehmensführung. München.

Bamberger, I., Wrona, T. (1996): Der Ressourcenansatz und seine Bedeutung für die Strategische Unternehmensführung. In: Zeitschrift für betriebswirtschaftliche Forschung 48(1996)2, S. 130-153.

Cappallo, S. (2003): Die strukturationstheoretische Analyse von Branchen, Wiesbaden.

Hamel, G., Prahalad, C. K. (1991): Nur Kernkompetenzen sichern das Überleben. In: Harvard Manager, 13. Jg., 1991, Heft 2, S. 66-78.

Hinterhuber, H., Handlbauer, G., Matzler, K. (1997): Kundenzufriedenheit durch Kernkompetenzen. München/Wien.

Lammoth, F. (2006): Generation Gold: reifes Marketing für reife Märkte. In: Direkt Marketing 2006, Heft 3, S. 44-47.

Nasner, N. (2004): Strategisches Kernkompetenz-Management. München.

Prahalad, C. K., Hamel, G. (1990): The Core Competence of the Corporation. In: Harvard Business Review, Vol. 68 (1990), No. 3, S. 79-91.

Stanke, A. (1995): Konzentration auf Kernkompetenzen – Die strategische Basis für Outsourcing. In: Bullinger, H.-J. (Hrsg.): Tätigkeitsbericht 1994 des Fraunhofer Instituts für Arbeitswirtschaft und Organisation, Stuttgart 1994, S. 93-116.

Prof. Dr. Brigitte Kölzer

19. Marketingstrategien für ältere Kundensegmente

1 Steigende Bedeutung älterer Kunden für das Marketing

Seit Jahren wird in Unternehmen unterschiedlicher Branchen diskutiert, ob und wie man ältere Kundensegmente verstärkt und spezifisch im Marketing berücksichtigen soll. Ausgelöst wurde die Diskussion durch die *Bevölkerungsentwicklung*, die eindeutig aufzeigt, dass das Marktsegment der jüngeren Zielgruppen schrumpfen wird, während der Anteil der älteren Bevölkerungsgruppen stark zunehmen wird. Nach den neuesten Prognosen des Statistischen Bundesamtes steigt der Anteil der über 60-Jährigen auf 40% bis zum Jahr 2050.

Das Interesse der Unternehmen wird dadurch verstärkt, dass ältere Konsumenten über eine vergleichsweise hohe *Kaufkraft* verfügen. Das Haushaltseinkommen verteilt sich nur noch auf maximal zwei Personen, angespartes Vermögen wird in späteren Lebensjahren für den persönlichen Konsum verwendet, Lebensversicherungen werden ausgezahlt, und Miet- bzw. Hypothekenbelastungen entfallen bei vielen Haushalten.

Ein weiterer Aspekt, der auf die wachsende Bedeutung der älteren Menschen für Unternehmen hinweist, ist im *Wertewandel* zu sehen. Die Einstellungen, Aktivitäten und Interessen der älteren Generation haben sich stark geändert. Ältere Menschen wollen ihren Lebensabend genießen, indem sie ihre freie Zeit mit Aktivitäten ausfüllen und Kontakte suchen. Hieraus resultiert auch ein höheres Konsuminteresse. Diese Entwicklungen werden sich in der Zukunft voraussichtlich noch verstärken, da die zukünftige ältere Generation von anderen Werten und Umwelteinflüssen geprägt ist.

Nachdem in den 90er Jahren ein regelrechter „Seniorenmarketing-Boom" entbrannte, wurden zunächst nur wenige Beispiele für ein erfolgreiches Marketing bekannt, so vor allem in der Körperpflege- und Reisebranche (insb. Nivea Vital). Viele interessierte Unternehmen verfolgten weiterhin die gewohnte Ansprache junger Kunden. Als Gründe hierfür wurden genannt:

- Senioren gelten als wenig ausgabebereit und konsumfreudig.

- Konsumpräferenzen seien schon fest ausgeprägt und könnten kaum noch verändert werden — Senioren wird ein geringes Interesse an Werbung und neuen Produkten nachgesagt.

- Es besteht Unkenntnis darüber, wie man Senioren ansprechen soll.

- Furcht vor Image-Verlusten bei jüngeren Zielgruppen und einer zu geringen Modernität der Marke liegen vor.

Gerade die erstgenannten drei Argumente lassen sich durch Marktforschungsstudien entkräften. Zwar nimmt in der Tat die Probierfreude mit zunehmendem Alter ab, jedoch geben immerhin fast 60% der über 50-Jährigen Konsumenten an, beim täglichen Einkauf gerne neue Produkte auszuprobieren. Dieses Potenzial wird jedoch kaum berücksichtigt.

Abbildung 1-1:   *Probierfreude im Altersverlauf*

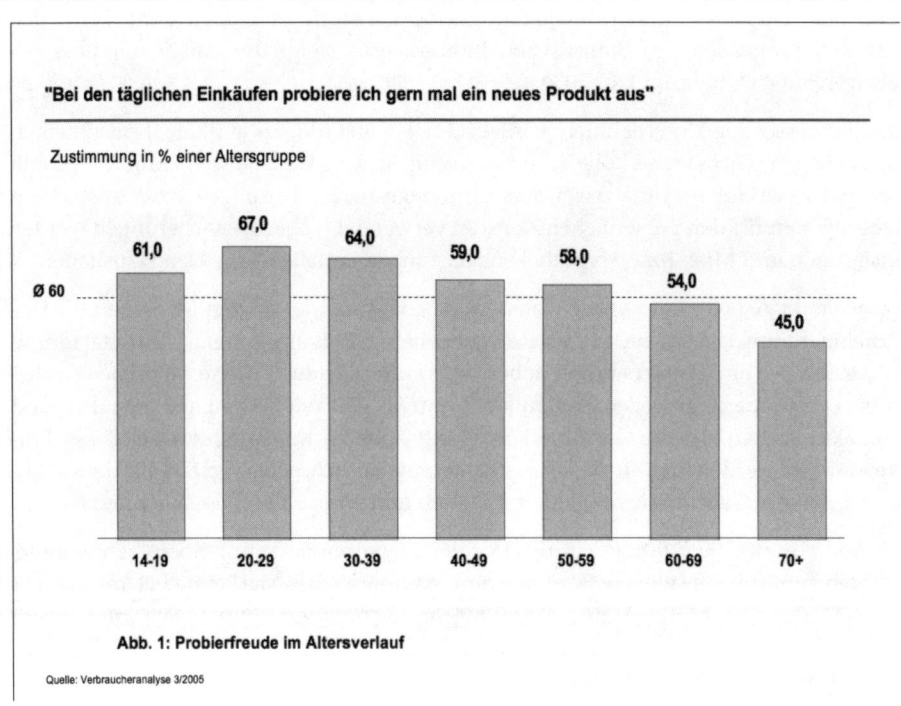

"Bei den täglichen Einkäufen probiere ich gern mal ein neues Produkt aus"

Zustimmung in % einer Altersgruppe

Abb. 1: Probierfreude im Altersverlauf

Quelle: Verbraucheranalyse 3/2005

Gleichzeitig steigt das Markenbewusstsein mit zunehmendem Alter, was eindeutig die Attraktivität älterer Kundesegmente für qualitativ hochwertige oder bekannte Marken aufzeigt.

Abbildung 1-2:   *Markentreue im Altersverlauf*

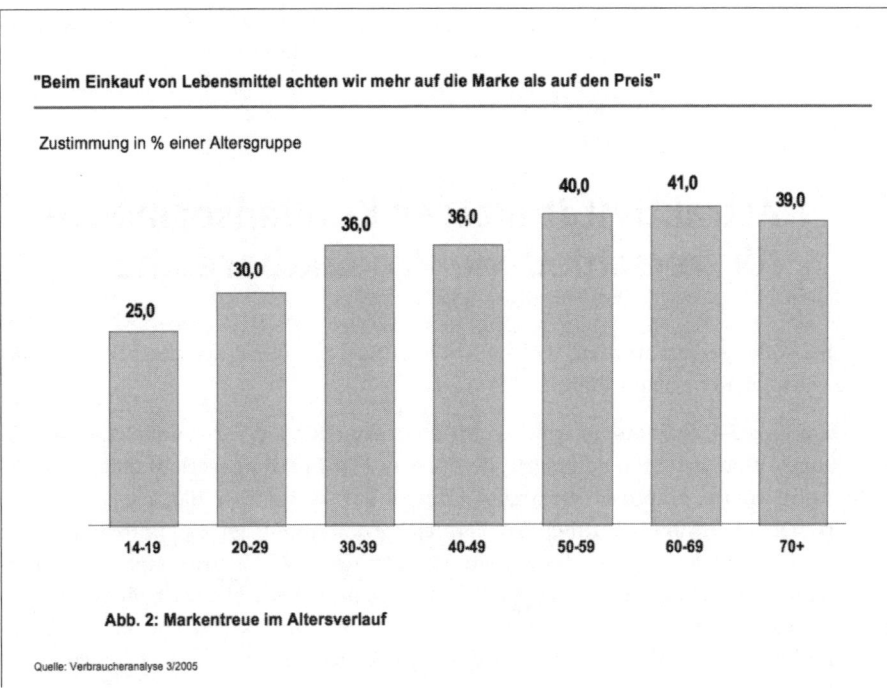

"Beim Einkauf von Lebensmittel achten wir mehr auf die Marke als auf den Preis"

Zustimmung in % einer Altersgruppe

25,0 — 14-19
30,0 — 20-29
36,0 — 30-39
36,0 — 40-49
40,0 — 50-59
41,0 — 60-69
39,0 — 70+

Abb. 2: Markentreue im Altersverlauf

Quelle: Verbraucheranalyse 3/2005

Es zeigt sich, dass sich die Einstellung zum Thema „Seniorenmarketing" geändert hat. 80% der Top-Konsumgüterunternehmen geben an, schon Konzepte für Ältere entwickelt zu haben. Gerade bei solchen Produktbereichen, in denen Ältere eine große Verwendergruppe bilden, z. B. Kaffe, Bier, Waschmittel, Körperpflege etc., ist eine Gewinnung junger Kunden nicht mehr ausreichend, um Marktanteile zu halten.

Die Herausforderung besteht nun darin, *wie* dieses attraktive Marktsegment adressiert werden kann, um hier Kunden zu gewinnen und zu halten, ohne gleichzeitig eine bestehende Marke alt werden zu lassen.

Für die Unternehmen stellen sich die relevanten *Marketing-Fragen*:

■ Welche *Produkte/Leistungen* und Produkteigenschaften sind grundsätzlich für ältere Kundensegmente relevant?

■ Welche Maßnahmen der *Preispolitik* können gerade für ältere Kundensegmente sinnvoll sein?

- In welchen *Distributionskanälen*, d. h. Handelsgeschäfte etc., kaufen ältere Kundensegmente bevorzugt ein?

- Wie und durch welche Medien kann man ältere Kunden in der *Kommunikation* gezielt adressieren?

2 Attraktivität älterer Kundensegmente für verschiedene Produktbereiche

Zunächst sollte geklärt werden, welche Anbieter sich mit der Frage des Seniorenmarketings auseinander setzen sollten.

Die Abbildung 2-1 zeigt auf, in welchen Produktbereichen die Verwenderschwerpunkte in jüngeren oder älteren Altersgruppen liegen. Der Nutzungsverlauf zeigt in schematischer Form die empirisch ermittelte Affinität auf. Werte über 100 zeigen, dass die Nutzerschaft überdurchschnittlich im Vergleich zum Anteil der Gesamtbevölkerung vertreten ist. Bei werten unter 100 ist eine Altersgruppe als Verwendergruppe unterschiedliche vertreten. Gruppe 1 zeigt Produktbereiche auf, die eher von jüngeren Zielgruppen nachgefragt werden. Gruppe 3 zeigt dagegen Produktbereiche auf, in denen die Kundensegmente eher älter sind. Gerade für diese Bereiche ist ein Marketing für ältere Kundensegmente besonders wichtig.

Zusätzlich ist auch die Positionierung des Unternehmens im Wettbewerbsumfeld von Bedeutung. So kann es z. B. für einen Hersteller eines gängigen Verbrauchsartikels durchaus von Vorteil sein, sich durch Seniorenmarketing von anderen Wettbewerbern zu differenzieren.

Abbildung 2-1: Kundenschwerpunkte in verschiedenen Produktbereichen

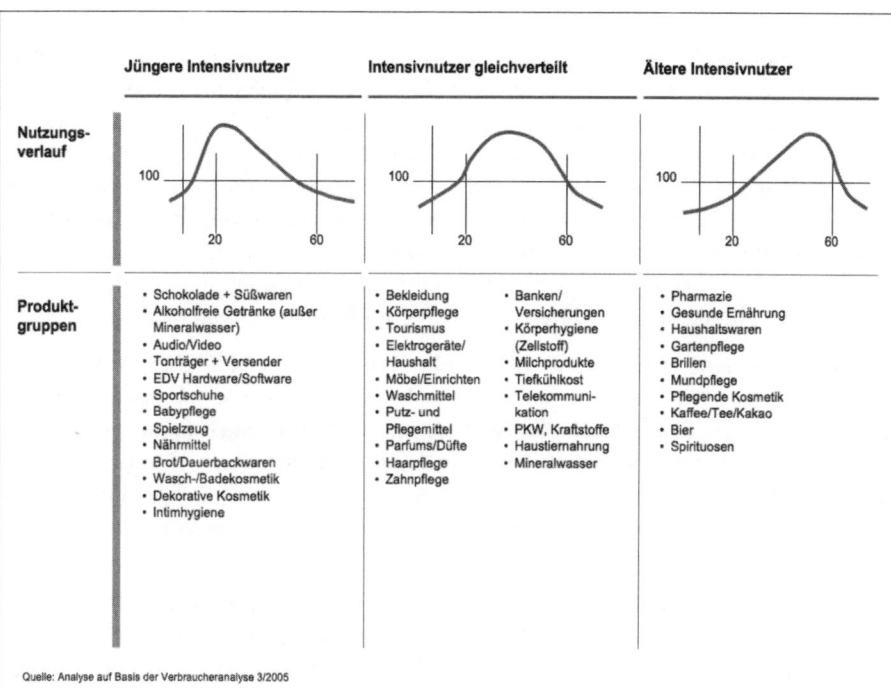

	Jüngere Intensivnutzer	Intensivnutzer gleichverteilt	Ältere Intensivnutzer
Produkt-gruppen	• Schokolade + Süßwaren • Alkoholfreie Getränke (außer Mineralwasser) • Audio/Video • Tonträger + Versender • EDV Hardware/Software • Sportschuhe • Babypflege • Spielzeug • Nährmittel • Brot/Dauerbackwaren • Wasch-/Badekosmetik • Dekorative Kosmetik • Intimhygiene	• Bekleidung • Körperpflege • Tourismus • Elektrogeräte/ Haushalt • Möbel/Einrichten • Waschmittel • Putz- und Pflegemittel • Parfums/Düfte • Haarpflege • Zahnpflege	• Banken/ Versicherungen • Körperhygiene (Zellstoff) • Milchprodukte • Tiefkühlkost • Telekommunikation • PKW, Kraftstoffe • Haustiernahrung • Mineralwasser	• Pharmazie • Gesunde Ernährung • Haushaltswaren • Gartenpflege • Brillen • Mundpflege • Pflegende Kosmetik • Kaffee/Tee/Kakao • Bier • Spirituosen

Quelle: Analyse auf Basis der Verbraucheranalyse 3/2005

Es zeigt sich, dass ältere Kundensegmente in einigen Branchen ein besonders wichtiges Kundenpotenzial darstellen, so dass für diese Anbieter eine Konzeption seniorenspezifischer Marketingkonzepte sinnvoll ist.

Betroffen sind vor allem Anbieter von *Gesundheitsprodukten* i. w. S. wie Pharmazie (Geriatrika), gesunde Ernährung, Pflegedienste und natürlich seniorenspezifische Nischenprodukte etc. In diesen Bereichen stellen die Senioren die Kern-Zielgruppe dar, so dass Anbieter solcher Waren und Leistungen auf jeden Fall seniorenspezifische Konzepte entwickeln müssen.

Auch bei *Haushalts- und Gartenpflegeartikeln* sowie *Getränken* sind Senioren eine besonders wichtige Kundengruppe. Anbieter dieser Güter sollten auf jeden Fall den Seniorenmarkt bei der Marketingplanung berücksichtigen.

Bereiche wie *Körper-/Gesichtspflege* und *Bekleidung* haben die Älteren schon länger als interessante Zielgruppe entdeckt und sprechen sie schon mit spezifischen Produkten und Konzepten an. Gerade die jüngeren Senioren möchten möglichst lange jung und aktiv wirken, um nicht „den Alten" zugerechnet zu werden. Besonders hier lassen sich durch eine Berücksichtigung des Seniorenmarktes Wettbewerbsvorteile schaffen, da man sich von anderen Unternehmen differenzieren und als Nischenanbieter tätig sein kann.

Bereiche, in denen Senioren als Zielgruppe von ähnlicher Bedeutung sind wie andere Kundengruppen, sind z. B. die Bereiche *Nahrungsmittel, Möbel und Reisen*. In diesen Bereichen sind die Ausgaben der Senioren hoch, und es ist auch ein Produktinteresse vorhanden, aber bei Möbeln und Bekleidung in geringerem Ausmaß als bei den Jüngeren. Eine Berücksichtigung der Senioren in diesen Sortimenten könnte aber unter wettbewerbsorientierten Gesichtspunkten sinnvoll sein. Lassen sich im Bereich der Nahrungsmittel nur geringfügige Bedürfnisunterschiede feststellen, so unterscheiden sich die Anforderungen an das Sortiment bei Reisen, Bekleidung und bei Möbeln stark von denen der Jüngeren. Eine differenzierte Ansprache erscheint sinnvoll.

Warenbereiche, in denen Senioren potenzielle Kunden mit spezifischen Bedürfnissen sein können, aber im Vergleich zu anderen Altersgruppen eine geringere Relevanz aufweisen, sind z. B. elektronische Gebrauchsgüter, Sportartikel, Spielwaren, Autos oder (noch) Kosmetik. Auf solchen Feldern kann man sich durch eine Berücksichtigung spezifischer Anforderungen auf Senioren einstellen. Zu denken ist hier z. B. an ein Angebot besonders bedienungsfreundlicher Handys, Kameras oder an ein besonders bequemes und sicheres Auto.

Zusammenfassend zeigt sich, dass es Branchen gibt, die sich unbedingt mit der Frage beschäftigen müssen, wie man den Seniorenmarkt berücksichtigen kann. Je größer die Bedeutung der Senioren als Kundengruppe für einen Anbieter ist, desto mehr muss er sie in die Marketingplanung integrieren.

3 Charakterisierung „älterer" Kundensegmente

Sollte ein Unternehmen die Entscheidung getroffen haben, ältere Kundensegmente zu bearbeiten, so sind Kenntnisse über die Bedürfnisse und das Informationsverhalten unerlässlich. Jedoch ist der Markt der Älteren nicht als homogene Gruppe zu sehen.

Eine einfache, aber auch sehr pragmatische Segmentierung aller älteren Zielgruppen erfolgt nach Lebensphasen und bildet drei große Segmente aus:

- Empty Nesters (ca. 50- bis 60-Jährige)

- Junge Senioren (ca. 60- bis 70-Jährige)

- Alte Senioren (über 70-Jährige)

Empty Nesters

Eine der wichtigsten und bislang vernachlässigten Zielgruppen im Marketing sind die so genannten „Empty Nesters". Dies sind insbesondere Ehepaare, von denen mindestens ein Partner noch im Berufsleben steht, deren Kinder aber schon das Haus verlassen haben. Charakterisiert wird diese Lebensphase durch

- viel verfügbare Zeit,

- hohes verfügbares Einkommen,

- Konzentration auf die persönlichen Bedürfnisse,

- Entstehen neuer Interessen und Freizeitaktivitäten,

- Suche nach neuen Aufgaben (sozial, beruflich, familiär).

Durch die Lebensveränderung wird wieder ein Interesse an Konsum und Einkauf aktiviert, und es besteht eine große Aufgeschlossenheit für Werbung und neue Produkte. Da zusätzlich viel Geld zur Verfügung steht und das Anspruchsniveau im Laufe des Lebens gestiegen ist, ist diese Lebensphase für das Marketing von hoher Relevanz. Für gute Qualität wird gerne mehr ausgegeben, und es besteht eine positivere Einstellung zu Markenprodukten als bei Jüngeren. Gerade in dieser Phase werden Reisen geplant, neue Möbel gekauft, Hobbies intensiviert, und das Interesse für den persönlichen Bedarf und das eigene Aussehen steigt.

Junge Senioren

Junge Senioren (ca. 60-70 Jahre alt) sind in ihrer Lebenssituation durch die Verrentung geprägt, die sich wieder in einer Neu-Orientierung bei Aktivitäten und im Konsum auswirkt. Sie verstehen sich selbst noch nicht als Senioren, sondern fühlen sich noch jung und aktiv. Diese Kundengruppe darf nicht explizit als Senioren angesprochen werden und kann v.a. in solchen Konsumbereichen als neue Zielgruppe aktiviert werden, die mit ihrer neuen Lebenssituation und der Freizeit zusammenhängen.

Ältere Senioren

Hierunter fallen ältere Senioren (älter als 70 Jahre), die zunehmend durch physische Alterungsprozesse charakterisiert werden. Bei dieser Gruppe ist eine Veränderung des Kaufverhaltens festzustellen. Das Einkaufen wird für viele ältere Senioren unbequem und anstrengend, so dass weniger Zeit dafür aufgewendet wird. Das Produktinteresse sinkt in den meisten Warengruppen ab. Da die Identifikation mit dem Selbstbild des Senioren abgeschlossen ist, kann ein explizites Seniorenmarketing mit einer eindeutig adressierten Werbung sehr sinnvoll sein.

Abbildung 3-1:   *Segmentierung und Charakterisierung „älterer" Zielgruppen*

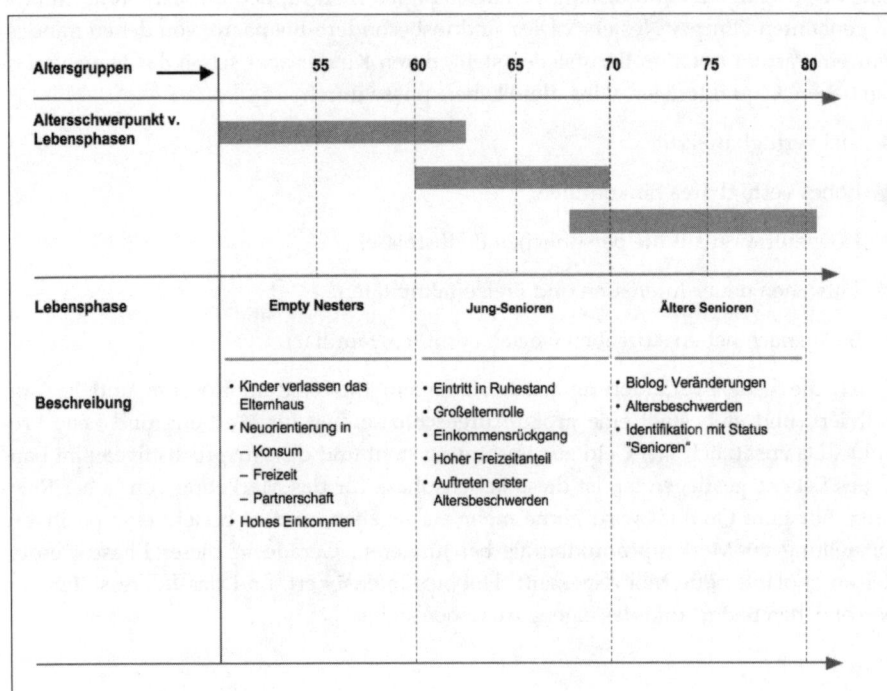

4   Erfolgsfaktoren des Marketings für ältere Kundensegmente

Um Marketingkonzepte für ältere Kundensegmente erfolgreich umzusetzen, ist vor allem eine genaue Kenntnis der Bedürfnisse an Produkten und Leistungen sowie ihres Informationsverhaltens erforderlich.

Als besonders hilfreich hat es sich erwiesen, in Produktentwicklung und Produktgestaltung sowie bei der Entwicklung von Kommunikationskonzepten *ältere Mitarbeiter* einzusetzen. Sie können sich leichter in die Bedürfnisse und Werte der älteren Kundensegmente einfühlen. Junge Mitarbeiter sind oft von ganz anderen Einflüssen geprägt und haben auch eine geringere Motivation, sich mit Marketingkonzepten für ältere Kundensegmente auseinander zu setzen. Dennoch können auch ältere Mitarbeiter eine fundierte Marktforschung nicht ersetzen.

Zusätzlich sind ältere Mitarbeiter bei Beratung und Bedienung im Handel oder in Dienstleistungsbranchen besonders wichtig, um ältere Kunden zu gewinnen und zu halten. Untersuchungen in den Branchen Tourismus, Gastronomie, Finanzdienstleistungen oder Handel zeigten auf, dass ältere Kunden gerne von erfahrenen, älteren Mitarbeitern bedient und beraten werden, da ihnen eine höhere Fachkompetenz und Glaubwürdigkeit zugesprochen werden.

Hier besteht eine große Chance gerade für ältere erfahrene Mitarbeiter, die ganz neue, wichtige Aufgabenfelder besetzen können.

Weitere Erfolgsfaktoren beziehen sich vor allem auf die einzelnen *Instrumente des Marketing-Mix*. Ein Überblick über die wichtigsten Erkenntnisse gibt Abbildung 4-1.

Eine wesentliche Erkenntnis besteht darin, dass sowohl Produkte/Leistungen als auch Kommunikationskonzepte die spezifische Ansprache des Alters oder den Begriff „Senioren" vermeiden sollten. Ältere Kunden sehen sich als ganz normale Kunden und möchten nicht in eine bestimmte Kategorie eingeordnet werden.

Konzepte sollten stattdessen vor allem die *Bedürfnisse*, die ein Produkt befriedigen soll, in den Vordergrund stellen. Dies ermöglicht es zusätzlich, auch jüngere Kunden mit gleichen Bedürfnissen anzusprechen.

Abbildung 4-1: *Hinweise zur Umsetzung erfolgreicher Marketingkonzepte für ältere Kundensegmente*

Marketingmaßnahmen für ältere Kundensegmente	
Produktpolitik	■ Vermeidung spezifischer „Senioren-Produkte" ■ Kleinere Packungseinheiten ■ Qualitativ hochwertige Produkte bzgl. Material, Verarbeitung etc. ■ Klare, gut lesbare Packungsgestaltung, ■ Leichte Handhabung ■ Leicht verständliche Bedienungsanleitungen ■ Einsatz von Produktproben
Kommunikationspolitik	■ Verwendung von Printmedien, z. B. Anzeigen in Tageszeitungen oder Wurfzettel, die der verringerten Aufnahmegeschwindigkeit und dem großen Zeitpotenzial der Senioren entsprechen

	▪ Information mit Bezug zur Problemlösung
	▪ Seriöse Tonality
	▪ Verwendung von emotionalen Kommunikationsinhalten, die dem besonderen Interesse der Senioren entsprechen (z. B. Reisen, soziale Kontakte, Familie etc.)
	▪ Keine Kommunikationsinhalte, die sich auf negative Aspekte des Alters beziehen
	▪ Verwendung von Bildkommunikation
	▪ Verwendung etwas jüngerer Testimonials (ca. 15 Jahre jünger)
	▪ Vermeidung schneller Bildschnitte und greller Farben bei TV-Spots
Servicepolitik	▪ Lieferservice/Einkaufsservice
	▪ Kulanz bei Reklamationen und Garantieleistungen
	▪ Freizeitangebote (Reisen, Modenschau)
	▪ Kundenkarten, einschl. Rabatte
	▪ Freundliches und zuvorkommendes Personal mit Problemlösungskompetenz
	▪ Betont individuelle Bedienung
	▪ Einsatz älterer Mitarbeiter bei Beratung/Bedienung
Distributionspolitik	▪ Direktabsatz
	▪ Kleinere, übersichtliche Vertriebsstellen
	▪ Nähe und Erreichbarkeit der Einkaufsmöglichkeiten
Preispolitik	▪ Preisgünstiger Einkauf ist für Senioren zwar wichtig, aber es liegt eine geringere Preissensibilität vor
	▪ Weder aggressive Preispolitik noch Hochpreispolitik
	▪ Sonderangebotspolitik

5   Literaturhinweise

Deutscher Fachverlag (Hrsg.) (2005): Lebensmittelzeitung Spezial – Generation 50+. Frankfurt/Main.

Kölzer, B. (1995): Senioren als Zielgruppe. Wiesbaden.

Meier, H.-J. (2001): Generation 45 plus. Düsseldorf.

Meyer-Hentschel, H., Meyer-Hentschel, G. (2004): Seniorenmarketing — Generationsgerechte Entwicklung und Vermarktung von Produkten und Dienstleistungen. Göttingen.

Statistisches Bundesamt (Hrsg.) (2006): Bevölkerung Deutschlands bis 2050. Wiesbaden.

Verheugen, E. (2004): Generation 40+ Marketing. Göttingen.

W&V Compact (1999): Die jungen Alten auf dem Sprung, Beilage zur W&V vom 12. 02. 1999.

Mitarbeiter erfolgreich führen

Der Kern erfolgreicher Führungs-praxis

Dieses Buch schildert sehr anschaulich die wirklich grundlegenden Erfolgsbausteine der Führungsaufgabe. Besonders innovativ sind Einblicke in die Methode des Management-Profilings.

Michael Alznauer
Evolutionäre Führung
Der Kern erfolgreicher Führungspraxis – ein Management-Profiling-Ansatz
2006. 264 S.
Geb. EUR 37,90
ISBN 978-3-8349-0182-8

Führungsposition erfolgreich meistern

Christian Stöwe und Nicole Seifert geben erprobte Empfehlungen und Tipps für alle brennenden Fragen, die dem ehemaligen Kollegen als neuer Führungskraft im Alltag begegnen.

Christian Stöwe |
Lara Keromosemito
Vom Kollegen zum Vorgesetzten
Wie Sie sich als Führungskraft erfolgreich positionieren
2007. Ca. 208 S.
Br. ca. EUR 34,90
ISBN 978-3-8349-0199-6

Worauf es beim Führen wirklich ankommt

Was zeichnet gute Führung aus? Welche Führungsansätze sind wichtig und praxisnah? Daniel F. Pinnow, Geschäftsführer der renommierten Akademie für Führungskräfte, zeigt in diesem Kompendium, worauf es wirklich ankommt.

Daniel F. Pinnow
Führen
Worauf es wirklich ankommt
2007. 324 S.
Geb. EUR 39,90
ISBN 978-3-8349-0331-0

Änderungen vorbehalten. Stand: Januar 2007.
Erhältlich im Buchhandel oder beim Verlag.

Gabler Verlag · Abraham-Lincoln-Str. 46 · 65189 Wiesbaden · www.gabler.de

GABLER